Linux 操作系统

——基于华为 openEuler（微课版）

张　岚　康　丽　李晓荣 ▣ 主　编
张存烨　高爱梅　李国安　刘淑华 ▣ 副主编

清华大学出版社
北京

内容简介

本书以 openEuler 22.03 为基础，系统地讲解了 Linux 系统管理与服务器配置方法。本书内容涵盖了 Linux 从系统安装到使用的核心知识，包括 Linux 操作系统的安装与配置，Linux 常用命令，vim 编辑器的应用，用户与组，Linux 磁盘管理，网络基本配置及 DHCP、DNS、NFS、FTP、Samba、Nginx、IPSAN 等服务器的配置。本书采用项目导向、任务驱动的编写方式，共设置了 13 个依托真实工作场景的项目。每个项目都有明确的学习目标和实施过程，以实际项目为载体，将 Linux 的应用场景、基础知识、常用命令、职业素养等内容有机融合，较好地解决了学和用的问题，旨在培养学生科技兴国的家国情怀、熟练规范的操作技能和勇于开拓的创新精神。

本书可作为高等职业院校计算机网络技术等相关专业的教材，也可作为 Linux 培训教材以及 Linux 爱好者的自学参考书。

本书封面贴有清华大学出版社防伪标签，无标签者不得销售。
版权所有，侵权必究。举报：010-62782989，beiqinquan@tup.tsinghua.edu.cn。

图书在版编目（CIP）数据

Linux 操作系统：基于华为 openEuler：微课版 / 张岚，康丽，李晓荣主编 . -- 北京：清华大学出版社，2024.6（2025.4重印）. -- ISBN 978-7-302-66450-5

Ⅰ. TP316.85

中国国家版本馆 CIP 数据核字第 20245JM147 号

责任编辑：郭丽娜
封面设计：刘　键
责任校对：刘　静
责任印制：杨　艳

出版发行：清华大学出版社
    网　　址：https://www.tup.com.cn，https://www.wqxuetang.com
    地　　址：北京清华大学学研大厦A座 邮　编：100084
    社 总 机：010-83470000 邮　购：010-62786544
    投稿与读者服务：010-62776969，c-service@tup.tsinghua.edu.cn
    质量反馈：010-62772015，zhiliang@tup.tsinghua.edu.cn
    课件下载：https://www.tup.com.cn，010-83470410
印 装 者：三河市铭诚印务有限公司
经　　销：全国新华书店
开　　本：185mm×260mm 印　张：16.75 字　数：405千字
版　　次：2024年6月第1版 印　次：2025年4月第3次印刷
定　　价：68.00元

产品编号：105924-01

前 言

  随着云计算、大数据、人工智能、物联网时代的来临，Linux 系统快速迭代，成为众多企业和政府部门搭建服务器的首选操作系统，在服务器领域占据了 80% 以上的市场份额。随着国产化替代政策和开源生态培育的不断深入，我国自主操作系统产业发展势头强劲，近些年国产操作系统的表现正在打破人们的固有认知，逐渐进入主流队列。由于 Linux 开源在国际上兴起，并且 Linux 系统具有灵活定制、结构层次清晰、运行效率高、运维成本低及较高的安全性等特点，国产操作系统大多选择以 Linux 为基础进行二次开发，使得 Linux 操作系统成为国产操作系统主攻的领域。截至本书编写时，根据 IDC 预测，在服务器操作系统市场，华为的 openEuler（欧拉操作系统）在中国的市场份额为 36.8%，而 CentOS/ 红帽的份额为 20.7%，Windows 的份额为 19.3%，Ubuntu/Debian 的份额为 10.1%。本书是基于 openEuler 操作系统进行系统讲解的。

  本书以网络运维工程师、网络安全运维工程师岗位的职业资格标准为基础，对接全国职业技能大赛"网络系统管理""信息安全管理与评估"竞赛大纲，对标华为"网络系统运行与维护"等"1+X"证书中 Linux 相关要求。编者将以上归纳并合理融入本书，使得岗课赛证相互交融，提高了本书的灵活性、适应性、针对性和实用性，全面提升育人效能。通过对本书立体化资源进行整体性、综合性的再设计，做到了"教学目标有思政、课程内容融思政、教学资源含思政、教学过程行思政、教学评价听思政、教学效果显思政"六包含。本书内容编写过程中运用思政元素，在不言中行思政、于无声处听思政；巧妙实施显性思政，在细微处做文章、于无形中显匠心，做到价值塑造、知识传授、能力培养"三合一"，实现为党育人、为国育才的有机统一。本书配有微课视频、课程标准、授课用 PPT、案例素材、习题库等丰富的数字化学习资源。

  本书针对高职院校的教学特点和培养目标，以学习操作系统的认知过程为依据，教学内容从认识文件系统结构开始，逐步展开到文件管理操作、系统管理、网络连接，再到服务器搭建，内容逐步深入。内容设计以学生为中心、以成果为导向，以解决典型工作任务为目标，融导、学、教、做、评为一体，学生学习时可通过任务单了解任务要求，并通过学习和实践达到任务要求；通过知识加油站学习任务所需知识点；通过任务实施将理论知识转化为实践能力；通过任务评价检验学习效果，明确改进方向；通过课后训练进行拓展学习，达到学以致用的目的。

本书由内蒙古电子信息职业技术学院张岚、康丽、李晓荣任主编，张存烨、高爱梅、李国安、刘淑华任副主编共同编写。具体分工是李晓荣编写项目1、2，刘淑华编写项目3、4，张存烨编写项目5，康丽编写项目6、7，高爱梅编写项目8、9，李国安编写项目10、11，张岚编写项目12、13。本书编写还得到了深信服科技股份有限公司邢雷的大力支持。

由于编者水平有限，书中难免存在疏漏和不足之处，殷切希望广大读者批评指正。

编 者
2024 年 3 月

目 录

项目 1　Linux 操作系统的安装与基本配置 ·· 1

 任务 1.1　Linux 操作系统安装 ·· 2
 任务 1.2　Linux 操作系统终端及开关机命令 ·· 13
 项目小结 ·· 18
 练习题 ··· 18

项目 2　Linux 常用命令 ··· 20

 任务 2.1　Linux 目录结构与文件类型 ·· 21
 任务 2.2　Linux 基本操作命令 ·· 26
 项目小结 ·· 40
 练习题 ··· 40

项目 3　vim 编辑器的应用 ·· 42

 任务 3.1　vim 编辑器及常见操作 ·· 43
 任务 3.2　重定向与管道符 ·· 49
 项目小结 ·· 54
 练习题 ··· 54

项目 4　用户与组 ·· 56

 任务 4.1　用户与组的管理 ·· 57
 任务 4.2　文件与目录的权限 ·· 64
 项目小结 ·· 69
 练习题 ··· 69

项目 5　Linux 磁盘管理 ··· 71

任务 5.1　磁盘管理基础 ·· 72
任务 5.2　硬盘分区与挂载 ·· 82
任务 5.3　逻辑卷管理 ·· 92
项目小结 ·· 99
练习题 ·· 99

项目 6　网络基本配置 ·· 101

任务 6.1　网络基本配置命令 ·· 102
任务 6.2　SSH 远程控制服务 ·· 113
项目小结 ·· 122
练习题 ·· 123

项目 7　DHCP 服务器配置 ·· 124

任务 7.1　认识及配置 DHCP 服务 ··· 125
任务 7.2　DHCP 中静态 IP 地址配置及超级作用域实现 ······················· 138
项目小结 ·· 143
练习题 ·· 144

项目 8　DNS 服务器配置 ·· 145

任务 8.1　认识与配置 DNS 服务 ··· 146
任务 8.2　DNS 正向、反向解析 ·· 152
任务 8.3　DNS 主从解析 ··· 158
任务 8.4　DNS 智能解析 ··· 162
项目小结 ·· 166
练习题 ·· 166

项目 9　NFS 服务器配置 ·· 168

任务 9.1　配置与挂载 NFS 服务 ··· 169
项目小结 ·· 175
练习题 ·· 175

项目 10 FTP 服务器配置 · 177

  任务 10.1 匿名用户访问 FTP 服务器 · 178

  任务 10.2 系统用户访问 FTP 服务器 · 184

  任务 10.3 虚拟用户访问 FTP 服务器 · 188

  项目小结 · 192

  练习题 · 192

项目 11 Samba 共享服务器配置 · 194

  任务 11.1 配置匿名用户访问 Samba 服务器 · 195

  任务 11.2 配置 user 级 Samba 服务器 · 200

  任务 11.3 配置用户映射 Samba 服务器 · 202

  项目小结 · 205

  练习题 · 206

项目 12 Nginx 服务器配置 · 207

  任务 12.1 Nginx 服务器搭建 · 208

  任务 12.2 Nginx 虚拟主机的配置 · 215

  任务 12.3 Nginx 访问控制 · 222

  任务 12.4 Nginx 反向代理服务器的配置 · 229

  项目小结 · 232

  练习题 · 232

项目 13 IPSAN 服务器配置 · 234

  任务 13.1 IPSAN 服务器搭建 · 235

  任务 13.2 IPSAN 多链路共享、多路径挂载 · 246

  项目小结 · 258

  练习题 · 258

参考文献 · 260

项目 1 Linux 操作系统的安装与基本配置

 学习目标

- 了解 Linux 的起源、GNU 计划与开源软件;
- 了解 openEuler 的发展历程与版本;
- 掌握在虚拟机上安装 openEuler 的方法;
- 熟悉终端登录界面;
- 熟悉终端命令的基本格式。

 素质目标

- 培养使用计算机相关设备的能力。选出适用的技术及设备,理解并掌握操作设备的手段、程序,维护设备并处理各种问题;
- 培养观察力、想象力和批判性思维,在学习、工作和生活中能够不断创新和进步。

 项目重难点

项目内容	工作任务	建议学时	技能点	重难点	重要程度
Linux 操作系统的安装与基本配置	Linux 操作系统安装	2	openEuler 操作系统安装	操作系统的选择	★★★★★
	Linux 操作系统终端及开关机命令	2	帮助命令的使用	命令格式	★★★★★

任务 1.1　Linux 操作系统安装

1.1.1　实施任务单

任务编号	1-1	任务名称	Linux 操作系统安装
任务简介	某公司将操作系统更换为 openEuler 操作系统，本项目交给李工完成。李工计划先了解 Linux 操作系统的起源与版本，openEuler 操作系统需要的安装环境，然后在 VMware Workstation 虚拟机中安装 openEuler 操作系统			
设备环境	Windows 10 操作系统、VMware Workstation 16 Pro、openEuler 22.03 LTS			
任务难度	初级	实施日期	年　　月　　日
任务要求	1. 了解 Linux 操作系统的起源、GNU 计划与开源软件 2. 了解 openEuler 操作系统发展历程与版本 3. 掌握在虚拟机中安装 openEuler 操作系统的方法			

1.1.2　知识加油站

1. Linux 操作系统起源简介

1991 年 9 月 17 日，芬兰的林纳斯·本纳第克特·托瓦兹（Linus Benedict Torvalds）在互联网上发布了自己写的 Linux 操作系统，并免费公开了源代码，同时也希望通过广大开发者的努力一起完善 Linux 操作系统。1994 年 Linux 内核的 1.0 版本正式发布。Linux 是一套免费使用的、自由传播的类 UNIX 操作系统，通常所说的 Linux，指的是 GNU/Linux。

GNU 计划，是由美国人理查德·马修·斯托尔曼（Richard Matthew Stallman）在 1983 年 9 月 27 日公开发起成立的自由软件基金会，并发布了 GNU 通用公共许可证（General Public License，GPL）协议，目的是创建一套完全自由的操作系统。GNU 是 GNU's Not UNIX 的递归缩写。为保证 GNU 软件可以自由地"使用、复制、修改和发布"，GNU 也针对不同场合，提供 GNU 宽通用公共许可证与 GNU 自由文档许可证这两种协议条款。GNU 计划开发不同的操作系统，也采用和开发了大批其他的自由软件。

GNU 计划允许每一个人修改及传播 GNU，但是绝不允许传播者对其传播的程序再加入其他的限制。换言之，不允许将修改后的程序据为己有。GNU 计划希望确保 GNU 所有的版本都能保持自由。GNU 计划的标志是角马（图 1-1）。

图 1-1　GNU 计划的角马标志

2. openEuler 操作系统

openEuler 是一款开源、免费的操作系统，是由开放原子开源基金会（OpenAtom Foundation）孵化及运营的开源项目。开放原子开源基金会是致力于推动全球开源产业发展的非营利机构,由阿里巴巴、百度、华为、浪潮、360、腾讯、招商银行联合发起,于2020年6月登记成立,其口号是"立足中国,面向世界",是我国在开源领域的首个基金会。

2019年9月18日,华为宣布openEuler操作系统开源,openEuler开源社区正式上线。2019年12月31日,openEuler开源代码上线。2020年3月27日,openEuler开源社区正式发布openEuler 20.03 LTS(long term support)版本。这标志着openEuler操作系统已经有了成熟的大规模商用的能力。openEuler操作系统希望通过社区合作,打造创新平台,构建支持多中央处理器(central processing unit,CPU)架构、统一和开放的操作系统,推动软硬件应用生态繁荣发展。当前openEuler内核源于Linux,支持鲲鹏及其他多种CPU,能够充分释放计算芯片的潜能,是由全球开源贡献者构建的高效、稳定、安全的开源操作系统,适用于数据库、大数据、云计算、人工智能等应用场景。图1-2为openEuler操作系统的标志。

图1-2 openEuler操作系统的标志

openEuler操作系统通常有两种版本:一种是创新版本,支撑Linux爱好者技术创新与内容创新,通常半年发布一个新的版本;另一种是openEuler稳定版,如openEuler 22.03 LTS,通常两年发布一个新的版本。本书以openEuler 22.03 LTS版本进行讲解。

3. 部分常用的Linux版本

Linux有许多不同的发行版,表1-1是Linux常见的发行版介绍。

表1-1 Linux常见的发行版

序号	发行版本名	简介
1	Red Hat Enterprise Linux	Red Hat Enterprise Linux(RHEL)是Red Hat公司发布的面向企业用户的Linux操作系统,是著名的商业版本之一
2	CentOS	CentOS是community enterprise operating system的缩写,称为社区企业操作系统,是RHEL的再编译发行版本。CentOS是免费的,使用时可以像使用RHEL一样去构筑企业级的Linux系统环境,但不需要向Red Hat公司支付任何费用。CentOS主要依靠社区的维护与支持
3	Debian	Debian GNU/Linux(简称Debian)是目前全世界非商业性Linux发行版之一。Debian带来了超过51 000个软件包,是由全世界范围1000多名计算机爱好者和专业人员在业余时间制作的
4	Ubuntu	Ubuntu是由南非人马克·沙特尔沃思(Mark Shuttleworth)创办的基于Debian Linux的操作系统。Ubuntu适用于笔记本电脑、台式机和服务器,特别是为桌面用户提供尽善尽美的使用体验。Ubuntu几乎包含了所有常用的应用软件,是Linux中最受欢迎的桌面端操作系统之一,操作风格类似于Windows的图形界面
5	openSUSE	openSUSE是著名Novell公司旗下的Linux发行版,是一个基于Linux内核的GNU/Linux操作系统,由openSUSE项目社区开发维护,用户界面非常华丽
6	银河麒麟	银河麒麟是在"863计划"和国家核高基科技重大专项支持下,研制而成的高安全、高可靠、高可用国产操作系统,系统实现了对飞腾、龙芯、鲲鹏、兆芯、海光等自主CPU及x86平台的支持。2024年1月,麒麟操作系统被中国国家博物馆收藏,这也是中国国家博物馆收藏的第一款国产操作系统

续表

序号	发行版本名	简　介
7	红旗	中国科学院软件研究所研制的基于 Linux 的自主操作系统，并于 1999 年 8 月发布了红旗 Linux 1.0 版。红旗 Linux 是由北京中科红旗软件技术有限公司开发的一系列 Linux 发行版，包括桌面版、工作站版、数据中心服务器版、HA 集群版和红旗嵌入式 Linux 等产品。红旗 Linux 是中国较大、较成熟的 Linux 发行版之一
8	deepin（深度）	deepin（原名 Linux Deepin）由武汉深之度科技有限公司在 Debian 基础上开发的，以桌面应用为主的开源 GNU/Linux 操作系统，支持笔记本电脑、台式机和一体机。deepin 操作系统包含 deepin 桌面环境和近 30 款 deepin 原创应用，以及多款来自开源社区的应用软件，支撑广大用户日常的学习和工作。deepin 操作系统由专业的操作系统研发团队和 deepin 技术社区共同维护，是中国第一个具备国际影响力的 Linux 发行版本

4. openEuler 操作系统的安装

1）准备安装环境

openEuler 支持 ARM 架构和 x86 平台的安装，由于 x86 和 ARM 指令集的区别，两个平台的 ISO 文件是不兼容的，在 openEuler 官网获取 ISO 镜像时一定要注意区分所下载的文件路径，选择适用的 ISO 镜像进行安装。

本书学习环境为：基于 VMware Workstation 安装 openEuler 操作系统，一般计算机都是基于 x86 平台的系统，所以请选择安装 x86 版本（文件路径为 x86_64）的 openEuler 操作系统。最小虚拟机要求：CPU 2 个，内存不小于 4GB，硬盘不小于 32GB。

2）安装方式

openEuler 安装方式和其他操作系统一样，支持各种类型的安装方式。本书以虚拟光驱引导方式安装系统为例。挂载 ISO 文件后重启虚拟机，即可进入安装引导界面，如图 1-3 所示。

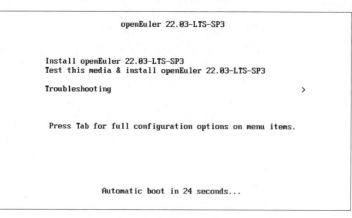

图 1-3　安装引导界面

3）安装信息摘要

安装信息摘要如图 1-4 所示，下面重点介绍安装目的地设置、选择安装软件和创建用户。

图 1-4　安装信息摘要

（1）安装目的地设置：用于设置系统安装位置及系统安装分区。可自动或手动设置分区。openEuler 操作系统建议设置如下分区。

① swap 为交换分区，在内存空间不足时，用于置换内存中的脏数据，内存较小情况下建议设置为内存大小的两倍，内存较大时，可根据情况减少分配。

② /boot 分区保存用于引导操作系统的文件。当计算机打开电源后，首先是 BIOS 开机自检，按照 BIOS 中设置的启动设备（通常是硬盘）来启动。操作系统接管硬件以后，再读入 /boot 分区下的内核文件。

③ /boot/efi 是 UEFI 固件要启动的引导器和应用程序的分区。当安装 openEuler for ARM 版本的时候，启动方式为 UEFI，需要创建 /boot/efi 分区才可以启动。

④ "/" 是根分区，Linux 中一切从根开始。根分区是文件目录的根源，一切文件都存放在根分区下。

（2）选择安装软件：安装 openEuler 22.03 LTS 时有三种软件场景可以选择。

① 选择"最小安装"的基本环境，并非安装源中所有的包都会安装。如果用户需要使用的包未安装，可将安装源挂载到本地制作 repo 源，通过 DNF 工具单独安装。

② 选择"服务器"的基本环境，系统会集成易于管理的服务器组件。

③ 选择"虚拟化主机"的基本环境时会默认安装虚拟化组件 qemu、libvirt、edk2，并且可在附件软件处选择是否安装 ovs 等组件。

（3）设置 root 密码及创建用户：openEuler 操作系统在安装过程中需要设置 root 用户密码，root 用户为系统超级管理员，具有最高权限，通常非 Linux 管理员是不能使用该用户对系统进行管理的。可以根据需求选择性创建普通用户，如创建一个名为 openEuler 的普通用户，并为其设置用户密码。openEuler 操作系统在安装时对用户设置的密码都要求高复杂度。

完成系统安装的配置后，重启系统，使用 root 用户名及密码即可登录到 openEuler 操作系统的环境中。

1.1.3　任务实施

在虚拟机中安装 openEuler 操作系统。openEuler 的官网提供 openEuler 22.03 LTS 的下载。

1. 创建虚拟机

步骤1：安装 VMware Workstation。打开 VMware Workstation 窗口，如图1-5所示，单击"创建新的虚拟机"按钮，弹出"新建虚拟机向导"对话框，选中"典型（推荐）"单选按钮安装，如图1-6所示，然后单击"下一步"按钮。

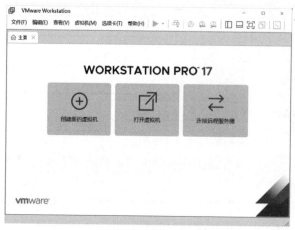

图1-5　VMware Workstation 窗口　　　　　图1-6　新建虚拟机向导

步骤2：设置虚拟机的安装来源。选中"安装程序光盘映像文件（iso）"单选按钮，单击"浏览"按钮，选择下载好的 openEuler-22.03-LTS-x86_64-dvd.iso 文件，再选中"稍后安装操作系统"单选按钮，如图1-7所示，然后单击"下一步"按钮。

步骤3：设置虚拟机的操作系统。版本名称中没有 openEuler，可以在"版本"的下拉列表框中选择"其他 Linux 5.x 内核 64 位"选项，如图1-8所示，然后单击"下一步"按钮。

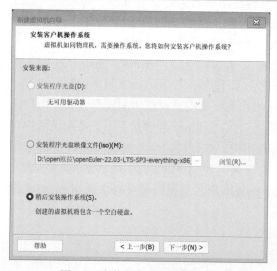

图1-7　安装程序光盘映像文件　　　　　图1-8　选择客户机操作系统

步骤 4：设置虚拟机名称、存储路径，如图 1-9 所示，然后单击"下一步"按钮。

步骤 5：设置虚拟机磁盘容量大小（不能小于建议的容量）和磁盘拆分，如图 1-10 所示，然后单击"下一步"按钮。

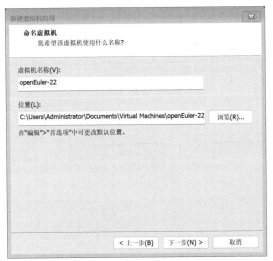

图 1-9　虚拟机名称与存储路径

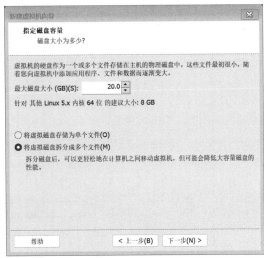

图 1-10　磁盘设置

步骤 6：单击"自定义硬件"按钮（见图 1-11），设置虚拟机系统内存（可以设置为界面提示的大小范围），如图 1-12 所示。

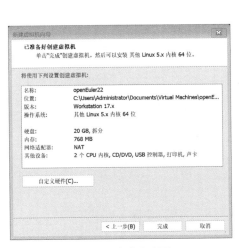

图 1-11　自定义硬件

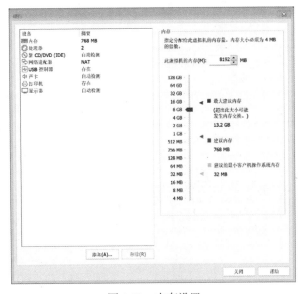

图 1-12　内存设置

设置虚拟机 CPU 时，CPU 数量和每个 CPU 的核心数量要根据宿主机的性能设置，并开启虚拟化功能，如图 1-13 所示。设置虚拟机 CD/DVD 光驱设备时，选择下载好的 openEuler-22.03-LTS-x86_64-dvd.iso 文件，如图 1-14 所示。

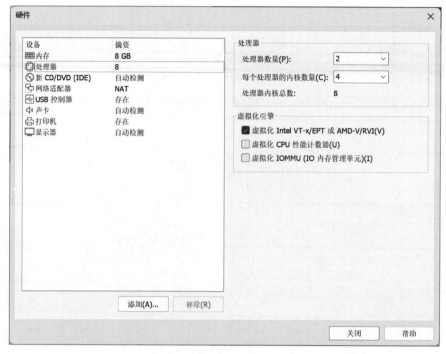

图 1-13　CPU 设置

图 1-14　CD/DVD 光驱设置

设置虚拟机网络适配器时有 3 种可选的网络连接模式，分别为桥接模式、NAT 模式和仅主机模式。这里可以根据需要自行选择，如图 1-15 所示。

（1）桥接模式：相当于在宿主机与虚拟机网卡之间架设了一座桥梁，从而可以通过物理主机的网卡访问外网。

图 1-15　网络连接模式设置

（2）NAT 模式：让虚拟机的网络服务发挥路由器的作用，使得通过虚拟机软件模拟的主机可以通过物理主机访问外网，NAT 模式的虚拟机网卡对应的物理网卡是 VMnet8。

（3）仅主机模式：仅让虚拟机内的主机与物理主机通信，不能访问外网，仅主机模式的虚拟机网卡对应的物理网卡是 VMnet1。

USB 控制器、声卡、显示器等设备可以使用默认设置，然后单击"关闭"按钮。

步骤 7： 在返回的虚拟机配置界面单击"完成"按钮，虚拟机配置完成，如图 1-16 所示。

图 1-16　虚拟机配置完成

2. 安装 openEuler 操作系统

步骤 1：在虚拟机管理界面单击"开启此虚拟机"按钮，运行窗口如图 1-17 所示，通过键盘的上下方向键选择直接安装系统选项，然后按 Enter 键确认。

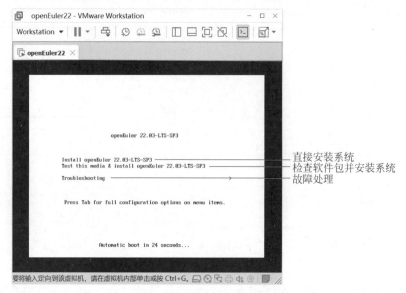

图 1-17　虚拟机运行界面

步骤 2：首先出现选择语言的界面，选择"中文"选项后单击"继续"按钮，如图 1-18 所示。

步骤 3：在"安装信息摘要"界面滚动右面的滚动条，界面中有黄色三角 ⚠ 样式的图标提示项必须设置，其他项提供默认选项即可，如图 1-19 所示。

图 1-18　选择语言　　　　　　　　　图 1-19　"安装信息摘要"界面

单击"安装目的地"按钮，选择已有本地目标磁盘，存储配置可设置为自动（分区在项目 5 中有详细讲解），如图 1-20 所示，然后单击"完成"按钮，返回"安装信息摘要"界面。

单击"Root 帐户"按钮,转到"ROOT 帐户"界面,选中"启用 root 帐户"单选按钮,设置高强度密码,如图 1-21 所示,然后单击"完成"按钮。

图 1-20　选择磁盘

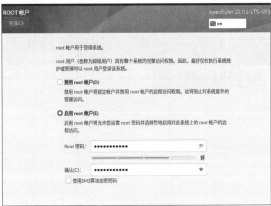

图 1-21　启用 root 账号

单击"创建用户"按钮,输入全名,设置高强度密码,如图 1-22,然后单击"完成"按钮。

单击"软件选择"按钮,设置基本环境和已选环境的附加软件(按照实际需求进行选择),如图 1-23 所示,然后单击"完成"按钮。

图 1-22　创建用户

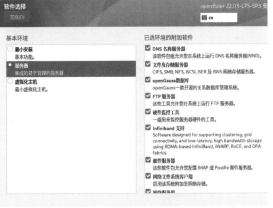

图 1-23　软件选择

安装 openEuler 22.03 LTS 时有 3 种软件安装基本环境可以选择。
- 最小安装:最小化安装 openEuler 操作系统,大部分软件不会安装。此方式适用于有一定 Linux 操作系统基础,想深入了解 Linux 架构的读者。
- 服务器:安装服务器场景涉及的相关软件,同时可以在右边选择性扩充软件。
- 虚拟化主机:安装虚拟化场景涉及的相关软件,同时可以在右边选择性扩充软件。

单击"网络和主机名"按钮，设置主机名如图 1-24 所示，然后单击"应用"按钮。

步骤 4：在"安装信息摘要"界面单击"开始安装"按钮，安装进度开始显示，需要等待系统安装完成，如图 1-25 所示，单击"重启系统"按钮。

图 1-24　设置网络和主机名　　　　　　　　图 1-25　显示安装进度

步骤 5：系统启动完成，出现如图 1-26 所示的登录界面。

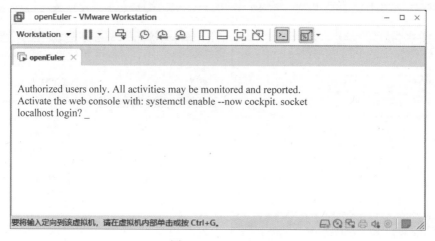

图 1-26　登录界面

其中，第一行的含义为只有授权的用户可以使用，所有活动都可能被监测和报告。第 2 行的含义为激活 Web 终端可用命令为：systemctl enable --now cockpit.socket。第 3 行 localhost 是主机名称，login 是注册登录的信息。

步骤 6：在 localhost login 提示后输入超级用户 root，在 Password 提示后输入密码，按 Enter 键确认后登录成功，如图 1-27 所示为登录成功界面。

⚠ **注意**：密码输入时不占位不显示，根据设置的密码依次输入每个字符后按 Enter 键即可，发现输入密码没有反应，这是正常现象。

项目 1　Linux 操作系统的安装与基本配置

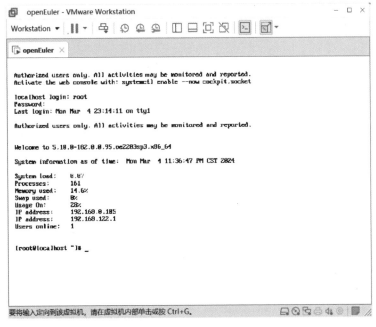

图 1-27　登录成功界面

1.1.4 任务评价

Linux 操作系统安装任务评价单

任务 1.2　Linux 操作系统终端及开关机命令

1.2.1 实施任务单

任务编号	1-2	任务名称	Linux 操作系统终端及开关机命令
任务简介	某公司将操作系统更换为 openEuler 操作系统，本项目交给李工完成。李工已经在 VMware Workstation 的虚拟机中安装了 openEuler 操作系统。李工先从终端开始熟悉系统环境，然后借助帮助命令进行深入学习，再形成通用文档在全公司进行培训学习和推广			
设备环境	Windows 10 操作系统、VMware Workstation 16 Pro、openEuler 22.03 LTS			
任务难度	初级	实施日期	年　　月　　日
任务要求	1. 熟悉终端登录界面 2. 终端命令的基本格式 3. 掌握帮助功能 4. 掌握开关机命令			

13

1.2.2 知识加油站

1. 终端命令

所谓终端命令，是指用户通过键盘输入的指令，计算机接收到指令后，执行并显示结果。操作界面称为控制台（console）或字符用户界面终端（terminal）。终端，提供了一个命令的输入/输出环境，是可以输入命令，并显示程序运行过程中的信息，以及程序运行结果的一个界面。如图 1-28 所示，在 localhost login 提示后输入超级用户 root，在 Password 提示后输入密码。

⚠️**注意**：密码输入时不占位不显示，根据设置的密码依次输入每个字符后按 Enter 键即可，发现输入密码没有反应，这是正常现象。

微课：Linux 操作系统
终端与 shell

图 1-28 登录界面

2. shell

shell 是一个命令行解释器，是 Linux 内核的一个外壳，负责外界与 Linux 内核的交互。shell 接收用户或者其他应用程序的命令，然后将这些命令转化成内核能理解的语言并传给内核，内核执行命令完成后将结果返回给用户或者应用程序，或显示在屏幕上。

当打开一个终端时，操作系统会将终端和 shell 关联起来，当在终端中输入命令后，shell 就负责解释命令。终端接收命令输入，shell 翻译并传递命令，内核执行命令，执行结果再通过终端传递给用户，这就是 Linux 命令的执行过程。操作系统组成如图 1-29 所示。

3. shell 提示符

如图 1-30 所示，shell 命令提示符分 4 部分，中括号中的第 1 部分是当前登录用户名，第 2 部分是主机名称，第 3 部分是当前工作目录，中括号之后的第 4 部分是提示符号。提示符号又分为 "#" 和 "$"。超级用户登录时显示 "#" 提示符，普通用户登录时就显示 "$" 提示符。并且用户名和主机名之间有 "@" 符号分割。主机名和当前工作目录中间有空格分开。

项目1 Linux 操作系统的安装与基本配置

图 1-29 操作系统组成

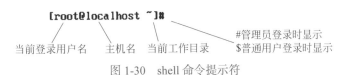

图 1-30 shell 命令提示符

命令提示符之后光标闪动的位置可以输入命令。在后续输入命令的过程中，如果发现没有出现提示符的状态，就表示上一条命令还没有结束，此时不能输入新的命令。

4. 命令基本格式

命令由命令字、选项和参数 3 部分组成，中间用空格分开，最少一个空格，如图 1-31 所示。

图 1-31 命令基本格式

（1）命令字就是命令名称，一条命令能执行，说明它是一个完整的程序，所以命令名称也就是命令的程序名称，是每条命令必须有的，通常会是英文单词或英文单词的缩写。而选项和参数是可选的，可以根据命令的使用情况选择使用。

（2）选项的作用是调节命令的具体功能，决定这条命令如何执行。

例如，ls 命令查看文件列表，可以在 ls 命令后加选项来调节显示文件的属性，显示文件名或是显示文件的详细信息。

```
[root@localhost ~]#ls      /etc/systemd    /home
[root@localhost ~]#ls      -alt /etc/systemd
[root@localhost ~]#ls      --help
[root@localhost ~]#ls      -lt    --all    /etc/systemd
[root@localhost ~]#ls      --all  /etc/systemd
```

选项分为短选项和长选项，短选项为 "-" 加一个字母，长选项为 "--" 加一个英文单词。同样的选项功能，可以有短选项同时也有长选项形式，长选项和短选项可以同时使用在命令当中，但是要分开书写，如果使用多个短选项，可以合并书写，即一个 "-" 后面写多个短选项。

⚠ **注意**：短选项之间的功能不能互相矛盾，多数时候短选项的书写是不存在顺序问题的，但个别命令使用选项的情况也会有特殊要求。

（3）命令参数是命令字的处理对象，通常情况下命令参数可以是文件名、目录名或者用户名等内容。根据使用命令字的不同，命令参数的个数可以没有，也可以有多个。比如，ls 命令查看文件列表信息时，可以查看一个文件的信息，也可以查看多个文件的信息。

5. 命令输入中的操作

（1）";"分开命令，使多条命令可以写在一行。
（2）反斜杠（\），强制换行。
（3）Tab 键，自动补齐。
（4）上下方向键，翻出命令历史记录。
（5）Ctrl+U 组合键，清空至行首。
（6）Ctrl+K 组合键，清空至行尾。
（7）Ctrl+L 组合键，清屏。
（8）Ctrl+C 组合键，取消本次命令的编辑或终止正在执行的命令。

6. 命令基本格式

（1）Linux 操作系统中严格区分大小写。
（2）文件名最长为 255 个字符，尽量做到见名思义，名称中多个部分组成加 "_" 连接或分割。
（3）文件名中不能使用 "/"，不建议使用某些特殊字符，如 "/" "\" "*" 等。
（4）Linux 操作系统中文件扩展名没有特殊的含义。
（5）Linux 操作系统中以 . 开头的文件为隐藏文件。

7. shutdown 命令

shutdown 命令的作用是关闭计算机，只有超级用户可以使用。
主要选项的说明如下：
- -h：关机后关闭电源；
- -r：关机后打开电源（相当于重启）；
- -t：在改变到其他运行级别之前，告诉 init 程序多久以后关机；
- -k：并不真正关机，只是送警告信号给每位登录者；
- -F：在重启计算机时强迫 fsck 操作；
- -time：设定关机前的时间。

使用直接断掉电源的方式来关闭 Linux 操作系统十分危险，而用 shutdown 命令可以安全地将系统关机。因为 Linux 操作系统后台运行着许多进程，所以强制关机可能会导致进程的数据丢失，使系统处于不稳定的状态，甚至在有的系统中会损坏硬件设备。在系统关机前使用 shutdown 命令，系统会通知所有登录的用户系统将要关闭，并且 login 指令会被冻结，即新的用户不能再登录。

8. halt 命令

halt 命令的作用是关闭系统，只有超级用户可以使用。halt 命令执行时，终止应用进程,执行 sync(将存于 buffer 中的信息强制写入硬盘中)系统调用,文件系统写操作完成后就会停止内核。若系统的运行级别为 0 或 6,则关闭系统;否则以 shutdown 指令(加上 -h 参数)来取代。

9. reboot 命令

reboot 命令的作用是重启计算机,只有超级用户可以使用。使用 reboot 命令时,不需要任何参数,只需在终端中输入 reboot 即可。系统将立即关闭,并在几秒后重新启动。

学习了开关机的命令之后,需要进一步学习一下服务器开关机的安全管理和系统管理员安全操作的注意事项。

服务器是现代计算机的支柱,为网站、云计算、关键业务应用程序、数据库等一切提供支持,因此不能随意地进行关机操作。关闭服务器会给用户造成不可预估的损失,在很多的服务器安全管理手册或是系统管理员安全操作手册里有明确规定:系统管理员负责服务器的开关机工作,操作完成后填写服务器开关机记录表。除安装调试或例行维护外,服务器不得随意和频繁开关机。服务器维护应安排在非工作时间段进行。服务器在出现严重故障非重启不能解决时,系统管理员应及时通知服务器用户,在用户保存完毕正在操作的数据后方可中断服务连接并进行重启操作。

微课:Linux 操作系统的启动与关机

1.2.3 任务实施

1. 查看当前系统内已有的 shell

```
[root@localhost ~]#cat    /etc/shells
/bin/sh
/bin/bash
/usr/bin/sh
/usr/bin/bash
/bin/zsh
```

📖 说明:使用 cat 命令显示 /etc/shells 文件的内容,此文件里是一个有效登录 shell 的列表。文件中列出的 shell,是系统中已经存在的 shell,可以执行 chsh 命令,修改自己的登录 shell(但要从下次登录开始生效)。

2. 查看当前系统正在使用的 shell

```
[root@localhost ~]#echo   $SHELL
```

使用 echo 命令输出环境变量 SHELL,环境变量 SHELL 中存储的是当前系统正在使用的 shell,运行结果是 bash,存储在目录 /bin 中。bourne again shell 即 bash 是各种 Linux 发行版默认配置的 shell。

微课:Linux 操作系统的帮助

3. Linux 操作系统的帮助

Linux 操作系统提供了强大的帮助手册和帮助命令,但是针对内部命令和外部命令要使用不同的方法来获取帮助。help 命令可以显示 shell 内部命令的简要帮助信息。使用格式为 help 命令后面跟要查询功能的指定命令。

```
[root@localhost ~]#help  cd
```

对于外部命令，基本上都有一个长选项 --help，可以显示帮助信息。

```
[root@localhost ~]#cat  --help
```

帮助命令 man，是 manual 的简写，是使用手册、说明书的意思。man 命令没有内部与外部命令的区分，因为 man 命令用来显示系统手册页中的内容，也就是一本电子版的字典，这些内容大多数都是对命令的解释信息，还有一些相关的描述。

```
[root@localhost ~]#man ls
```

4. 关机（只有超级用户才有权限使用）

1）shutdown 命令

```
[root@localhost ~]#shutdown  -r  now        # 重启系统
[root@localhost ~]#shutdown  -h  now        # 关闭系统
[root@localhost ~]#shutdown  -h  5          # 设置 5min 后关闭系统
[root@localhost ~]#shutdown  -c             # 取消正在执行的关机命令
```

2）reboot 命令

```
[root@localhost ~]#reboot                   # 重启系统
```

1.2.4 任务评价

Linux 操作系统终端及开关机命令任务评价单

◆ 项目小结 ◆

本项目通过对 Linux 操作系统概述与安装，完成了 openEuler 操作系统的环境搭建，认识了 Linux 操作系统的终端，学习了命令的基本格式，并完成系统的启动与关机。熟练地使用帮助命令，可以极大地提高学习效率。

◆ 练 习 题 ◆

一、选择题

1. 在一行结束位置加上（　　）符号，表示未结束，下一行继续。
   A. /　　　　　　B. \　　　　　　C. :　　　　　　D. |

2. openEuler 操作系统上默认的 shell 是（　　）。
   A. bash　　　　　B. csh　　　　　C. tcsh　　　　　D. ash
3. 不能关闭系统的命令是（　　）。
   A. halt　　　　　　　　　　　　　B. reboot
   C. shutdown -h now　　　　　　　D. shutdown -h 10
4. root 用户的命令提示符为（　　）。
   A. $　　　　　　B. &　　　　　　C. #　　　　　　D. >
5. 查询 tar 命令的帮助信息的命令是（　　）。
   A. help tar　　　B. tar --help　　C. tar man　　　D. tar --version

二、填空题

1. 1991 年 9 月 17 日，芬兰的 _____ 在互联网上公布了自己写的 Linux 操作系统，并免费公开了源代码。

2. openEuler 操作系统通常有两种版本：_____、_____。

三、简答题

简述终端提示符 [root@localhost ～] 每部分的含义。

四、实践题

安装 openEuler 22.03 LTS，要求如下：
（1）利用下载的虚拟机软件，创建 Linux 操作系统虚拟机；
（2）利用下载的 openEuler 22.03 LTS 安装包在虚拟机中进行安装；
（3）在安装过程中对主要的安装参数进行设置；
（4）对安装步骤进行截图，形成实验报告。

项目 2

Linux 常用命令

学习目标

- 了解 Linux 操作系统的文件结构；
- 熟练掌握常用目录的功能；
- 熟练掌握 Linux 操作系统中的文件类型；
- 熟练掌握 Linux 操作系统中常见的管理文件的命令；
- 熟悉掌握 Linux 操作系统中的常用进程管理命令。

素质目标

- 培养动手能力和实践操作能力，能进行系统维护工作；
- 培养观察力、想象力和批判性思维，在学习、工作和生活中能够不断创新和进步。

项目重难点

项目内容	工作任务	建议学时	技 能 点	重 难 点	重要程度
Linux 常用命令	Linux 目录结构与文件类型	4	目录结构	文件的类型	★★★★★
	Linux 基本操作命令	10	文件的管理	文件操作	★★★☆☆

任务 2.1 Linux 目录结构与文件类型

2.1.1 实施任务单

任务编号	2-1	任务名称	Linux 目录结构与文件类型
任务简介	某公司将操作系统更换为 openEuler 操作系统，本项目交给李工完成。李工计划先学习 openEuler 操作系统，然后形成通用文档在全公司进行培训学习和推广。因此李工想首先理解 Linux 操作系统的目录结构和不同目录的功能，然后掌握文件类型，并查看系统中的文件列表		
设备环境	Windows 10、VMware Workstation 16 Pro、openEuler 22.03 LTS		
任务难度	初级	实施日期	年 月 日
任务要求	1. 掌握系统目录结构 2. 掌握目录的功能 3. 掌握文件类型 4. 掌握查看文件列表的命令		

2.1.2 知识加油站

1. 系统的目录结构

Linux 中的目录用于分类存放各种文件，相当于 Windows 下的文件夹。Linux 的目录结构是树形结构，类似一棵倒置的树。根目录位于树的顶部，其他不同的目录可以看作树的树枝，如图 2-1 所示，最末尾的叶子就是文件。“一切皆文件”是 Linux 的基本哲学。Linux 中的所有资源都以文件的形式保存和管理。

微课：查看文件列表

微课：文件的类型

登录系统后，在提示符后输入 tree -L 1 / 命令，显示结果如图 2-1 所示。

```
[root@localhost ~]# tree  -L 1  /
/
├── afs
├── bash_completion.d
├── bin -> usr/bin
├── boot
├── dev
├── etc
├── home
├── lib -> usr/lib
├── lib64 -> usr/lib64
├── lost+found
├── media
├── mnt
├── opt
├── proc
├── root
├── run
├── sbin -> usr/sbin
├── srv
├── sys
├── tmp
├── usr
├── var
└── vmware-tools

23 directories, 0 files
```

图 2-1　目录结构

tree 命令的作用是以树状图形式列出目录的内容，-L 表示分层级显示。tree -L 1 / 命令的功能是树状图形式显示根目录的一级子目录。

根目录：用“/”表示，所有文件和目录都是以“/”开始，如图 2-2 所示。

主目录：root 用户的主目录是 /root，普通用户的主目录是 /home 目录下与用户同名的子目录。当前登录用户的主目录可以用“ ~ ”表示。

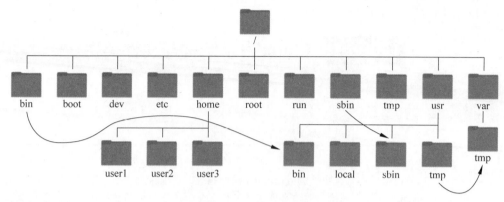

图 2-2 系统的目录结构

2. 目录功能

目录名及其功能如表 2-1 所示。

表 2-1 目录名及其功能

目录名	目录功能
/bin	bin 是 binary 的缩写,这是目录存放最常使用的命令
/sbin	s 就是 super user 的意思,这里存放的是超级用户使用的系统管理程序
/boot	这里存放的是启动 Linux 时使用的一些核心文件,包括一些连接文件及镜像文件
/dev	dev 是 device(设备)的缩写,该目录下存放的是 Linux 的外部设备,在 Linux 中访问设备的方式和访问文件的方式是相同的
/etc	这个目录用来存放系统管理所需要的配置文件和子目录
/home	用户的主目录,在 Linux 中,每个用户都有一个自己的目录,一般该目录名是以用户的账户命名的
/lib	该目录里存放着系统最基本的动态链接共享库,其作用类似于 Windows 里的动态链接库(dynamic link library,DLL)文件。几乎所有的应用程序都需要用到这些共享库
/media	Linux 系统会自动识别一些设备,如 U 盘、光驱等,识别的设备将被挂载到该目录下
/mnt	该目录方便用户临时挂载其他文件系统,如可以将光驱挂载在 /mnt/ 上
/opt	该目录用于存放安装的第三方软件。比如,安装一个 Oracle 数据库则可以放在该目录下。默认为空
/proc	该目录是一个虚拟的目录,它是系统内存的映射,可以通过直接访问这个目录来获取系统信息。这个目录的内容不在硬盘上而是在内存里
/root	该目录为系统管理员的用户主目录
/srv	该目录存放一些服务启动之后需要提取的数据
/sys	这是 Linux 2.6 内核的一个很大的变化。该目录下安装了 Linux 2.6 内核中新出现的一个文件系统 sysfs。 sysfs 文件系统集成了 3 种文件系统的信息:针对进程信息的 proc 文件系统、针对设备的 devfs 文件系统及针对伪终端的 devpts 文件系统。 当一个内核对象被创建时,对应的文件和目录也在内核对象子系统中被创建
/tmp	该目录用来存放一些临时文件
/usr	这是一个非常重要的目录,用户的很多应用程序和文件都存放在此目录下,类似于 Windows 下的 program files 目录

续表

目录名	目录功能
/usr/bin	系统用户使用的应用程序
/usr/sbin	超级用户使用的比较高级的管理程序和系统守护程序
/usr/src	内核源代码默认的存放目录
/var	该目录存放随时间变化的数据，包括那些经常被修改的目录、各种日志文件等

3. 文件类型

Linux 操作系统中一切皆文件。查看系统中有哪些文件，使用 ls（list）命令。ls 命令列出给定文件（默认为当前目录）的相关信息，默认按字母顺序排序。

命令格式如下：

```
ls    [选项]    路径或文件名
```

常用选项及作用如表 2-2 所示。

表 2-2　ls 命令的常用选项及作用

选项	作用
-a, --all	显示指定路径中的所有文件，包括隐藏文件
-d	显示指定路径是目录时，只显示目录名，不显示目录中的文件
-h	文件大小后加单位，以便于阅读的格式输出文件大小
-i	在输出的第一列显示文件的 inode 编号
-l	显示文件的详细信息，包括文件类型、权限、所属用户、所属用户组、文件大小、上一次修改时间等
-r	按现在排序的逆序显示
-S	按照文件大小顺序显示，默认从大到小；若要从小到大，可使用 -Sr 命令
-t	按照文件修改时间显示，默认由近到远顺序；若要从远到近，可使用 -tr 命令
-R	递归显示目录下的所有子目录和子目录中的文件
--help	显示帮助信息

ls 命令操作如下。

（1）ls 命令后面不加任何选项。

```
[root@localhost ~]#ls            //列出目录中包含的文件
anaconda-ks.cfg   vmware-tools-distrib
```

（2）ls 命令后面加 -l 选项。

```
[root@localhost ~]#ls  -l        //列出目录中包含文件的详细信息
总用量 8
-rw-------. 1 root root 1237  2月  2 16:47 anaconda-ks.cfg
drwxr-xr-x. 8 root root 4096  7月 31  2022 vmware-tools-distrib
[root@localhost ~]#ls  -l  /etc
总用量 1980
```

```
-rw-r--r--. 1 root root   44 2月 21 00:03 adjtime
-rw-r--r--. 1 root root 1529 7月 16  2021 aliases
drwxr-xr-x. 2 root root 4096 2月  2 16:44 alternatives
```

文件详细信息中每段代表的含义如图 2-3 所示。

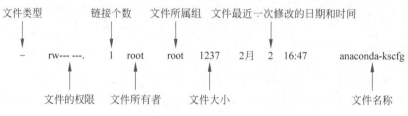

图 2-3　文件详细信息中每段代表的含义

第一个字符表示的文件类型包括以下几种。

1）普通文件（regular file）

字符 "-" 表示普通文件（包含文本文件、二进制文件、数据格式文件）。

2）目录（directory）

字符 "d" 表示目录。目录在 Linux 操作系统中是一个比较特殊的文件，可包含下一级目录和普通文件，类似于 Windows 操作系统中的文件夹。

3）设备文件（device）

字符 "c" 表示字符设备文件，字符 "b" 表示块设备文件，这类文件是设备文件，与内核相关联，存放在 /dev 目录下。

4）套接字文件（sockets）

字符 "s" 表示套接字文件，通常用于网络数据承接。客户端可以通过 socket 进行数据的传输。

5）符号链接（link）

字符 "l" 表示符号链接文件，与 Windows 操作系统中的快捷方式有点类似。

6）管道（p）

字符 "p" 表示管道文件，主要解决多个程序同时存取一个文件时的问题，它遵循 FIFO（first in first out）原则。

Linux 操作系统中不同的文件类型，显示文件名称时颜色也不同，如表 2-3 所示。

表 2-3　文件类型的颜色

颜　　色	代表内容	命令举例
蓝色	目录	ls /
白色	普通文件	ls /etc
浅蓝色	符号链接	ls -d /bin
红色	压缩文件	ls /usr/share/info/
绿色	可执行文件	ls /usr/bin
黄字	设备文件	ls /dev

Linux 操作系统中的隐藏文件的文件名是以字符"."开头来命名。使用命令 ls -a，可以查看隐藏文件。

```
[root@localhost ~]#ls   -a
.  ..  anaconda-.cfg  .bash_history  .bash_logout  .bash_profile
.bashrc  .cshrc  .lesshst  .ssh  .tcshrc  .viminfo  vmware-tools-distrib
```

说明：其中列出的一个字符"."表示当前目录，显示的两个字符".."表示上一级目录。

4. 路径

使用计算机时表示文件位置的方式就是路径，路径分为绝对路径和相对路径。
（1）绝对路径：从根目录开始的路径叫绝对路径。如 /etc/。
（2）相对路径：以当前目录开始的路径为相对路径。如 home/user1 或 ./user2 或 a.txt。

2.1.3 任务实施

（1）登录 Linux 操作系统，在提示符后输入 tree -L 1 / 命令，查看显示结果。在提示符后输入 tree -L 2 / 命令，查看显示结果。从显示结果可以看到 Linux 操作系统目录的结构为树形结构。

（2）使用 ls 命令查看根目录下的一级目录，掌握目录功能。

```
[root@localhost ~]#ls    /bin
[root@localhost ~]#ls    /boot
[root@localhost ~]#ls    /dev
[root@localhost ~]#ls    /etc
[root@localhost ~]#ls    /home
[root@localhost ~]#ls    /root
[root@localhost ~]#ls    /sbin
[root@localhost ~]#ls    /var
```

（3）使用 ls -l 命令查看不同类型的文件，熟记文件详细信息中每段代表的含义，识别文件类型的标识字符和不同类型文件的显示颜色。

```
[root@localhost ~]#ls    /                     //查看根目录
[root@localhost ~]#ls  -l  /                   //详细信息格式查看根目录
[root@localhost ~]#ls  -l  /etc                //详细信息格式查看 /etc 目录
[root@localhost ~]#ls  -d  /bin                //只查看 /bin 目录本身
[root@localhost ~]#ls  -dl  /bin               //详细信息格式查看 /bin 目录本身
[root@localhost ~]#ls    /usr/share/info/      //查看 /usr/share/info/ 目录下
                                               //的文件列表
[root@localhost ~]#ls  -l  /usr/share/info/    //详细信息格式查看 /usr/share/
                                               //info/ 目录下的文件列表
[root@localhost ~]#ls    /usr/bin              //查看 /usr/bin 目录下的文件列表
[root@localhost ~]#ls  -l  /usr/bin            //详细信息格式查看 /usr/bin
                                               //目录下的文件列表
[root@localhost ~]#ls  -l  /dev                //详细信息格式查看 /dev 目录下的
                                               //文件列表
```

(4)将目录下的所有文件列出来,观察隐藏文件。

```
[root@ localhost ~]#ls -al ~    //详细信息格式查看当前用户主目录下的全部文件列表
```

2.1.4 任务评价

Linux 目录结构与文件类型任务评价单

任务 2.2　Linux 基本操作命令

2.2.1 实施任务单

任务编号	2-2	任务名称	Linux 基本操作命令
任务简介	某公司将操作系统更换为 openEuler 操作系统,本项目交给李工完成。李工计划先学习 openEuler 操作系统,然后形成通用文档在全公司进行培训学习和推广。因此李工想了解和掌握文件、目录和进程的管理			
设备环境	Windows 10、VMware Workstation 16 Pro、openEuler 22.03 LTS			
任务难度	初级	实施日期	年　月　日	
任务要求	1. 掌握切换与查看路径的方法 2. 掌握创建、复制、移动、删除文件的方法 3. 掌握查看文件内容的方法 4. 掌握查看文件属性的方法 5. 掌握查找文件和查找字符的方法 6. 掌握打包和压缩文件的方法 7. 掌握管理进程的方法			

2.2.2 知识加油站

微课:如何在目录间切换　　微课:创建与删除目录　　微课:复制、移动、删除文件

1. Linux 操作系统中常见的管理文件的命令

1)cd 命令

语法格式如下:

```
cd    [相对路径或绝对路径]
```

其中 cd 是 change directory 的缩写，是用来切换工作目录的命令。cd 命令后面的路径，可以使用特定的符号提高操作效率。常用的切换目录的命令如下：
- cd ~：切换到当前用户的主目录（~表示当前登录用户的主目录）；
- cd -：切换到上次执行 cd 命令所在的目录；
- cd ..：切换到上级目录（.. 表示上一级目录，. 表示当前目录）；
- cd /：切换到根目录（/ 表示根目录）。

2）pwd 命令

语法格式如下：

```
pwd  [选项]
```

pwd 是 print working directory 的缩写，是用来显示目前所在目录的命令。

选项与参数的说明如下：

-P：显示当前工作目录的实际路径，而非包含符号链接（link）的路径。

3）mkdir 命令

语法格式如下：

```
mkdir  [选项]  目录名称
```

mkdir 是 make directory 的缩写，是用来创建新目录的命令。

选项与参数的说明如下：

- -m：配置文件的权限；
- -p：递归创建多级目录实例。

4）rmdir 命令

语法格式如下：

```
rmdir  [选项]  目录名称
```

rmdir 是 remove directory 的缩写，是用来删除空目录的命令。

选项与参数的说明如下：

-p：递归删除多级空目录。

5）cp 命令

语法格式如下：

```
cp  [选项]  源文件  目标文件
```

或

```
cp  [选项]  源文件 ...  目录
```

cp 是 copy 的缩写，是用来复制文件和目录的命令。

选项与参数的说明如下：

- -p：连同文件的属性一起复制过去，而非使用默认属性（备份常用）；
- -r：递归复制目录及其子目录内的所有内容。

6）rm 命令

语法格式如下：

```
rm  [选项]  文件或目录
```

rm 是 remove 的缩写，是用来删除文件或目录的命令。

选项与参数的说明如下：
- -f：强制删除。忽略不存在的文件，不提示确认；
- -r：递归删除目录及其内容。

7）mv 命令

语法格式如下：

```
mv  [选项]  源文件  目标文件
```

或

```
mv  [选项]  源文件  目录
```

mv 是 move 的缩写，是用来移动文件与目录，或重命名文件与目录的命令。

选项与参数的说明如下：

-f：覆盖前不询问。

2. Linux 操作系统中查看文件内容的命令

1）cat 命令

语法格式如下：

```
cat  [选项]  [文件]
```

微课：查看文件内容

该命令用于连接所有指定文件并从第一行开始显示文件内容。

选项与参数的说明如下：

-n：对输出的所有行编号。

2）more 命令

语法格式如下：

```
more  [选项]  [文件]
```

该命令用于分页显示文件的内容。

选项与参数的说明如下：
- -num：每屏幕显示 num 行；
- +num：从第 num 行开始显示文件。

more 程序运行过程中的交互操作如下。

（1）Space：代表向下翻一页。

（2）Enter：代表向下翻一行。

（3）/字符串：代表在显示的内容当中，向下搜寻"字符串"这个关键字。

（4）:f：立刻显示文件名以及当前行数。

（5）q：表示立刻退出 more 命令，不再显示该文件内容。
（6）b 或 Ctrl+b：代表往回翻页。
3）less 命令
语法格式如下：

```
less  [选项]  [文件]
```

less 命令也是用于对文件或其他输出进行分页显示，功能极其强大，如表 2-4 所示。
选项与参数的说明如下：
- -M：显示文件百分比、行号、总行数；
- -N：显示行号。

表 2-4　less 工具运行过程中的交互操作方法

操 作 按 键	功　　能
Space	向下翻动一页
Page Down	向下翻动一页
Page Up	向上翻动一页
/字符串	向下搜寻"字符串"的功能
?字符串	向上搜寻"字符串"的功能
n	重复前一个搜寻（与"/"或"?"有关）
N	反向的重复前一个搜寻（与"/"或"?"有关）
q	退出 less 这个程序

4）head 命令
语法格式如下：

```
head  [选项]  [文件]
```

该命令用于显示文件的前面几行，默认显示每个指定文件的前 10 行。
选项与参数的说明如下：
-n：选项后加数字 n，显示前面 n 行。
5）tail 命令
语法格式如下：

```
tail  [选项]  [文件]
```

该命令用于显示文件的后面几行，默认显示每个指定文件的后面 10 行。
选项与参数的说明如下：
-n：选项后加数字 n，显示后面 n 行。

3. Linux 操作系统中文件属性的相关命令

1）stat 命令
语法格式如下：

微课：显示文件的状态信息

```
stat  [选项]  [文件]
```

该命令用于显示文件的详细属性。

选项与参数的说明如下：
- -f：显示文件系统状态，不是文件状态；
- -L：显示链接文件源文件信息。

```
[root@localhost ~]#stat  /etc/passwd
文件：/etc/passwd
大小：2465              块：8      IO 块：4096    普通文件
Device: 253,0      Inode: 425918    Links: 1
权限：(0644/-rw-r--r--)  Uid: (    0/    root)  Gid: (    0/    root)
环境：system_u:object_r:passwd_file_t:s0
最近访问：2024-02-22 20:41:35.913680192 +0800
最近更改：2024-02-02 16:46:34.886303646 +0800
最近改动：2024-02-02 16:46:34.888303638 +0800
创建时间：2024-02-02 16:46:34.886303646 +0800
```

文件的时间戳有以下几种。

（1）最近访问时间：当文件内容被访问时，这个时间戳就会被更新，如对这个文件运用 grep、sed、more、cat、less、tail、head 等命令，而 ls、stat 命令则不会修改文件的访问时间。

（2）最近更改时间：当文件的数据内容被修改保存后，这个时间戳就会被更新，如 vim 编辑文件后保存文件。使用 ls 命令长格式列出的时间就是这个时间。

（3）最近改动时间：当文件的状态发生改变时，这个时间戳就会被更新，包括权限、大小、属性等，如使用 chmod、chown、mv、ln 等命令，就会改变文件的改动时间。

（4）创建时间：文件创建的时间，不会被更新。

2）touch 命令

语法格式如下：

```
touch  [选项]  文件
```

该命令用于更新文件的时间戳。如果目标文件不存在，则创建一个新的空文件。所有的 Linux 文件都带时间戳，选项及其功能如表 2-5 所示。

表 2-5 touch 命令的选项及功能

选项	功能
-a	仅更新访问时间
-c	如果目标文件不存在，不创建任何文件
-d 时间字符串	使用指定字符串设置文件的时间戳而非使用当前时间
-m	仅更新最近修改时间，同时更新访问时间
-r 文件名	使用指定文件的时间戳设置目标文件的时间戳
-t 时间戳	使用指定的时间（格式为 [[CC]YY]MMDDhhmm[.ss]）设置文件的时间戳而非当前时间

3）file 命令

语法格式如下：

```
file [选项] 文件
```

该命令用于辨识文件类型。

选项与参数的说明如下：

-L：直接显示符号链接所指向的文件的类性。

4. Linux 操作系统中文件的查找与字符查找命令

1）find 命令

语法格式如下：

微课：查找文件或目录

```
find [路径] [选项] [动作]
```

该命令在指定目录下查找文件和目录，支持多种查找条件，可以根据文件名、权限类型、时间戳、容量大小等查找文件，支持使用正则表达式匹配文件名。

选项与参数的说明如下：

- 路径：用于指定要查找的目录路径，可以是一个目录或文件名，也可以是多个路径，多个路径之间用空格分隔，如果未指定路径，则默认为当前目录；
- 选项：用于指定查找的条件，可以是文件名、文件类型、文件大小等；
- 动作：用于对匹配到的文件执行操作，如删除、复制等。

常用的匹配条件选项及功能如表 2-6 所示。

表 2-6　常用的匹配条件选项及功能

选项	功能
-name pattern	按文件名查找，支持使用通配符"*"和"?"
-type type	按文件类型查找，可以是 f（普通文件）、d（目录）、c（字符设备）、b（块设备）、l（符号链接）、p（管道）、s（套接字文件）
-size n	按文件大小 n 查找，支持使用字符"+"或"-"表示大于或小于指定大小，单位可以是 c（字节）、w（字数）、b（块数）、k（KB）、M（MB）或 G（GB）
-mtime days	按修改时间查找，支持使用字符"+"或"-"表示在指定天数前或后，days 是一个整数表示天数
-user username	按文件所有者查找
-group groupname	按文件所属组查找
-exec 命令 {} \;	对匹配的文件执行命令操作，大括号代表查找到的内容

2）grep 命令

语法格式如下：

```
grep [选项] 字符 文件
```

该命令用于查找文件里符合条件的字符。

选项与参数的说明如下：

- -i：忽略大小写进行查找；
- -v：反向查找，只显示不匹配指定模式的行。

5. Linux 操作系统中文件打包与压缩的命令

1）tar 命令

语法格式如下：

```
tar  [选项]  归档包名  [文件列表]
```

微课：压缩文件

该命令可以将多个文件合并为一个文件，打包后的文件名后缀为".tar"。也可以把归档文件解开以提取文件。归档，又称打包，打包的文件可以压缩，也可以不压缩。

tar 命令的选项分主操作选项（见表 2-7）与辅助操作选项（见表 2-8），主操作选项必须有并且只能有一个，辅助操作选项是可选的。

微课：打包备份文件

表 2-7 主操作选项及其功能

选项	功能
-c	创建一个新的归档文件
--delete	从归档中删除文件
-r	追加文件至归档文件中
-t	列出归档文件中的内容
-u	更新归档文件，如果文件系统中的文档比归档文件中相同的文件新，则将较新的文档添加到归档文件中
-x	从归档中提取文件

表 2-8 辅助操作选项及其功能

选项	功能
-f	指定档案文件的名称（每个归档文件都要有名称，此项必须选）
-C	解包到指定的目录
-v	详细地列出处理的文件信息
-z	以 gzip 格式压缩或解压缩文件
-j	以 bzip2 格式压缩或解压缩文件

2）gzip 命令

语法格式如下：

```
gzip  [选项]  文件名...
```

该命令是 Linux 标准压缩命令，对文本文件可以达到 75% 的压缩率。gzip 可以压缩文件，也可以解开压缩文件。用 gzip 命令产生的压缩文件将替换源文件，新文件名为源文件名加后缀 .gz。

选项与参数的说明如下：

- -d：解开压缩文件；

- -l：列出压缩文件的详细信息；
- -r：递归地对目录进行压缩或解压缩操作。

3）bzip2 命令

语法格式如下：

```
bzip2    [选项]     文件名...
```

同 gzip 命令类似，该命令只能对文件进行压缩（或解压缩），对于目录只能压缩（或解压缩）该目录及子目录下的所有文件。用 bzip2 命令产生的压缩文件将替换源文件，新文件名为源文件名加后缀 .gz。

选项与参数的说明如下：

-d：解压缩文件。

bzip2 命令使用示例如下：

```
[root@localhost ~]#bzip2  file1          //压缩文件 file1
[root@localhost ~]#ls                    //查看当前目录，扩展名为 .bz2 的压缩文件
anaconda-ks.cfg  a.txt  file1.bz2  text1   //file1.bz2 替换了文件 file1
```

6. Linux 操作系统中进程管理的命令

Linux 操作系统是一个多任务系统，经常需要对这些进程进行一些调配和管理。要进行管理，首先要了解当前的进程状况，有哪些进程、进程的状态如何等。Linux 操作系统提供了多种命令来了解进程的状况。

1）who 命令

who 命令主要用于查看当前系统中的用户信息。通过 who 命令，系统管理员可以监视每个登录用户此时的操作。who 命令使用示例如下：

```
[root@localhost ~]#who
# 查看系统中登录的用户，显示系统中的登录用户、使用终端、登录时间（远程登录 ip）
root    tty1     2024-03-06 21:43
user1   pts/0    2024-03-06 21:44(192.168.0.103)
```

2）ps 命令

ps 命令是最基本且非常强大的进程查看命令。ps 命令可以确定进程正在运行的状态、进程是否结束、是否有僵尸进程、哪些进程占用了过多的资源等，大部分进程信息都可以通过执行该命令获得。选项及其功能如表 2-9 所示。

表 2-9 选项及其功能

选 项	功 能
-a	显示终端上的所有进程，包括其他用户的进程
-l	使用长格式
-u	面向用户的格式
-x	显示没有控制终端的进程

ps 命令使用示例如下：

```
[root@localhost ~]#ps -au        //显示系统中所有用户终端上的所有进程。显示信息和
                                 //top 命令的基本相同
```

3）top 命令动态

top 命令和 ps 命令的作用基本相同，显示系统当前的进程和其他状况，但是 top 命令是一个动态显示过程，默认 3s 刷新显示进程的当前状态，如果在前台执行 top 命令，它将独占前台，直到用户按 q 键终止该程序为止。

```
[root@localhost ~]#top
top - 22:50:37 up  1:10,  2 users,  load average: 0.00, 0.04, 0.07
Tasks: 161 total,  1 running, 160 sleeping, 0 stopped, 0 zombie
%Cpu(s) : 0.0 us, 0.3 sy, 0.0 ni, 99.5 id, 0.0 wa, 0.2 hi, 0.0 si, 0.0 st
MiB Mem : 3376.0 total, 2244.9 free, 808.8 used,  600.2 buff/cache
MiB Swap: 2460.0 total, 2460.0 free,   0.0 used. 2567.3 avail Mem
 PID  USER    PR NI  VIRT    RES    SHR   S %CPU %MEM  TIME +   COMMAND
1690 opengau  20 0 1785260 264164 61896  S  1.0  7.6  0:34.58   gaussdb
7012 root     20 0  26832   5700   3524  R  0.3  0.2  0:00.02   top
```

top 命令在默认情况下，显示的信息包括系统平均负载、任务信息汇总、CPU 信息、内存信息、swap 交换分区信息和各进程状态的详细监控信息。

12 列监控信息含义如下：

- PID：进程 ID；
- USER：进程所有者的有效用户名称，简单地说就是以哪个用户权限启动的进程；
- PR：进程执行的优先级，PR 的值是从 Linux 操作系统内核的视角看到的执行进程的优先级；
- NI：从用户视角看到的进程执行的优先级，注意，以上显示中，NI 值为 0 的进程，它的 PR 值是 20；
- VIRT：进程占用的虚拟内存大小；
- RES：进程占用的物理内存大小；
- SHR：进程占用的共享内存大小；
- S：进程当前的状态，S 值有
  - D：不可中断的睡眠状态（uninterruptible sleep）
  - R：正在运行的状态（running）
  - S：睡眠状态（sleeping）
  - T：跟踪或停止状态（traced or stopped）
  - Z：僵尸状态（zombie）
- %CPU：进程占用的 CPU 使用率；
- %MEM：进程占用的百分比；
- TIME+：进程自启动以来累计使用的 CPU 时间；
- COMMAND：运行进程对应的程序。

4）kill 命令

kill 命令可以终止前台和后台进程。当需要中断一个前台进程的时候，通常使用 Ctrl+c 组合键，而对于后台进程不能使用组合键来终止，可以使用 kill 命令。

kill 命令是通过向进程发送指定的信号来结束进程。使用 kill 信号（它的编号为 9）命令，可以终止进程。

语法格式如下：

```
kill  [信号]  PID
```

其中进程号可以通过 ps 命令或 top 命令查看。详细的信号可以用 kill -l 命令查看。

```
[root@localhost ~]#kill -l                //查看详细的信号列表
 1) SIGHUP     2) SIGINT     3) SIGQUIT    4) SIGILL     5) SIGTRAP
 6) SIGABRT    7) SIGBUS     8) SIGFPE     9) SIGKILL   10) SIGUSR1
11) SIGSEGV   12) SIGUSR2   13) SIGPIPE   14) SIGALRM
   ...
[root@localhost ~]#kill -9 8997           //结束 PID 为 8997 的进程
```

Linux 操作系统中文件管理、系统管理的命令还有很多，本书并没有完全覆盖。"求学有时尽，问知穷无涯，求问渡学海，觅知攀书山"，如果要探索 Linux 操作系统的其他命令、功能或特性，可以自主学习，通过查阅官方文档、社区论坛等途径获取更多知识和解决问题的方法。

2.2.3 任务实施

1. 管理 Linux 操作系统中的文件

1）切换目录与显示当前目录路径

```
[root@localhost ~]#cd /home/user1     //使用绝对路径切换到 user1 目录
[root@localhost user1]#pwd            //显示当前路径
/home/user1
[root@localhost user1]#cd ~           //表示回到当前登录用户的主目录，就是/root目录
[root@localhost ~]#pwd
/root
[root@localhost ~]#ls                 //显示当前目录的文件列表
anaconda-ks.cfg   a.txt   file1.bz2   text   text1
[root@localhost ~]#mkdir ./dir        //在当前目录创建 dir 目录
[root@localhost ~]#ls
anaconda-ks.cfg   a.txt   dir   file1.bz2   text   text1
[root@localhost ~]#cd dir             //使用相对路径切换到 /root/dir 目录
[root@localhost dir]#pwd
/root/dir
[root@localhost dir]#cd ..            //去到当前目录的上一级目录，就是 /root 目录
[root@localhost ~]#pwd
/root
```

```
[root@localhost ~]#ls    -l   /bin       ///bin 是一个符号链接文件
lrwxrwxrwx. 1 root root 7 12月 16 23:43 /bin -> usr/bin
[root@localhost ~]#cd   /bin           //切换进入 /bin 目录
[root@localhost bin]#pwd              //列出目前的工作目录
/bin
[root@localhost bin]#pwd   -P         //显示出实际的工作目录，而非符号链接
/usr/bin                              //文件本身的目录名
```

2）创建与删除目录

```
[root@ localhost ~]#cd   /tmp              //切换进入 /tmp 目录
[root@ localhost tmp]#mkdir   test          //创建一个名为 test 的新目录
[root@ localhost tmp]#mkdir test1/test2/test3/test4
                                            //无法直接创建此目录
mkdir: 无法创建目录 "test1/test2/test3/test4": No such file or directory
[root@ localhos tmp]#mkdir -p test1/test2/test3/test4
                                            //加了 -p 选项可以直接创建多层目录
[root@ localhost tmp]#rmdir test            //将目录 /tmp/test 删除
[root@localhost tmp]#ls   test1
test2
[root@ localhost tmp]#rmdir test1           //因为 test1 目录中包含目录 test2，
                                            //所以无法删除
rmdir: 删除 'test1' 失败：Directory not empty
[root@ localhost tmp]#rmdir -p test1/test2/test3/test4
                            //使用 -p 选项，可以将 test1/test2/test3/test4 递归删除
```

3）复制、删除、移动文件与目录

```
[root@ localhost ~]#cd
[root@ localhost ~]#cp   ~/.bashrc    /tmp/bashrc
                //复制 /root 目录中的隐藏文件 .bashrc 到当前目录并改名为 bashrc
[root@ localhost ~]#cd   /tmp              //切换进入 /tmp 目录
[root@localhost tmp]#rm   bashrc            //删除文件 bashrc 时与系统交互，
                                            //回答 y 是 yes, n 为 no
rm: 是否删除普通文件 'bashrc'？y
[root@ localhost tmp]#cp   ~/.bashrc  bashrc
[root@ localhost tmp]#cp   -r  ~/dir   ./dir1
                //复制 /root 目录中的 dir 目录到当前目录改名为 dir1
[root@ localhost tmp]#mv   bashrc   dir1   //将文件 bashrc 移动到目录 dir1
[root@ localhost tmp]#mv  dir1   mvdir    //将 dir1 目录名称重命名为 mvdir
```

2. 查看指定文件的内容

```
[root@localhost ~]#cat   /etc/issue        //查看欢迎信息文件 /etc/issue 的内容
[root@localhost ~]#cat   -n  /etc/issue
                        //查看欢迎信息文件 /etc/issue 的内容，加行标
```

```
[root@localhost ~]#cat   -n  /etc/issue  /etc/passwd
                               //查看两个文本文件串接显示内容，加行标
[root@localhost ~]#cat   -n  /etc/passwd > file1
//显示在屏幕上加行标的内容重定向到文件 file1，内容不显示在屏幕上
[root@localhost ~]#cat   file1    //查看 file1 文件中的内容，文件内容中包含行标
[root@localhost ~]#more /etc/passwd
                               //查看账号管理文件 /etc/passwd 的内容
[root@localhost ~]#more   -15  /etc/passwd        //每屏幕显示 15 行的内容
[root@localhost ~]#less  /etc/passwd
                               //查看账号管理文件 /etc/passwd 的内容
[root@localhost ~]#less  -MN  /etc/passwd
                               //加行标、百分比等显示文件内容
[root@localhost ~]#head   -n  8  /etc/passwd
                               //显示文件 /etc/passwd 前 8 行
[root@localhost ~]#tail   -n  20  /etc/passwd
                               //显示文件 /etc/passwd 后 20 行
[root@localhost ~]#more  +15  file1|head  -6
                               //实现显示 file1 文件内容的第 15 行到第 20 行
```

3. 查看文件的属性、修改时间戳、识别文件的类型

```
[root@localhost ~]#touch text1      //创建空文件 text1
[root@localhost ~]#stat   text1     //显示文件 text1 的详细属性
  文件：text1
  大小：0            块：0          IO 块：4096    普通空文件
Device: 253,0    Inode: 526244    Links: 1
权限：(0644/-rw-r--r--)  Uid: (    0/    root)   Gid: (    0/    root)
环境：unconfined_u:object_r:admin_home_t:s0
最近访问：2024-02-23 11:19:16.022491757 +0800
最近更改：2024-02-23 11:19:16.022491757 +0800
最近改动：2024-02-23 11:19:16.022491757 +0800
创建时间：2024-02-23 11:19:16.022491757 +0800
[root@localhost ~]#touch -d "2024/1/1 12:00:0"  text1
                               //修改文件 text1 时间戳为 -d 指定时间
[root@localhost ~]#stat   text1     //显示文件 text1 的详细属性，比较时间戳的变化
  文件：text1
  大小：0            块：0          IO 块：4096    普通空文件
Device: 253,0    Inode: 526244    Links: 1
权限：(0644/-rw-r--r--)  Uid: (    0/    root)   Gid: (    0/    root)
环境：unconfined_u:object_r:admin_home_t:s0
最近访问：2024-01-01 12:00:00.000000000 +0800
最近更改：2024-01-01 12:00:00.000000000 +0800
最近改动：2024-02-23 11:24:32.196001434 +0800
创建时间：2024-02-23 11:19:16.022491757 +0800
[root@localhost ~]#file  /etc/passwd       //显示 /etc/passwd 为文本文件
/etc/passwd: ASCII text
```

```
[root@localhost ~]#file    /bin              //显示/bin为符号链接文件
/bin: symbolic link to usr/bin
[root@localhost ~]#file    /root             //显示/root为目录
/root: directory
[root@localhost ~]#file    /dev/tty1         //显示/dev/tty1为字符设备
/dev/tty1: character special (4/1)
[root@localhost ~]#file    /dev/sda          //显示/dev/sda为块设备
/dev/sda: block special (8/0)
[root@localhost ~]#file /run/initctl         //显示/run/initctl为管道
/run/initctl: fifo (named pipe)
[root@localhost ~]#file    /run/systemd/journal/stdout
//显示/run/systemd/journal/stdout为套接字文件
/run/systemd/journal/stdout: socket
```

4. 在 Linux 操作系统中查找符合条件的文件并在指定文件中查找指定字符

微课：Linux 操作系统中的通配符

```
[root@localhost ~]#find /  -mtime  -1 //在根目录下查找一天以前修改过的文件
[root@localhost ~]#find /  -name text1 //在根目录下查找名为text1的文件
//在/etc目录下查找名为pa开头的文件,"*"可以通配任意长度的任意字符
[root@localhost ~]#find /etc -name 'pa*'
//在/etc目录下查找文件名为p开头后面有五个任意字符的文件,"?"可以通配一个任意字符
[root@localhost ~]#find /etc -name 'p?????'
//在/etc目录下查找文件名为以p开头,以[a-g]中任意一个字符结尾的文件,"[]"可以通
//配一个中括号中枚举的字符
[root@localhost ~]#find /etc  -name 'p*[a-g]'
[root@localhost ~]#find /   -type p    //在根目录下查找文件类型为管道的文件
//在根目录下查找名为text1的文件,并用长格式形式显示这些文件
[root@localhost ~]#find /  -name  text1 -exec ls -l {} \;
[root@localhost ~]#grep  "root"   /etc/passwd
                   //在文件/etc/passwd中查找root字符串
[root@localhost ~]# grep -i RunLevel  /etc/inittab
                   //在文件/etc/inittab中查找RunLevel字符串,忽略大小写
```

5. 复制文件到指定目录,并将指定目录压缩打包和解包

```
[root@localhost ~]#mkdir   mdir                //建立目录mdir
[root@localhost ~]#cp  /etc/ma*     mdir       //复制/etc目录下的ma开头的文件
                                               //到mdir目录中
[root@localhost ~]#ls  mdir                    //查看目录mdir
[root@localhost ~]#mkdir  pdir
[root@localhost ~]#cp  /etc/pa*    pdir
[root@localhost ~]#ls   pdir
[root@localhost ~]#cp  /etc/hosts   mplist
//复制/etc下hosts文件到用户主目录中,并将文件名改为mplist,压缩文件mplist
[root@localhost ~]#ls
[root@localhost ~]#gzip -v mplist              //压缩文件mplist,并显示压缩信息
```

```
mplist:  64.6% -- replaced with mplist.gz
[root@localhost ~]#ls                        //查看是否有压缩文件
[root@localhost ~]#gzip  -r mdir             //压缩目录 mdir 需要加选项 -r
[root@localhost ~]#gzip  pdir                //不加选项 -r，不能压缩目录
gzip: pdir is a directory -- ignored
[root@localhost ~]#gzip  pdir/*              //压缩目录 mdir 里的所有文件，使用*通配符
[root@localhost ~]#ls  mdir                  //查看压缩目录，显示目录里的文件被压缩
[root@localhost ~]#ls  pdir
[root@localhost ~]#gzip -lr pdir             //查看压缩文件的压缩信息
    compressed  uncompressed  ratio uncompressed_name
         1007          2465   60.2% pdir/passwd
          990          2419   60.1% pdir/passwd-
           92            68    5.9% pdir/papersize
[root@localhost ~]#gzip  -d pdir             //不加选项 -r，不能解压缩目录
[root@localhost ~]#gzip  -dr pdir            //解压缩目录 pdir 需要加选项 -r
[root@localhost ~]#gzip  -d mplist.gz        //解压缩文件 mplist.gz
[root@localhost ~]#ls                        //查看是否解压缩成功
[root@localhost ~]#ls  pdir
[root@localhost ~]#mkdir  /tmp/mpdir
[root@localhost ~]#tar -cvf  /tmp/mpdir/mp.tar  mdir  pdir
//打包 mdir、pdir 目录到 /tmp/mpdir 目录中的 mp.tar 包中
[root@localhost ~]#ls /tmp/mpdir             //查看是否有 mp.tar 包
[root@localhost ~]#tar  -tf  /tmp/mpdir/mp.tar
                                             //查看 mp.tar 包中文件列表
[root@localhost ~]#tar  -rvf  /tmp/mpdir/mp.tar  mplist
                                             //追加 mplist 文件到 mp.tar 中，并且显示信息
[root@localhost ~]#tar  -tf  /tmp/mpdir/mp.tar
                                             //查看 mp.tar 包中文件列表，确定追加文件成功
[root@localhost ~]#tar  --delete  -f  /tmp/mpdir/mp.tar  mplist
                                             //从 mp.tar 包中删除 mplist 文件
[root@localhost ~]#tar  -tf  /tmp/mpdir/mp.tar
                                             //查看 mp.tar 包中文件列表，确定删除文件成功
[root@localhost ~]#mkdir  tar1               //创建目录 tar1
[root@localhost ~]#tar  -xf  /tmp/mpdir/mp.tar  -C  ./tar1
                                             //解压 mp.tar 包中文件到目录 tar1
[root@localhost ~]#ls  tar1   //查看 tar1 目录中文件列表，确定恢复释放文件成功
```

6. 管理 Linux 操作系统中的进程

```
[root@localhost ~]#who
//查看系统中登录的用户，显示系统中的登录用户、使用终端、登录时间（远程登录 ip）
root      tty1        2024-03-06 21:43
user1     pts/0       2024-03-06 21:44 (192.168.0.103)
[root@localhost ~]#ps  -au
//选定用户 user1 的 top 进程将被结束，PID 为 19830
USER      PID    %CPU   %MEM   VSZ    RSS    TTY    STAT  START  TIME   COMMAND
root      4480   0.0    0.1    24660  6180   tty1   Ss+   16:54  0:00   -bash
```

```
user1    4562    0.0    0.1    24540    5760    pts/0    Ss    16:55    0:00    -bash
root     4639    0.0    0.1    28588    5872    pts/0    S     16:55    0:00    su root
root     4641    0.0    0.1    24956    6160    pts/0    S     16:55    0:00    bash
user1    19760   0.0    0.1    24540    5768    pts/1    Ss    23:36    0:00    -bash
user1    19830   0.2    0.1    26828    5760    pts/1    S+    23:36    0:00    top
root     19835   100    0.1    26112    4868    pts/0    R+    23:37    0:00    ps -au
[root@localhost ~]#kill -9 19830        //结束 PID 为 19830 的进程
//切换终端到 user1 登录的 pts/1，可以看到
Killed
[root@localhost ~]#top                  //动态查看当前进程，PID 为 19830 的进程已被结束
//按 q 退出刷新显示
```

2.2.4 任务评价

Linux 基本操作命令任务评价单

◆ 项目小结 ◆

本项目通过切换与查看路径，创建、复制、移动、删除文件，查看文件内容，查看文件属性，查找文件和查找字符，打包和压缩文件，管理进程等操作，使读者掌握了在 OpenEuler 系统中进行文件管理的核心命令和技能。这些技能对于读者在日常工作中高效、安全地管理文件非常有帮助。

◆ 练 习 题 ◆

一、选择题

1. 设用户当前所在目录为 /usr/local，输入 cd.. 命令后，用户当前所在目录为（ ）。
   A. /usr   B. /root
   C. /home/root   D. /usr/local
2. 要列出一个目录下的所有文件，则需要使用的命令是（ ）。
   A. ls -l   B. ls   C. ls -a   D. ls -d
3. Linux 文件系统中的文件都按其作用分门别类地存放在相关的目录中，对于外部设备文件，一般应将其存放在（ ）目录中。
   A. /bin   B. /etc   C. /dev   D. /lib
4. 删除一个非空子目录 /tmp 的命令是（ ）。
   A. del /tmp/*   B. rm -rf /tmp
   C. rm -ra /tmp/*   D. rm -rf /tmp/*

二、填空题

1. 将 text1 文件的时间戳更改为与 text2 文件相同的命令为_____。
2. Linux 中默认不同文件类型显示不同的颜色，_____色表示的文件是压缩文件、_____色表示的文件是目录文件、_____色表示的文件是链接文件、_____色表示的文件是可执行文件。

三、简答题

简述使用 ls -l 命令查看文件详细信息时，显示的每段信息所代表的含义。

四、实践题

李工需要以长格式使用三种排序方式显示目录 /user/bin 的内容。
（1）以文件大小由大到小的次序排列。
（2）以文件大小由小到大的次序排列。
（3）以文件的最后修改时间的先后次序排列。

项目 3

vim 编辑器的应用

 学习目标

- 能够了解 vim 编辑器的功能；
- 能够熟练操作 vim 编辑器的三种模式；
- 能够熟练掌握 vim 编辑器中常见命令的操作；
- 能够了解重定向与管道符的功能；
- 能够熟练掌握重定向与管道的应用。

 素质目标

- 具有扎实的操作系统基础知识，具备熟练的专业技能和计算机操作能力；
- 有高度的责任感，有严谨、认真、细致的工作作风。

项目重难点

项目内容	工作任务	建议学时	技 能 点	重 难 点	重要程度
vim 编辑器的应用	vim 编辑器及常见操作	8	了解 vim 编辑器的功能，能够熟练掌握 vim 编辑器三种模式的转换，掌握文件的打开与读取，掌握文件的保存与退出，掌握文本内容的操作，掌握查找与替换	根据实际应用对文本进行正确的操作	★★★★☆
	重定向与管道符	6	了解重定向与管道符的功能，熟练掌握重定向与管道的应用	重定向与管道符的应用	★★★★★

任务 3.1　vim 编辑器及常见操作

3.1.1　实施任务单

任务编号	3-1		任务名称	vim 编辑器及常见操作
任务简介	假如某公司使用 Linux 操作系统的服务器,而作为该公司的一名网络管理员,在维护的过程中,经常要对一些文本文件进行配置或修改。作为系统管理员,熟练操作系统中的文本,要熟练掌握 Linux 操作系统环境中文本编辑器中模式的功能及模式间如何进行切换,熟练掌握打开或读取文本、编辑及光标的快速定位、复制粘贴、定位查找、全局替换及对文件更新的内容进行保存等命令,为学习文本操作命令打下坚实的基础			
设备环境	Windows 10、VMware Workstation 16 Pro、openEuler 22.03 LTS			
任务难度	初级		实施日期	年　月　日
任务要求	1. 了解 vim 编辑器的功能 2. 掌握 vim 编辑器三种模式的转换方法 3. 掌握文件的打开与读取方法 4. 掌握文件的保存与退出方法 5. 掌握文本编辑中光标的定位方法 6. 掌握文本内容的操作方法 7. 掌握查找与替换的方法			

3.1.2　知识加油站

1. vim 编辑器的功能

vim（vi improved）编辑器是 UNIX/Linux 操作系统上常用的编辑器,是一个命令行编辑器,类似于 Windows 操作系统下的记事本,vim 编辑器功能强大,可以在没有鼠标、不脱离键盘情况下实现各种复杂的文本操作。《三重楼喻》中说:"万丈高楼平地起,一砖一瓦皆根基。"任何伟大和高尚的事物,都不可能从天而降,都要有一个扎实的基础。学会并熟练使用 vim 编辑器将会大大提高工作效率。

2. vim 编辑器的模式

在 Linux 操作系统中,vim 编辑器有三种状态模式（见图 3-1）,分别是命令模式、输入模式和末行模式。在实际工作中,三种模式之间可以相互切换。

图 3-1　vim 编辑器的三种模式转换示意图

微课：vim 三种操作模式转换

1）命令模式

启动 vim 编辑器后默认进入的就是命令模式,在该模式下不能进行文本的编辑操作,该模式下主要完成光标移动、删除、复制、粘贴文件内容等相关操作。

```
[root@localhost ~] vi a.txt
```

2）输入模式

在命令模式下不能进行编辑输入操作，需要在命令模式下按键盘上的 a、i 或 o 中的任意一个按键，则可进入输入模式。处于输入模式时，vim 编辑器的左下角将出现"--INSERT--"或"-- 插入 --"的状态提示信息，此时可以进行文本的编辑。在该模式下主要的操作是录入文件内容，可以对文本文件的正文进行修改或者添加新的内容，如果想返回到命令模式，只要按 Esc 键即可。

3）末行模式

文件内容编辑结束后，通常情况下，需要对已经编辑的内容进行保存，可以先按 Esc 键进入命令模式，然后在命令模式下输入"："或"/"或"?"，光标会自动定位在文本的末行，在末行模式下可以完成文本内容的保存、vim 编辑环境的设置、编辑器的退出及文本内容的查找、替换等操作。

3. 文件的打开与读取

（1）利用 vim 命令直接打开文件。vim 打开文件的快捷选项如表 3-1 所示。

微课：文件的打开与读取

表 3-1 vim 打开文件的快捷选项与说明

vim 的快捷选项	说　　明
filename	打开或新建一个文件，并将光标置于第一行的首部
-r filename	恢复上次 vim 打开时崩溃的文件
-R filename	把指定的文件以只读方式放入 vim 编辑器中
+filename	打开文件，并将光标置于最后一行的首部
+n filename	打开文件，并将光标置于第 n 行的首部
+/pattern filename	打开文件，并将光标置于第一个与 pattern 匹配的位置
-c command filename	在对文件进行编辑前，先执行指定的命令

（2）在 vim 编辑器中打开新的文件，文件内容将显示在已存在内容的末尾。
命令格式如下：

```
:e  文件名              //在末行模式下输入
```

（3）在 vim 编辑器中打开新文件，并放弃对当前文件的修改，打开的新文件内容将覆盖原来的内容。

命令格式如下：

```
:e！ 文件名             //在末行模式下输入
```

（4）读取文件内容到当前 vim 编辑器中，编辑器无内容时直接打开，已经存在内容时将其覆盖。

命令格式如下：

```
:r   文件名                    //在末行模式下输入
```

4. 文件的保存与退出（在 vim 编辑器末行模式下使用）

（1）保存文件：保存 vim 编辑器中已打开或修改的文件。
命令格式如下：

微课：文件的保存与退出

```
:w
```

或

```
:w!
```

（2）另存为文件：将 vim 编辑器中的内容另存为指定文件名。
命令格式如下：

```
:w  filename
```

或

```
:w!  filename
```

（3）退出 vim 编辑器环境。
命令格式如下：

```
:q
```

或

```
:q!
```

或

```
ZZ
```

（4）保存修改的文件，并退出编辑器。
命令格式如下：

```
:wq
```

或

```
:wq!
```

（5）进入 vim 编辑器没有指定文件名，编辑文本后保存退出时需指定文件名。
命令格式如下：

```
:wq! 文件名
```

5. 文本编辑命令与光标的定位

输入 vim 命令后，进入全屏幕编辑环境，此时的状态为命令模式。在命令模式下，可以输入一些命令，但是在按下键盘上相应键输入命令时，这些命令只会呈现最终的效果，不会在编辑器界面上显示出命令的字符。《论语》中说："工欲善其事，必先利其器。"就是说，工匠想要做好工作，一定要先让工具锋利。为了在实践中提高脚本的编写效率，应该熟练掌握基本操作方法。

1）行内快速跳转

行内快速跳转快捷键及功能如表 3-2 所示。

微课：vim 编辑器常见的操作

表 3-2　行内快速跳转快捷键及功能

快　捷　键	功　　能
Shift+^	将光标快速跳转到本行的行首字符
Shift+$	将光标快速跳转到本行的行尾字符
w	将光标快速跳转到当前光标所在位置的后一个单词的首字母
b	将光标快速跳转到当前光标所在位置的前一个单词的首字母
e	将光标快速跳转到当前光标所在位置单词的尾字母
方向键	进行上、下、左、右方向的光标移动
Home	快速定位光标到行首
End	快速定位光标到行尾

2）行间快速跳转

行间快速跳转命令及功能如表 3-3 所示。

表 3-3　行间快速跳转命令及功能

命　　令	功　　能
:set nu	在编辑器中显示行号
:set nonu	取消编辑器中的行号显示
1G	跳转到文件的首行
G	跳转到文件的末尾行
nG	跳转到文件中的第 n 行
PageUp	进行文本的向上翻页
PageDown	进行文本的向下翻页

6. 文本内容的操作

1）文件内容复制与粘贴

（1）单行复制：在命令模式下，将光标移动到将要复制的行处，按 2 次 y 键进行复制。

微课：vim 编辑器中文本内容操作

（2）多行复制：在命令模式下，将光标移动到将要复制的首行处，先按复制行数对应的数字键，再按 2 次 y 键复制 n 行，其中 n 为数字。

（3）粘贴：在命令模式下，将光标移动到将要粘贴的行处，按 p 键进行粘贴。

文件内容复制与粘贴命令如表 3-4 所示。

表 3-4　复制与粘贴命令

命　　令	功　　能
yy	复制当前行整行的内容到 vim 缓冲区
nyy	从当前行开始复制 n 行内容到 vim 缓冲区
yw	复制当前光标到单词尾字符的内容到 vim 缓冲区
y$	复制当前光标到行尾的内容到 vim 缓冲区
y^	复制当前光标到行首的内容到 vim 缓冲区
p	读取 vim 缓冲区中的内容，并粘贴到光标当前的位置（不覆盖文件已有的内容）

2）文本内容的删除

文本内容的删除命令及功能如表 3-5 所示。

表 3-5　删除命令及功能

命　　令	功　　能
x	删除光标处的单个字符，相当于 Delete 键
dd	删除光标所在行
ndd	删除光标下方的 n 行内容
dw	删除当前字符到单词尾（包括空格）的所有字符
de	删除当前字符到单词尾（不包括单词尾部的空格）的所有字符
d$	删除当前字符到行尾的所有字符
d^	删除当前字符到行首的所有字符

3）文本内容的撤销

文本内容的撤销命令及功能如表 3-6 所示。

表 3-6　撤销命令及功能

命　　令	功　　能
u	取消最近一次操作，并恢复操作结果，可以多次使用 u 命令恢复已进行的多步操作
U	取消对当前行进行的所有操作
Ctrl+r	对使用 u 命令撤销的操作进行恢复

7. 查找与替换

1）文件内容的查找

vim 编辑器提供了几种定位查找一个指定字符串在文件中位置的方法。同时还提供一种全局替换功能，为查找一个字符串，在 vim 编辑器命令模式下键入 "/"，后面跟要查找的字符串，再按 Enter 键。vim 将光标定位在该字符串下一次出现的地方。按 n 键跳到该字符串的下一个出现处，按 Shift+n 键跳到该字符串的上一个出现处。查找命令及功能如表 3-7 所示。

微课：查找与替换

表 3-7 查找命令及功能

命令	功能
/word	从上而下在文件中查找字符串 "word"
?word	从下而上在文件中查找字符串 "word"
n	定位下一个匹配的被查找字符串
N	定位上一个匹配的被查找字符串

2）文件内容的替换

文件内容的替换命令及功能如表 3-8 所示。

表 3-8 文件内容的替换命令及功能

命令	功能
:s /old/new	将当前行中查找到的第一个字符 "old" 串替换为 "new"
:s /old/new/g	将当前行中查找到的所有字符串 "old" 替换为 "new"
:#,#s /old/new/g	在行号 "#, #" 范围内替换所有的字符串 "old" 为 "new"
:%s /old/new/g	在整个文件范围内替换所有的字符串 "old" 为 "new"
:s /old/new/c	在替换命令末尾加入 c 命令，将对每个替换动作提示用户进行确认

3.1.3 任务实施

1. 启动 vim，保存文件

启动 vim 编辑器，输入以下内容，并将内容保存到当前目录的 hello.txt 文件中，退出 vim 编辑器。

```
#2007.04.21 hello world!
echo     "Hello world!"
ls  -il  /sbin
echo     "Goodbye my friend!"
```

具体操作代码如下：

```
[root@localhost ~]#vi hello.txt         //打开 vim 编辑器并创建 hello.txt 文件
//输入文件内容
#2007.04.21 hello world!
echo  "Hello world !"
ls  -il   /sbin
echo  "Goodbye my friend!"
:wq                                      //保存退出
```

2. 添加相关说明信息

在文件的第二行添加一行"#This is my first program."，在最后添加一行"# --- The end of file ---"。

（1）利用光标快速定位，先按 1 键再按 G 键将光标定位在第一行的行首，按 A 键后按 Enter 键输入"#This is my first program."。

（2）利用光标快速定位，按 G 键将光标定位在末行的行首，按 A 键后按 Enter 键输入"# --- The end of file ---"。

3. 更改和替换

将第三行的 sbin 改为 bin，把最后一行的（"-"）替换成"*"。

（1）利用光标快速定位，按 3 键后按 g 键将光标定位在第三行行首，然后使用内容替换命令将 sbin 改为 bin。

```
:s    /sbin/bin
```

（2）利用光标快速定位，按 g 键将光标定位在末行的行首，然后使用内容替换命令将（"-"）替换成"*"。

```
:s    /-/*
```

4. 删除相关信息

使用删除命令先删除第二行，再将最后两行删除。

（1）利用光标快速定位，按 2 键后按 g 键将光标定位在第二行，在命令模式下按 2 次 d 键即可删除当前行。

（2）将光标定位在倒数第二行，在命令模式下按 2 键后按 2 次 d 键即可删除光标下的两行（包括当前行）。

3.1.4 任务评价

vim 编辑器操作任务评价单

任务 3.2　重定向与管道符

3.2.1 实施任务单

任务编号	3-2	任务名称	重定向与管道符
任务简介	假如某公司使用 Linux 操作系统的服务器，而作为该公司的一名网络管理员，在系统维护的过程中，需要将多条命令组合起来，一次性完成复杂的处理任务，并且需要将系统中的重要结果和日志信息备份到指定的文件中，需要用到重定性和管道符		

续表

设备环境	Windows 10、VMware Workstation 16 Pro、openEuler 22.03 LTS		
任务难度	初级	实施日期	年 月 日
任务要求	1. 了解什么是重定向 2. 掌握输入重定向的使用 3. 掌握输出重定向的使用 4. 了解管道符的作用 5. 熟练掌握管道符的应用		

3.2.2 知识加油站

1. 重定向的概念

重定向是将原本输出到屏幕的数据信息，重新定向到某个指定的文件中，或者定向到回收站中（/dev/null），清除不需要的数据。例如，每天凌晨定时备份的数据，希望将备份数据的结果保存到某个文件中，第二天通过查看文件的内容就能判断昨天备份的数据是否成功。这是一个很好的习惯，《左传》中有："居安思危，思则有备，有备无患。"意思就是处于安全环境时要考虑到可能出现的危险，考虑到危险就会有所准备，事先有准备就可以避免祸患。

运行一个程序时通常会自动打开三个标准文件，分别是标准输入文件、标准输出文件、标准错误输出文件。

- 标准输入文件（stdin，文件描述符为 0）：默认从键盘输入的内容或通过其他方式读入的内容；
- 标准输出文件（stdout，文件描述符为 1）：默认输出到屏幕，命令执行时返回的正确结果；
- 标准错误输出文件（stderr，文件描述符为 2）：默认输出到屏幕，命令执行时返回的错误结果。

查看一个正常的文件，能够显示出具体的信息，而查看一个错误的文件，会提示错误信息。工作中经常将这些原本输出到屏幕上的数据写入文件，那么什么时候需要将信息重定向？

- 当屏幕输出的信息很重要，而且需要保存时；
- 后台执行中的程序，需要避免其干扰屏幕正常的输出结果时；
- 系统的例行命令，如定时任务的执行结果，需要保存时；
- 一些执行命令，可能出现错误信息，需要将其直接清除时；
- 错误日志与正确日志需要分别输出至不同文件保存时。

微课：重定向

2. 输入重定向

对于输入重定向来说，其需要用到的符号及作用如表 3-9 所示。

表 3-9 输入重定向中用到的符号及作用

命 令	功 能
命令 < 文件	将指定文件作为命令的输入设备
命令 << 分界符	表示从标准输入设备（键盘）中读入，遇到分界符停止（读入的数据不包括分界符），这里的分界符就是自定义的字符串
命令 < 文件 1 > 文件 2	将文件 1 作为命令的输入设备，该命令的执行结果输出到文件 2 中

例如，默认情况下，cat 命令会接受标准输入设备的输入，并显示到控制台，但如果用文件代替键盘作为输入设备，那么该命令会以指定的文件作为输入设备，并读取文件中的内容显示到控制台。

以 /etc/passwd 文件（存储了系统中所有用户的基本信息）为例，执行如下命令：

```
[root@localhost ~]#cat /etc/passwd          //这里省略输出信息
[root@localhost ~]#cat </etc/passwd         //输出结果同上面命令相同
```

⚠ **注意**：虽然执行结果相同，但第一行代码是以键盘作为输入设备，而第二行代码是以 /etc/passwd 文件作为输入设备。

例如，新建文本文件 a.txt，然后执行如下命令：

```
[root@localhost ~]#cat  a.txt
[root@localhost ~]#cat </etc/passwd>a.txt
[root@localhost ~]#cat a.txt                //输出与 /etc/passwd 文件相同的内容
```

可以看到，通过重定向将 /etc/passwd 文件作为输入设备，并输出重定向到文件 a.txt，最终实现了将 /etc/passwd 文件中内容复制到文件 a.txt 中。

3. 输出重定向

重定向分为输入重定向、输出重定向和错误重定向三种类型。通常情况下，将结果重定向到一个文件主要依靠重定向符。相较于输入重定向，输出重定向的使用频率更高。并且，与输入重定向不同的是，输出重定向还可以细分为标准输出重定向和错误输出重定向两种技术。

使用 ls 命令分别查看两个文件的属性信息，发现其中一个文件不存在：

```
[root@localhost~]#touch demo1.txt
[root@localhost~]#ls -l demo1.txt
-rw-rw-r--. 1 root root 0 Oct 12 15:02 demo1.txt
[root@localhost~]#ls -l demo2.txt           //不存在的文件
ls: cannot access demo2.txt: No such file or directory
```

上述命令中，demo1.txt 文件是存在的，因此正确输出了该文件的一些属性信息，这也是该命令执行的标准输出信息；而 demo2.txt 文件是不存在的，因此执行 ls 命令之后显示的报错信息，是该命令的错误输出信息。

再次强调，要想把原本输出到屏幕上的数据转而写入文件，就需要区别对待这两种输出信息。在此基础上，标准输出重定向和错误输出重定向分别包含清空写入和追加写入两种模式。对于输出重定向来说，其需要用到的符号以及作用如表 3-10 所示。

表 3-10 输出重定向符号及作用

命令符号格式	作　用
命令 > 文件	将命令执行的标准输出结果重定向输出到指定的文件，如果该文件已包含数据，会清空原有数据，再写入新数据
命令 2> 文件	将命令执行的错误输出结果重定向到指定的文件，如果该文件已包含数据，会清空原有数据，再写入新数据
命令 >> 文件	将命令执行的标准输出结果重定向输出到指定的文件，如果该文件已包含数据，新数据将写入原有内容的后面
命令 2>> 文件	将命令执行的错误输出结果重定向到指定的文件，如果该文件已包含数据，新数据将写入原有内容的后面
命令 &> 文件	将标准输出与错误输出的内容全部重定向到指定文件
命令 &>> 文件	将标准输出与错误输出的内容全部以追加方式重定向到指定文件

例如，新建一个包含 Linux 字符串的文本文件 Linux.txt，以及空文本文件 demo.txt，然后执行如下命令：

```
[root@localhost ~]#cat Linux.txt > demo.txt
[root@localhost ~]#cat demo.txt
Linux
[root@localhost ~]#cat Linux.txt > demo.txt
[root@localhost ~]#cat demo.txt
Linux                      //这里的 Linux.txt 文件是清空原有的 Linux.txt 文件之后，
                           //写入的新的 Linux.txt 文件
[root@localhost ~]#cat Linux.txt >> demo.txt
[root@localhost ~]#cat demo.txt
Linux
Linux                      //以追加的方式，新数据写入原有数据之后
[root@localhost ~]#cat b.txt > demo.txt
cat: b.txt: No such file or directory   //错误输出信息依然输出到显示屏
[root@localhost~]#cat b.txt  2> demo.txt
[root@localhost ~]#cat demo.txt
cat: b.txt: No such file or directory   //清空文件，再将错误输出信息写入该文件
[root@localhost~]#cat b.txt 2>> demo.txt
[root@localhost~]#cat demo.txt
cat: b.txt: No such file or directory
cat: b.txt: No such file or directory   //追加写入错误输出信息
```

管道是由管道符来实现的，Linux 操作系统管道符使用字符（|）来表示，按下键盘上的 Shift+| 组合键即可输入管道符。

管道符主要用于多重命令处理，即前面命令的打印结果作为后面命令的输入。简而言之，就像工厂的流水线，完成一道工序，继续传送给下一道工序处理。

微课：管道符

命令格式如下:

命令 A | 命令 B | 命令 C |...

3.2.3 任务实施

对 ex.sh 文件进行排序去重以后找出包含字符串 good 的行，该问题需要经过查看、排序、去重和过滤四步完成，首先利用 cat 命令的标准输出作为 sort 排序命令的标准输入，sort 命令的标准输出作为 uniq 去重命令的标准输入，最后 uniq 命令的标准输出作为 grep 过滤命令的输入，最终获得想要的结果。

（1）查看文本。首先使用 cat 命令查看文本，打印到屏幕上的内容即为 cat 命令的输出结果。

```
[root@localhost ~]#cat   ex.sh
This is Linux!
Have a goog time!
I am tom
I am tom
aaa
aaa
```

（2）排序。将前面 cat 命令输出的结果通过管道重定向为 sort 命令的输入，sort 命令将对前面 cat 命令输出的文本进行排序。

```
[root@localhost ~]#cat   ex.sh |sort
aaa
aaa
Have a goog time!
I am tom
I am tom
This is Linux!
```

（3）去重。sort 命令与 uniq 命令结合使用才能有效去重，因此，管道将 sort 命令输出的文本重定向给 uniq 命令处理，uniq 命令处理的是排好序的文本，可以进行有效去重。

```
[root@localhost ~]#cat   ex.sh |sort|uniq
aaa
Have a goog time!
I am tom
This is Linux!
```

（4）过滤。过滤则同样是将前面命令即 uniq 命令输出的文本过滤。

```
[root@localhost ~]#cat   ex.sh |sort|uniq|grep "good"
```

小贴士

（1）什么样的命令支持管道，什么样的命令不支持管道？

一般情况下，处理文本的命令，如 sort、uniq、grep、awk、sed 等命令均支持管道，是因为这些命令均可从标准输入中读取要处理的文本；而只支持从命令行中读取参数，如 rm、kill 这类并不是处理文本的命令均不支持管道。

（2）标准输入和命令行参数哪个优先？

当 sort 的命令行参数为空时，默认对管道符重定向给它的前一个命令的输出结果进行处理，也就是将前一个命令的标准输出作为本次命令的标准输入。

3.2.4 任务评价

管道应用任务评价单

◆ 项目小结 ◆

本项目主要学习了 vim 编辑器中的相关操作及重定向与管道符的应用，在系统维护的过程中，要对不同的文本文件进行修改，为了使操作更快捷、更方便，要熟练掌握 vim 编辑器中文本的相关操作命令以及鼠标的快速定位。通过重定向与管道符的学习，可以在系统维护的过程中对重要的结果和日志信息进行备份，在操作的过程中可以将多条命令组合起来，一次性完成复杂的处理任务，将重要信息备份到指定的文件中，提高工作效率。

◆ 练 习 题 ◆

一、选择题

1. 在 bash 中，命令 "ls 2>text1.txt 1>&2" 意味着（   ）。
   A. 标准错误输出重定向到标准输入　　B. 标准输入重定向到标准错误输出
   C. 标准输出重定向到标准错误输出　　D. 标准输出重定向到标准输入
2. 在文件 file 中查找显示所有以字符串 "all" 打头的词语的是（   ）。
   A. find 'all?' file　　　　　　　　B. grep '^all' file
   C. grep a file　　　　　　　　　　D. wc -l all
3. 表示输出重定向的符号是（   ）。
   A. ||　　　　　　B. |　　　　　　C. >>　　　　　　D. //

4. 删除当前行的指令是（　　）。
   A. cc　　　　　　B. yy　　　　　　C. dd　　　　　　D. q
5. 在 vim 编辑器中退出不保存的命令是（　　）。
   A. :q　　　　　　B. :w　　　　　　C. :wq　　　　　　D. :q!
6. vim 编辑器中从插入模式切换到命令模式可以使用（　　）键。
   A. F2　　　　　　B. Esc　　　　　　C. Tab　　　　　　D. Shift
7. 表示管道符号的是（　　）。
   A. //　　　　　　B. /　　　　　　C. ||　　　　　　D. |
8. vim 编辑器中复制当前行的指令是（　　）。
   A. cc　　　　　　B. yy　　　　　　C. dd　　　　　　D. q

二、填空题

1. vim 编辑器具有三种工作模式：_____、_____ 和 _____。
2. vim 编辑器中在命令模式下撤销命令是输入字符 _____，粘贴命令是输入字符 _____。

三、判断题

1. vim 编辑器只有在插入模式下才可以进行文字输入。　　　　　　　　　（　　）
2. 使用字符"?"每次匹配若干个字符。　　　　　　　　　　　　　　　（　　）

项目 4

用户与组

学习目标

- 能够了解用户与组的概念;
- 能够熟练掌握用户的创建、修改和删除的方法;
- 能够熟练掌握组的创建、修改和删除的方法;
- 能够了解文件权限的概念;
- 能够熟练掌握文件或目录权限的修改方法;
- 能够熟练掌握修改文件的所有者和所属组的设置方法。

素质目标

- 具有团队精神和合作意识,具有一定协调工作的能力;
- 具有良好的职业道德和较强的责任意识。

项目重难点

项目内容	工作任务	建议学时	技 能 点	重 难 点	重要程度
用户与组	用户与组的管理	8	了解用户与组的概念,掌握用户与组的创建,掌握用户与组的管理,掌握用户与组的删除	根据实际应用要求对用户及组进行管理	★★★★☆
	文件与目录的权限	6	了解文件与目录权限的基本概念,熟练掌握两种方法修改文件或目录权限,熟练掌握修改文件或目录的所有者和所属组	根据应用环境设置文件及目录的权限	★★★★★

任务 4.1 用户与组的管理

4.1.1 实施任务单

任务编号	4-1		任务名称	用户与组的管理
任务简介	某公司需要使用 Linux 操作系统的服务器,作为一名网络管理员,在系统管理过程中需要面对公司各种人员的变动,增加新用户、人员的退出等情况。其中每个人的职责和权限都不同,如何对公司的各部门进行合理分组,并将工作人员分配到不同的组,让其协同工作,提高效率,并能尽量避免矛盾和冲突,将每个人的职能、优势发挥到最大化			
设备环境	Windows 10、VMware Workstation 16 Pro、openEuler 22.03 LTS			
任务难度	初级		实施日期	年 月 日
任务要求	1. 了解用户与组的概念 2. 掌握用户与组相关的系统文件 3. 掌握用户与组的创建 4. 掌握用户与组的管理 5. 掌握用户与组的删除			

4.1.2 知识加油站

1. 用户与组的概念

Linux 操作系统是一个真实的、完整的多用户、多任务操作系统,多用户多任务就是可以在系统上建立多个用户,而多个用户可以在同一时间内登录同一个系统执行各自不同的任务,且互不影响。例如,某台安装 Linux 操作系统的服务器上有 4 个用户,分别是 root 用户、万维网(world wide web,Web)用户、ftp 服务用户和 MySQL 数据库用户,在同一时间内,root 用户可能在查看系统日志,管理维护系统,Web 用户可能在修改自己的网页程序,ftp 服务用户可能在上传软件到服务器,MySQL 数据库用户可能在执行自己的 SQL 查询,每个用户互不干扰,有条不紊地开展着自己的工作,且每个用户之间不能越权访问,比如,Web 用户不能执行 MySQL 数据库用户的 SQL 查询操作,ftp 服务用户也不能修改 Web 用户的网页程序。因此可知,不同用户具有不同的权限,每个用户是在权限允许的范围内完成不同的任务,Linux 操作系统正是通过这种权限的划分与管理,实现了多用户多任务的运行机制。《老子》中有:"合抱之木,生于毫末;百丈之台,起于垒土;千里之行,始于足下。"意思就是合抱的大树,生长于细小的萌芽;九层的高台,筑起于每一堆泥土;千里的远行,是从脚下第一步开始走出来的。所以我们学习一门新的知识不能急于求成,首先要学习基础概念,再去深入学习用户与组的管理。

微课:用户与组的概念

Linux 操作系统下的用户可分为三类:超级用户、虚拟用户和普通用户,如表 4-1 所示。每个用户都对应一个数值,称为 UID。

表 4-1 用户的功能划分

用户类型	权 限	功 能	UID
超级用户（root）	具有一切权限	进行系统维护，管理系统的各项功能，如添加/删除用户、启动/关闭服务进程、开启/禁用硬件设备	0
系统用户	为了满足相应的系统进程对文件属主的要求而建立的，系统用户不能用来登录	Linux 操作系统正常工作所必需的内建的用户，例如 bin、daemon、adm、lp 等	1～999
普通用户	由管理员赋予的一般权限	由管理员创建的用于日常工作的用户	从 1000 开始

用户组就是具有相同特征用户的逻辑集合。有时需要让多个用户具有相同的权限，如查看、修改某一个文件的权限，一种方法是分别对多个用户进行文件访问授权，如果有 10 个用户，就需要授权 10 次，显然这种方法不太合理；另一种方法是建立一个组，让这个组具有查看、修改此文件的权限，然后将所有需要访问此文件的用户分配到这个组中，那么所有用户就具有了和组一样的权限。这就是用户组，将用户分组是 Linux 操作系统中对用户进行管理及控制访问权限的一种手段，通过定义用户组，在很大程度上简化了管理工作。

在 Linux 操作系统中用户与用户组的对应关系有：一对一、一对多、多对一和多对多。一对一指一个用户可以存在一个组中，也可以是组中的唯一成员；一对多指一个用户可以存在多个用户组中，那么此用户具有多个组的共同权限；多对一指多个用户可以存在一个组中，这些用户具有和组相同的权限；多对多指多个用户可以存在多个组中，是上面三个对应关系的扩展。

2. 用户与组的文件

在 Linux 操作系统中，与用户相关的配置信息文件都存放在根目录下的 etc 目录中，主要有以下 4 个文件。

微课：用户与组的文件

1）passwd 文件

passwd 文件每一行表示一个用户的信息，一行有 7 个段位，段位间用字符冒号（:）分割。例如：

```
root:x:0:0:root:/root:/bin/bash
```

其中，
- 第一字段：用户名（也被称为登录名）；
- 第二字段：口令，示例中看到的是一个 x，而密码已被映射到 /etc/shadow 文件中；
- 第三字段：UID，用户 ID；
- 第四字段：GID，用户组的 ID；
- 第五字段：用户名全称，这是可选的；
- 第六字段：用户的主目录所在位置，root 这个用户的主目录是 /root；
- 第七字段：用户所用 shell 的类型，root 用户使用的是 bash，所以设置为 /bin/bash。

2）shadow 文件

由于所有用户对 passwd 文件均有读取的权限，为了加强系统的安全性，经过加密之后的用户口令都存放在 shadow 文件中。shadow 文件只对 root 用户可读，它有一个字段是用来存放经过加密的密码，大大提高了系统的安全性。

shadow 文件一共有 9 个字段表示跟密码有关的部分，字段间用字符冒号（:）来分隔。每个字段分别表示如下：

- 用户名：和 passwd 文件中相对应的用户名；
- 密码：存放加密后的口令，密码字段为"*"表示用户被禁止登录，为"!!"表示密码未设置，为"!"表示用户被锁定；
- 最后一次修改时间：用户最后一次修改口令的时间（从 1970-01-01 起计的天数）；
- 最小时间间隔：两次修改口令允许的最小天数；
- 最大时间间隔：口令保持有效的最多天数，即多少天后必须修改口令；
- 警告时间：从系统提前警告到口令正式失效的天数；
- 不活动时间：口令过期多少天后，该账号被禁用；
- 失效时间：指示口令失效的绝对天数（从 1970-01-01 开始计算）；
- 标志字段说明：未使用。

3）group 文件

Linux 操作系统关于组的信息存放在文件 /etc/group 中，Linux 操作系统的组有私有组、系统组、标准组之分。

- 私有组：建立账户时，若没有指定账户所属的组，系统会建立一个组名与用户名相同的组，这个组就是私有组，只能容纳一个用户；
- 标准组：可以容纳多个用户，组中的用户都具有组所拥有的权限；
- 系统组：Linux 操作系统正常运行所必需的，安装 Linux 操作系统或添加新的软件包会自动建立系统组。

group 文件用于存放组群账户的信息，任何用户都可以读取该文件的内容。每个群组账户在 group 文件中占一行，并以字符冒号（:）分割为四个字段，每一行中各字段的内容如下：

组群名：组群密码（一般为空，用 x 占位）：GID：组群成员列表

4）gshadow 文件

gshadow 文件用于存放组群的加密口令、组管理员等信息，该文件只有 root 用户可以读取。每个群组账户在 gshadow 文件中占一行，并以字符冒号（:）分割为四个字段，每一行中各字段的内容如下：

组群名：加密后的组群密码：组管理员：组成员列表

3. 创建用户

Linux 操作系统有很多优点，其中一个优点是可以满足多个用户同时工作的需求，这就要求 Linux 操作系统必须具备良好的安全性。在安装 Linux 操作系统时，特别要求必须设置 root 管理员密码，这个 root 管理员就是存在于所有类 UNIX 操作系统中的超级用户，拥有最高的系统所有权。以 root 管理员的身份工作时，不会受到系统的限制，但我们常说"能力越大，责任就越大"，一旦使用这个超级管理员权限执行了错误的命令，可能会直接

毁掉整个系统。万物互联的时代，机遇与挑战并存，便利和风险共生。安全牵一发而动全身，所以在用户管理的过程中安全不可忽视。因此，在 Linux 操作系统中不能只有 root 用户，还要有其他的普通用户，使每个用户能各司其职，完成相应的工作。

使用 adduser 或 useradd 命令创建用户账户时，默认的用户主目录会被存放在 /home 目录中，默认的 shell 解释器为 /bin/bash，而且默认会创建一个与该用户同名的基本用户组。

语法格式如下：

```
useradd    [选项]    用户名
```

useradd 命令选项及说明如表 4-2 所示。

微课：创建 Linux 用户

表 4-2　useradd 命令选项及说明

选项	说明
-g 用户组	指定用户所属的用户组
-u 用户号	指定该用户的默认 UID
-d 目录	指定用户的主目录（默认为 /home/ 用户名）
-c 文本	指定一段注释性描述
-G 用户组	指定用户所属的附加组
-s shell 文件	指定用户的登录 shell
-p 口令	为用户指定的加密口令

例如，新建用户 mary，UID 为 1000，指定其所属的私有组为 1000，用户的主目录为 /home/mary，注释性描述信息为 private，用户的 shell 为 /bin/bash。

```
[root@localhost ~]#useradd -u 1000 -g 1000 -c private -d /home/mary -s /bin/bash mary
[root@localhost ~]#cat   /etc/passwd
mary:x:1000:1000:private:/home/mary:/bin/bash
```

4. 管理用户

用户的管理包括设置用户密码、修改用户账号信息等。

1）设置用户密码

使用 passwd 命令用于修改用户密码、过期时间、认证信息等，普通用户只能使用 passwd 命令修改自身的密码，而 root 管理员则有权限修改其他所有用户的密码。root 管理员在 Linux 操作系统中修改自己或其他用户的密码时不需要验证旧密码，这一点特别方便。

微课：管理 Linux 用户

语法格式如下：

```
passwd    [选项]    [用户名]
```

⚠ **注意**：只有超级用户可以在 passwd 命令后加用户名，普通用户只能修改自己的密码，passwd 后不加用户名。普通用户修改口令时，passwd 命令会首先询问原来的口令，只有验证通过才可以修改。root 用户为用户指定口令时，不需要知道原来的密码。passwd 命令选项及说明如表 4-3 所示。

表 4-3 passwd 命令选项及说明

选项	说明
-d	使该用户可用空密码登录系统
-l	锁定用户，禁止其登录
-u	解除锁定，允许用户登录
-f	强迫用户下次登录时必须修改口令

例如，假设当前用户为 root，则下面的两个命令分别为 root 用户修改自己的密码和 root 用户修改用户 mary 的密码。

```
[root@localhost ~]#passwd              //root 用户修改自己的密码，直接使用 passwd
                                       //命令按 Enter 键即可
[root@localhost ~]#passwd mary         //root 用户修改用户 mary 的密码
```

2）修改用户账号信息

usermod 命令用于修改用户的属性，只能对已存在用户进行修改。用户的信息保存在 /etc/passwd 文件中，可以直接用文本编辑器来修改其中的用户参数项目，也可以用 usermod 命令修改已经创建的用户信息，诸如用户的 UID、用户组、主目录等。

语法格式如下：

```
usermod    [选项]  用户名
```

usermod 命令选项及说明如表 4-4 所示。

表 4-4 usermod 命令选项及说明

选项	说明
-c comment	改变用户的注释，如全名、地址、办公室电话、家庭电话等
-d dir	改变用户的主目录
-e YYYY-MM-DD	修改用户的有效日期
-L	锁定用户密码，使密码无效
-U	解除密码锁定
-g GID 或组名	修改用户的所属基本组
-G GID 或组名	变更附加组
-s shell	修改用户的登录 shell

例如，修改用户 mary 的主目录为 /home/aa，把启动 shell 改为 /bin/tcsh，完成后恢复到初始状态。

```
[root@localhost ~]#usermod -d /home/aa  -s /bin/tcsh mary
[root@localhost ~]#tail -1 /etc/passwd
```

```
mary:x:1000:1000:private:/home/aa:/bin/tcsh
[root@localhost ~]#usermod -d /home/mary -s /bin/bash mary
```

5. 删除用户账户

如果确认某用户后续不再登录系统，则可以通过 userdel 命令删除该用户的所有信息。在执行删除操作时，该用户的主目录默认会保留下来，可以使用 -r 参数将其删除。

语法格式如下：

```
userdel  [选项]  用户名
```

userdel 命令选项及说明如表 4-5 所示。

表 4-5 userdel 命令选项及说明

选项	说明
-f	强制删除用户
-r	删除用户时将用户主目录下的所有内容一并删除，同时删除用户的邮箱，而用户在别的目录下所拥有的文件只能手工删除

6. 创建用户组

为了能够更加高效地分配 Linux 操作系统中各个用户的权限，在工作中常常会把几个用户加入同一个组里面，这样便可以针对一类用户统一安排权限。"人心齐，泰山移"，团队协作的重要性不言而喻。对个人而言，团队协作能够激发每位成员的潜力，团队成员群策群力，取长补短，最终达到 1+1+1>3 的效果。

groupadd 命令用来添加用户组，语法格式如下：

```
groupadd  [选项]  群组名
```

例如，创建一个新的用户组，用户组的名称为 newgroup。

```
[root@localhost ~]#groupadd  newgroup
```

7. 管理用户组

用户组的管理包括用户组信息的修改和用户组中用户的管理等。

1）修改用户组

使用 groupmod 命令可以修改用户组的属性。
语法格式如下：

微课：创建与管理 Linux 用户组

```
groupmod  [选项]  群组名
```

常用选项如下：
- -g GID：指定群组新的 GID；
- -n name：更改群组的名字为 name。

groupmod 命令选项及说明如表 4-6 所示。

表 4-6 groupmod 命令选项及说明

选项	说明
-g gid	把用户组的 GID 修改为 gid
-n name	将用户组的名字修改为 name

2）管理组用户

当一个用户组中必须包含多个用户时，则需要使用附属群组。在附属群组中增加、删除用户都用 gpasswd 命令，把用户添入组或从组中删除

语法格式如下：

```
gpasswd  [选项]  用户组名
```

⚠ 注意：只有 root 用户和组管理员才能使用这个命令。

gpasswd 命令选项及说明如表 4-7 所示。

表 4-7 gpasswd 命令选项及说明

选项	说明
-a 用户名	把用户加入用户组
-d 用户名	把用户从组中删除
-r	取消用户组的密码
-A	给组指派管理员

例如，将用户 mary 加入 newgroup 组，并指派 mary 为管理员。

```
[root@localhost ~]#groupadd  newgroup
[root@localhost ~]#gpasswd  -a  mary  newgroup
[root@localhost ~]#gpasswd  -A  mary  newgroup
```

8. 删除用户组

要删除一个用户组可以使用 groupdel 命令。

语法格式如下：

```
groupdel  用户组名
```

需要从系统上删除用户组时，可用 groupdel 指令来完成这项工作。倘若该用户组中仍包括某些用户，则必须先删除这些用户后，才能删除用户组。

⚠ 注意：如果要删除的用户组是某个用户的主组群，则该用户组不能被删除。

4.1.3 任务实施

某软件开发公司需要在 Linux 操作系统上进行两个项目的开发。开发人员小张和小李组成一个小组，负责 A 项目的开发；开发人员小刘和小王组成一个小组，负责 B 项目的开发；要求系统管理员为这四名开发人员分别建立用户账号和密码，根据用户的工作要求分配不同的主组和附加组，用户添加完成后查看 /etc/passwd 和 /etc/group 文件信息。

（1）先创建三个组，A 组、B 组、AB 组。

```
[root@localhost ~]#groupadd A
[root@localhost ~]#groupadd B
[root@localhost ~]#groupadd AB
```

（2）创建用户 xiaozhang 和 xiaoli，用户的基本组是 A 组，附加组是 AB 组；创建用户 xiaoliu 和 xiaowang，用户的基本组是 B 组，附加组是 AB 组；为用户 xiaozhang 和 xiaoliu 设置密码。

```
[root@localhost ~]#useradd   -g  A  -G  AB  xiaozhang
[root@localhost ~]#useradd   -g  A  -G  AB  xiaoli
[root@localhost ~]#useradd   -g  B  -G  AB  xiaoliu
[root@localhost ~]#useradd   -g  B  -G  AB  xiaowang
[root@localhost ~]#passwd xiaozhang
[root@localhost ~]#passwd xiaoliu
```

（3）利用 cat 查看命令查看 /etc/passwd 和 /etc/group 文件信息。

```
[root@localhost ~]#cat /etc/passwd
[root@localhost ~]#cat /etc/group
```

4.1.4 任务评价

用户与组管理任务实施评价单

任务 4.2　文件与目录的权限

4.2.1 实施任务单

任务编号	4-2		任务名称	文件与目录的权限
任务简介	假如某公司采用 Linux 操作系统作为服务器操作系统，作为该公司的一名网络管理员，面对系统中的若干文件，如何设置这些文件的权限，当遇到项目组人员离开或项目交接的情况时，为了保证项目顺利进行，如何对文件的所有者和所属组进行修改，保证系统的安全			
设备环境	Windows 10、VMware Workstation 16 Pro、openEuler 22.03 LTS			
任务难度	初级		实施日期	年　月　日
任务要求	1. 了解文件与目录权限的基本概念 2. 熟练掌握两种方法修改文件或目录权限 3. 熟练掌握修改文件或目录的所有者和所属组			

4.2.2 知识加油站

1. 文件和目录的权限

在 Linux 操作系统中的每个用户必须属于一个组,不能独立于组外,在 Linux 操作系统中每个文件有所有者、所在组、其他组的概念。文件或目录的所有者一般就是创建者,谁创建了文件,自然就是该文件的所有者。信息时代,网络安全重于泰山,每个人都要有网络安全意识。

微课:文件和目录的权限

查看文件的所有者和所在组的命令如下:

```
ls -ahl 文件或目录
```

例如,创建一个组 police,再创建一个用户 tom 属于 police 组,然后使用 tom 来创建文件 ok.txt,查看文件的情况。

```
[root@localhost ~]#groupadd   police
[root@localhost ~]#useradd -g police tom
[root@localhost ~]#su - tom
[tom@localhost ~]$ touch ok.txt
[tom@localhost ~]$ ls  -ahl
```

上面列出了文件的详细信息,共分为 7 组。各个信息含义如图 4-1 所示。

图 4-1 文件的详细信息

文件属性信息说明如下。

(1)第 1 组为文件类型及权限。

每一行的第一个字符一般用来区分文件的类型,一般取值为 d、-、l、b、c、p。具体含义如下。

- d:表示该文件是一个目录文件;
- -:表示该文件是一个普通文件;
- l:表示该文件是一个符号链接文件;
- b:表示该文件是一个块设备文件(硬盘);
- c:表示该文件是一个字符设备文件(键盘或鼠标);
- p:表示该文件是一个管道文件。

每一行的第 2~10 个字符表示文件的访问权限,这 9 个字符每 3 个为一组,左边 3 个表示所有者权限,中间 3 个表示与所有者在同一组的用户权限,右边 3 个字符表示其他用户权限。代表的意义如下:

- 左边 3 个字符表示该文件所有者的权限，有时也简称 u（user）的权限；
- 中间 3 个字符表示该文件所有者所属组成员的权限，有时也简称 g（group）的权限；
- 右边 3 个字符表示该文件所有者所属群组成员以外的用户的权限，有时也简称 o（other）的权限。

这九个字符根据权限种类的不同，分为 r、w、x 三种类型，如表 4-8 所示。

表 4-8　r、w、x 三种类型详解

权限项	读	写	执行	读	写	执行	读	写	执行
字符表示	r	w	x	r	w	x	r	w	x
数字表示	4	2	1	4	2	1	4	2	1
权限分配	文件所有者			文件所属组			其他用户		

- r（read，读取）：对文件而言，具有读取文件内容的权限；对目录来说，具有浏览目录的权限。
- w（write，写入）：对文件而言，具有新增和修改文件内容的权限；对目录来说，具有删除和移动目录内文件的权限。
- x（excecute，执行）：对文件而言，具有执行文件的权限；对目录来说，具有进入目录的权限。
- -：表示不具有该项权限。

（2）第 2 组表示有多少文件连接到此节点。

每个文件都会将其权限与属性记录到文件系统的 inode 中，每个文件名都会连接到一个 inode 上。这个属性记录的就是有多少个不同的文件名连接到相同的一个 inode。

（3）第 3 组表示文件或目录的所有者。

（4）第 4 组表示这个文件的所属组。

在 Linux 操作系统下，每一个用户都会附属于一个或多个用户组。

（5）第 5 组为文件的容量大小，默认单位为字节。

（6）第 6 组为文件的创建日期或文件最后修改的日期。

（7）第 7 组为文件名。

2. 修改文件的权限

在文件建立时系统会自动设置权限，如果这些默认权限无法满足需要，可以使用 chmod 命令来修改权限。通常在权限修改时可以用两种方式来表示权限的类型：数字表示法和字符表示法。

1）使用数字表示法修改权限

使用数字表示法修改文件的权限，就是将读取（r）、写入（w）和执行（x）分别用数字 4、2、1 表示，没有授予的部分表示为 0，然后将授予的权限值相加就是文件新的权限。

chmod 命令格式如下：

```
chmod    选项    文件
```

例如，为文件 hello.txt 设置权限，赋予所有者和所属组成员读写权限，而其他用户只有读权限。

根据要求应该将文件权限设置为 rw-rw-r--，而该权限的数字表示法为 664，因此可以用如下命令来设置权限：

```
[root@localhost ~]#chmod  664  hello.txt
[root@localhost ~]#ll  hello.txt
-rw-rw-r--  1  root  root  0  2月  18  20:19  hello.txt
```

⚠ 注意：如果有些文件不希望被其他用户看到，可将文件的权限设置为 -rwxr-----，执行"chmod 740 文件名"命令即可。

2）使用字符表示法修改权限

使用字符法表示文件的权限时，系统用 4 个字母来表示不同的用户。

- u：user，表示所有者；
- g：group，表示所属组；
- o：other，表示其他用户；
- a：all，表示以上三种用户。

使用以下三种字符的组合表示法设置文件权限。

- r：read，可读；
- w：write，可写；
- x：execcute，执行。

可以使用以下三种操作符为文件赋予相应的权限。

- +：为文件添加某种权限；
- -：为文件减去某种权限；
- =：为文件赋予给定权限并取消原来的权限。

利用字符表示法修改文件权限时，上例中的权限设置命令应该如下：

```
[root@localhost ~]#chmod  u=rw,g=rw,o=r  hello.txt
```

修改目录权限与修改文件权限相同，都使用 chmod 命令，但不同的是，要使用通配符 "*" 来表示将目录中的所有文件的权限都进行修改。如果目录中包含子目录，则必须使用 -R 选项同时设置目录中所有文件和子目录的权限。

例如，要同时将 /etc/test 目录中的所有文件权限设置为所有用户可读写。

```
[root@localhost ~]#mkdir /etc/test;  touch /etc/test/f1.doc
[root@localhost ~]#chmod  a=rw /etc/test/*
```

3. 修改文件的所有者和所属组

可以使用 chown 命令设置文件的所有者。命令格式如下：

```
chown  新的用户名  文件    //修改文件所有者
```

微课：修改文件的所有者和所属组

例如，将 /home/abc.txt 文件的所有者修改成 tom，再将 /home/kkk 目录下所有的文件和目录的所有者也修改为 tom。

```
[root@localhost ~]#chown  tom  /home/abc.txt
[root@localhost ~]#chown  -R  tom  /home/kkk
```

可以使用 chgrp 命令设置文件的所属组。命令格式如下：

```
chgrp  新的所属组  文件          //修改文件所属组
```

⚠ **注意**：如果修改目录的所有者或所属组，可以使用 -R 选项，使其下所有文件或子目录递归生效。

4.2.3 任务实施

在任务 4.1 中，系统管理员已经设置完用户和组的信息，现要求对开发人员的权限进行如下设置。

（1）创建目录 /pro_a，该目录属于 A 组，其中的文件只能被小张和小李读取、增加、删除、修改及执行，其他用户不能对该目录进行任何访问操作。

```
[root@localhost ~]#mkdir   /pro_a
[root@localhost ~]#chmod   770  /pro_a
[root@localhost ~]#chown   -R   li:A   /pro_a
```

（2）创建目录 /pro_b，该目录属于 B 组，其中的文件只能由小刘和小王读取、增加、删除、修改及执行，其他用户不能对该目录进行任何访问操作。

```
[root@localhost ~]#mkdir   /pro_b
[root@localhost ~]#chmod   770  /pro_b
[root@localhost ~]#chown   -R   liu:B   /pro_b
```

（3）创建目录 /project，该目录属于 AB 组，其中的文件只能由小刘、小王、小张和小李读取、增加、删除、修改及执行，其他用户只可以对该目录进行只读的访问操作。

```
[root@localhost ~]#mkdir   /project
[root@localhost ~]#chmod   774  /project
[root@localhost ~]#chown   -R   li:AB   /project
```

4.2.4 任务评价

文件权限管理实施评价单

◆ 项目小结 ◆

本项目主要学习了用户与用户组的管理以及文件与目录的权限，在系统维护的各项工作中，只要是对用户及用户对应的文件进行管理，既要熟悉系统文件还要熟悉与用户相关的普通文件的管理，在对用户和用户组进行添加、修改及删除操作时，管理员可以根据成员的职责对相关的文件设置权限，保证系统的安全。

◆ 练 习 题 ◆

一、选择题

1. 默认情况下管理员创建一个用户，就会在（　　）目录下创建一个用户主目录。
　　A. /usr　　　　　B. /home　　　　C. /root　　　　D. /etc
2. 通常在 Linux 操作系统中各种配置文件所在的目录为（　　）。
　　A. /home　　　　B. /conf　　　　C. /root　　　　D. /etc
3. Linux 操作系统下面默认的系统管理员账号为（　　）。
　　A. boot　　　　　B. root　　　　　C. admin　　　　D. administrator
4. （　　）可以删除一个用户并同时删除用户的主目录。
　　A. rmuser -r　　　B. deluser -r　　　C. userdel -r　　　D. usermgr -r
5. 更改一个文件的权限设置用（　　）命令。
　　A. attrib　　　　　B. chmod　　　　C. change　　　　D. file
6. 改变文件所有者的命令为（　　）。
　　A. chmod　　　　B. touch　　　　C. chown　　　　D. cat
7. 使用命令 chmod 的数字设置，可以改变（　　）。
　　A. 文件的访问特权　　　　　　　　B. 目录的访问特权
　　C. 文件/目录的访问特权　　　　　　D. 用户的口令
8. 文件权限读、写、执行的三种标志符号依次是（　　）。
　　A. rwx　　　　　B. xrw　　　　　C. rdx　　　　　D. srw
9. 文件 exer1 的访问权限为 rw-r--r--，现要增加所有用户的执行权限和同组用户的写权限，下列命令正确的是（　　）。
　　A. chmod a+x, g+w exer1　　　　B. chmod 765 exer1
　　C. chmod o+x exer1　　　　　　　D. chmod g+w exer1
10. 用命令 ls -al 显示出文件 ff 的描述为：-rwxr-xr-- 1 root root 599 Cec 10 17:12 ff。由此可知文件 ff 的类型为（　　）。
　　A. 普通文件　　　B. 硬链接　　　　C. 目录　　　　　D. 符号链接
11. （　　）目录存放用户密码信息。
　　A. /etc　　　　　B. /var　　　　　C. /dev　　　　　D. /boot
12. 命令（　　）可创建用户 ID 是 1200、组 ID 是 1000、用户主目录为 /home/user01 的用户账户。

A. useradd -u:1200 -g:1000 -h:/home/user01 user01
B. useradd -u=1200 -g=1000 -d=/home/user01 user01
C. useradd -u 1200 -g 1000 -d /home/user01 user01
D. useradd -u 1200 -g 1000 -h /home/user01 user01

13. 在文件 /etc/group 中有一行 students::600:z3，14，w5，这表示有（　　）个用户在 student 用户组里。

A. 3　　　　　　B. 4　　　　　　C. 5　　　　　　D. 不知道

14. 对于普通用户创建的新目录，（　　）是默认的访问权限。

A. rwxr-xr-x　　B. rw-rwxrw-　　C. rwxrwxr-x　　D. rwxrwxrw-

15. 用 ls -al 命令列出下面的文件列表，则（　　）是符号链接文件。

A. -rw------- 2 hel-s users 56 Sep 09 11:05 hello
B. -rw------- 2 hel-s users 56 Sep 09 11:05 goodbey
C. drwx------ 1 hel users 1024 Sep 10 08:10 zhang
D. lrwx------ 1 hel users 2024 Sep 12 08:12 cheng

二、填空题

1. 唯一标识每一个用户的是_____和_____。
2. 在 Linux 操作系统中，用来存放系统所需要的配置文件和子目录的目录是_____。
3. 修改文件 a.txt 的权限，使每个人都可以读取和写入这个文件的命令为_____。
4. chown mao text.c 的功能是_____。
5. Linux 操作系统的管理员用户 UID 是_____，GID 是_____。
6. 文件权限读、写、执行的三种标志符号依次是_____。
7. Linux 操作系统下的用户可分为三类：_____、_____、_____。
8. 修改文件 a.txt 的权限，使每个人都可以读取和写入，只有所有者才能执行的命令为_____。
9. 在命令 chmod a+r text.txt 中，a 表示_____，r 表示_____。
10. 修改已有用户 user1 的所属群组为 john 的命令为_____。

三、判断题

1. Linux 操作系统中的超级用户是 root。（　　）
2. [root@openeuler root]#passwd 用于修改 root 的密码。（　　）
3. passwd 命令是用来密码锁定的。（　　）
4. 文件 /etc/passwd 中保存了 Linux 操作系统中所有的用户账号。（　　）

四、简答题

1. /etc/passwd 文件中一行为"test:x:1000:1000::/home/test:/bin/bash"，请解析各字段的含义。
2. 用一条命令实现创建用户 lupa，并且附属组为 manager，UID 为 2600。
3. 用命令实现改变文件 file 所属组为 manager。

项目 5

Linux 磁盘管理

学习目标

- 了解磁盘基本知识;
- 熟练使用常用的磁盘管理工具;
- 了解文件系统、文件系统类型及分区规划理念;
- 掌握服务器硬盘更换或添加方法;
- 掌握硬盘分区、格式化及挂载方法;
- 掌握 Linux 操作系统下 LVM 逻辑卷磁盘管理方法。

素质目标

- 养成良好的自主探索习惯和创新精神;
- 树立正确的人生观、价值观,增强服务意识,爱岗敬业,诚实守信;
- 遵守国家法律法规,数据无价,加强数据安全防范意识。

项目重难点

项目内容	工作任务	建议学时	技 能 点	重 难 点	重要程度
Linux 磁盘管理	磁盘管理基础	4	硬盘种类及 Linux 操作系统中物理设备的表示方法,常用文件系统类型,生产环境中更换硬盘,虚拟环境中添加硬盘,磁盘查看工具	文件系统的几个概念,常用文件系统类型,虚拟环境中添加硬盘,磁盘查看工具	★★★★☆
	硬盘分区与挂载	2	挂载点,分区规划理念,硬盘分区、格式化及挂载方法	fdisk 硬盘分区工具使用,分区格式化及挂载	★★★★★
	逻辑卷管理	2	掌握逻辑卷创建、扩容、缩减与删除方法	逻辑卷创建、扩容	★★★★★

任务 5.1 磁盘管理基础

5.1.1 实施任务单

任务编号	5-1	任务名称	服务器硬盘添加与查看
任务简介	作为服务器管理者，经常会遇到服务器硬盘损坏，或者硬盘空间不够用的情况，这就需要工程师向公司申请购买硬盘，通过添加新硬盘来扩充可用空间或替换损坏的硬盘。同时了解硬盘、文件管理系统的相关知识及掌握磁盘管理工具的使用是做好磁盘管理的基础			
设备环境	Windows 10、VMware Workstation 16 Pro、openEuler 22.03 LTS			
任务难度	初级	实施日期	年 月 日	
任务要求	1. 了解硬盘介质及其接口种类 2. 掌握 Linux 操作系统中物理设备的命名规则 3. 理解文件系统及 superblock、inode、block 的概念 4. 掌握常用文件系统类型及特点 5. 掌握磁盘查看工具的使用 6. 掌握生产环境中更换硬盘的方法 7. 掌握虚拟环境中添加硬盘的方法			

5.1.2 知识加油站

1. 硬盘相关知识

硬盘是一种"存储介质"，是最常用的存储器，用于长期保存数据。按介质划分，当硬盘有机械硬盘（hard disk drive，HDD）、固态硬盘（solid state disk，SSD）、混合硬盘（hybrid hard drive，HHD）或称固态混合硬盘（solid-state hybrid drive，SSHD）；按接口划分，硬盘有电子集成驱动器（integrated drive electronics，IDE）接口、串行 ATA（serial-ATA，SATA）接口、小型计算机系统专用接口（small computer system interface，SCSI）、串口的 SCSI（serial attached SCSI，SAS）和光纤通道（fibre channel，FC）五种。

1) 硬盘介质

硬盘按照其介质分类及特点如表 5-1 所示。

表 5-1 硬盘种类（按介质划分）及特点

硬盘种类	特点
机械硬盘	一种磁性存储设备，由盘片、转轴、读写头、驱动臂、驱动轴、驱动器以及永磁铁等组件构成，用旋转磁盘和读写头来存储和访问数据
固态硬盘	一种闪存芯片（通常是 NAND 芯片）存储设备，由内置控制器、Flash 存储阵列等构成，通过主控，数据直接以数字的方式存入存储矩阵或取出，高速、低耗、可靠、无噪声
混合硬盘	一种在机械硬盘中混入固态硬盘闪存芯片的存储设备，将经常访问的数据存储在 SSD 硬盘中，可以提供更快的读写速度和更高的可靠性

2)硬盘接口

硬盘接口是硬盘与主机系统间的连接部件,其作用是在硬盘缓存和主机内存之间传输数据。不同的硬盘接口决定了硬盘与计算机之间的传输速度,影响着程序运行快慢和系统性能好坏。常用硬盘接口分类及特点如表 5-2 所示。

表 5-2 硬盘种类(按接口分类)及特点

硬盘接口类型	特　点
IDE	最初硬盘的通用标准,数据传输速度慢、线缆短、连接设备少、不支持热插拔,接口速度的可升级性差
SATA	SATA 接口的出现将 ATA 接口和 IDE 接口区分开,一般来说 IDE 接口称为并口,SATA 接口称为串口,SATA 接口近年来飞速发展,价格低,而且速度不比 SCSI 接口慢
SCSI	SCSI 接口应用范围广,可与多种类型的外设进行通信,速度、性能、稳定性都好,支持热插拔,价格中等,主要面向服务器和工作站市场
SAS	SAS 接口技术是使用串口的 SCSI 硬盘,它结合了 SATA 接口与 SCSI 接口两者的优点,可安装 SATA 设备。SAS 灵活性、扩展能力及数据吞吐效率都得到了提高
FC	光纤通道的主要特性有热插拔性、高速带宽、远程连接、连接设备数量大等,但价格昂贵,一般用在高档网络服务器行业

2. Linux 操作系统中物理设备的命名规则

Linux 操作系统中的一切都是以文件存储的,硬件设备也不例外。所有设备都被抽象为相应的文件,每个设备文件都保存在 /dev/ 目录下,设备文件名称见表 5-3。

表 5-3 Linux 操作系统中常见硬件设备的文件名称

硬件设备	文件名称
IDE 设备	/dev/hd[a-d]
SCSI、SATA、SAS、U 盘	/dev/sd[a-z]
打印机	/dev/lp[0-15]
光驱	/dev/cdrom
鼠标	/dev/mouse

现在的 IDE 设备已经很少见了,一般的硬盘设备都是以 /dev/sd 开头。而一台主机上可以有多块硬盘,因此,系统采用英文字母 a~z 来代表 26 块不同的硬盘(默认从字母 a 开始分配)。

通常将一个硬盘按逻辑来进行分区,每个区可当作独立磁盘,以方便使用和管理。不同分区的名称一般为:设备名称+分区号,如 /dev/sdb1,字符串 sd 表示存储设备,字母 b 表示第二块存储设备,数字 1 则表示这个设备的某一个分区编号。

3. 文件系统

一套 Linux 操作系统支持若干物理盘，普通文件和目录文件保存在被称为块物理设备的硬盘上。每个物理盘可定义一个或者多个文件系统。从系统角度来看，文件系统是对文件存储设备的空间进行组织和分配，负责文件存储并对存入的文件进行保护和检索的系统。它需要解决的问题有分配存储设备的存储空间，提供一种组织数据、存取数据的方法，还要提供一组服务，即执行所需要的如创建文件、传输文件、控制文件的访问权限等操作。文件系统是通过格式化存储设备创建的。

对硬盘分区空间进行格式化，硬盘将被分成三个存储区域，分别为超级块（superblock）、索引节点（inode）、数据区（block），如图 5-1 所示。

微课：文件系统

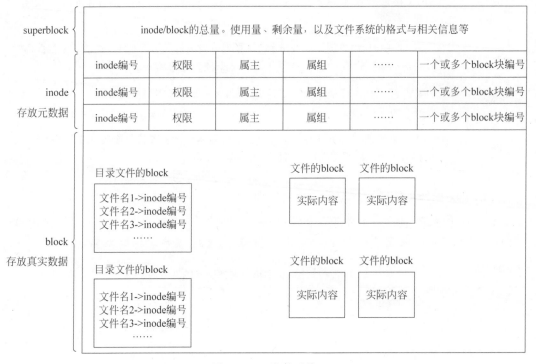

图 5-1 ext 文件系统

1）superblock

superblock 记录该文件系统的整体信息，包括 inode、block 的总量、使用量、剩余量，以及文件系统的格式与相关信息等。

2）inode

文件的文件属性及数据分别存放在不同的区块，文件属性（如文件档案权限、文件属主、属组等信息）放置在 inode 中，一个文件或目录占据一个索引节点。文件系统中第一个索引节点是该文件系统的根节点。利用根节点，可以把一个文件系统挂载在另一个文件系统的非叶（如目录）节点上。在 Linux 操作系统中，一切皆文件，普通的文件和目录、块设备、管道、socket 等，都是由文件系统管理。

3) block

文件实际数据存放于 block 中。每个文件系统由数据块的序列组成，Linux 操作系统中的数据块的每个块的大小默认为 4KB，也就是一次性可以读取 8 个扇区，因此大大提高了磁盘的读写效率。

硬盘分区一经格式化，inode 以及 block 的数量就确定了，且每个 inode 与 block 都有唯一的编号。inode 记录文件的属性，一个文件占用一个 inode，同时 inode 还记录此文件的数据所在的 block 编号。操作系统利用 inode 编号来标识不同的文件，对于 Linux/UNIX 操作系统来说，内部不使用文件名，而使用 inode 编号来标识文件。

通过命令 ls -li 可以查看文件的 inode 信息，运行命令及结果如下：

```
[root@localhost ~]#ls -li
total4
524297 -rw-------. 1 root root 702 Oct 27 02:53 anaconda-ks.cfg
```

4. 文件系统类型

不同的操作系统需要使用不同类型的文件系统，为了与其他操作系统兼容，通常操作系统都能支持多种类型的文件系统。如 Windows Server 2003/2008 操作系统，其默认或推荐采用的文件系统是 NTFS，但同时也支持 FAT32 文件系统。

openEuler 操作系统内核源于 Linux 操作系统内核，Linux 操作系统内核支持十多种不同类型的文件系统，如 Btrfs、JFSReiserFS、ext、ext2、ext3、ext4、ISO 9660、XFS、swap、Minix、VFAT、NTFS、NFS 等，openEluer 操作系统默认的文件系统为 ext4。常用文件系统说明如表 5-4 所示。

表 5-4 常用文件系统说明

常用文件系统	说明
ext	专门为 Linux 操作系统设计的文件系统类型，是一种日志文件系统，目前最新版本为 ext4
XFS	XFS 是一种高性能的、全 64 位的日志文件系统，对于特大文件及小尺寸文件的支持都表现出众，同时提供平滑的数据传输
swap	Linux swap 是一种专门用于交换空间的 swap 文件系统。交换空间就是磁盘上的一块区域，当物理内存紧张时，将内存中不常访问的资源保存到预先设定的硬盘上的交换空间，以此来释放该资源占用的内存
VFAT	VFAT 是 Linux 操作系统对 DOS、Windows 操作系统下的 FAT（FAT16/32）文件系统的一个统称
NFS	NFS 是网络文件系统。通过网络共享文件，使用户和程序可以像访问本地文件一样访问远端系统上的文件
ISO 9600	该文件系统是光盘所使用的标准文件系统。Linux 操作系统对该文件系统也有很好的支持，不仅能读取光盘和光盘 ISO 镜像文件，而且还支持在 Linux 操作系统环境中刻录光盘

5. 磁盘查看工具

在 Linux 操作系统中，可以通过以下几种命令查看磁盘使用情况。

1）lsblk 命令

该命令用于查看系统中所有可用块设备的信息，块设备通常是硬盘、U 盘等，命令 lsblk 主要用于检查和管理磁盘空间及展示块设备的信息，包括磁盘、分区和挂载点等。命令格式如下：

```
lsblk [选项] [块设备文件名称]
```

选项说明如下：
- -a：显示所有的块设备信息，包括未被挂载的文件系统或分区；
- -b：以字节为单位显示设备容量信息；
- -d：显示设备名，而不显示其他详细信息；
- -f：列出所有已挂载设备的文件系统类型、UUID、挂载信息；
- -l：仅列出第一层块设备，不包括分区信息；
- -t：以树形结构列表方式输出块设备的文件系统类型和挂载点。

lsblk 命令使用实例如下。

（1）lsblk 命令显示所有块设备信息。

```
[root@localhost ~]#lsblk
NAME                 MAJ:MIN  RM  SIZE  RO  TYPE  MOUNTPOINTS
sda                  8:0      0   20G   0   disk
├─sda1               8:1      0   1G    0   part  /boot
└─sda2               8:2      0   19G   0   part
  ├─openeuler-root   253:0    0   17G   0   lvm   /
  └─openeuler-swap   253:1    0   2G    0   lvm   [SWAP]
sr0                  11:0     1   3.5G  0   rom
```

该命令将显示系统中所有的块设备信息，包括磁盘和分区，其中 NAME 列显示设备名称，MAJ:MIN 显示主次设备号，RO 列显示是否为只读设备，TYPE 列显示设备类型，MOUNTPOINTS 列显示设备被挂载的路径。

（2）显示指定设备的信息。

```
[root@localhost ~]#lsblk   /dev/sda
NAME                 MAJ:MIN  RM  SIZE  RO  TYPE  MOUNTPOINTS
Sda                  8:0      0   20G   0   disk
├─sda1               8:1      0   1G    0   part  /boot
└─sda2               8:2      0   19G   0   part
  ├─openeuler-root   253:0    0   17G   0   lvm   /
  └─openeuler-swap   253:1    0   2G    0   lvm   [SWAP]
```

2）df 命令

该命令用于显示文件系统的磁盘空间占用情况，命令格式如下：

```
df [选项][文件或目录名称]
```

选项说明如下：

- -a：显示所有文件系统的磁盘使用情况，包括虚拟文件系统；
- -B：--block-size=<区块大小>以指定的区块大小来显示区块数目；
- -h：以容易理解的格式输出文件系统大小，如 12KB、35MB、46GB；
- -t：显示各指定类型的文件系统的磁盘空间使用情况；
- -i：显示 i 节点信息，而不是磁盘块；
- -x：列出不是某一指定类型文件系统的磁盘空间使用情况；
- -T：显示文件系统类型；
- -k：以 1024B 为单位。

df 命令使用实例如下。

（1）显示默认情况。

```
[root@localhost ~]#df
Filesystem                 1K-blocks    Used      Available    Use%    Mounted on
/dev/mapper/openeuler-root 17365776     1456628   15001680     65%     /
...
```

输出结果列说明如下：

- Filesystem：代表该文件系统是哪个分区，所以列出的是设备名称；
- 1K-blocks：说明下面的数字单位是 1KB，可利用 -h 或 -m 来改变单位大小，也可以用 -B 来设置；
- Used：已经使用的空间大小；
- Available：剩余的空间大小；
- Use%：磁盘使用率，如果使用率在 90% 以上时，就需要注意了，避免磁盘容量不足出现系统问题，尤其是对于文件内容增加较快的情况（如 /home、/var/spool /mail 等）；
- Mounted on：磁盘挂载的目录，即该磁盘挂载到了哪个目录下。

（2）按照 inode 数量显示。

```
[root@localhost ~]#df  -i
Filesystem                 Inodes     IUsed    IFree      IUse%   Mounted on
/dev/mapper/openeuler-root 1114112    43946    1070166    4%      /
...
/dev/sda1                  65536      381      65155      1%      /boot
tmpfs                      124961     6        124955     1%      /run/user/42
tmpfs                      124961     16       124945     1%      /run/user/0
```

3）du 命令

du 命令侧重查看文件夹和文件的磁盘空间占用情况，而 df 命令侧重查看文件系统级别的磁盘空间占用情况。命令格式如下：

```
du [ 选项 ] [ 文件或目录名称 ]
```

选项说明如下：

- -a：列出所有的文件与目录容量；
- -h：以 G、M、K 为单位，返回容量；
- -s：列出总数；
- -S：列出不包括子目录下的总量；
- -k：以 KB 为单位，返回容量；
- -m：以 MB 为单位，返回容量。

du 命令使用实例如下：

```
[root@localhost ~]#du  -ah
4.0K     ./.bashrc
4.0K     ./.tcshrc
...
```

5.1.3 任务实施

1. 生产环境中更换服务器硬盘

在实际生产中，服务器硬盘出现故障时，硬盘 Fault 指示灯呈现黄色，并常亮如图 5-2 所示，更换方法如下。

（1）推扣住硬盘扳手的弹片，扳手自动弹开，然后拉住硬盘托架扳手，将硬盘向外拔出约 3cm，硬盘脱机，如图 5-3 所示。

图 5-2　硬盘指示灯亮　　　　　　　　图 5-3　硬盘扳手

（2）硬盘脱机以后，需等待至少 30s，硬盘完全停止转动后，再将硬盘拔出服务器，将拆卸下来的硬盘放入防静电包装袋内。

（3）将备用硬盘从包装袋里取出，完全打开扳手，将硬盘沿着硬盘滑道推入机箱，直到无法移动。

（4）待硬盘拉手条已经扣住机箱横梁，再闭合硬盘扳手。利用扳手和机箱的切合力将硬盘完全推入机箱，然后等待 3min，根据硬盘指示灯状态检查硬盘是否正常，指示灯位置如图 5-4 所示。

图 5-4 硬盘指示灯位置

硬盘 Active 指示灯的说明如下：
- 灭：硬盘不在位或硬盘故障；
- 绿（闪烁）：硬盘处于读写状态或同步状态；
- 绿（常亮）：硬盘处于非活动状态。

硬盘 Fault 指示灯的说明如下：
- 灭：硬盘运行正常或 RAID 组中硬盘不在位；
- 黄（闪烁）：硬盘定位或 RAID 重构；
- 黄（常亮）：检测不到硬盘或硬盘故障。

⚠ 注意：替换下来的硬盘要妥善保管，必要时作销毁处理，而且要监督销毁过程，树立数据安全意识，并严格管理。

2. 虚拟机中添加硬盘

（1）打开 VMware Workstation 窗口，将虚拟机关闭，选择"虚拟机"→"设置"选项，如图 5-5 所示。

图 5-5 虚拟机设置

（2）在弹出的对话框中单击"添加"按钮，如图 5-6 所示。

（3）在弹出的"添加硬件向导"对话框中选择"硬盘"选项，单击"下一步"按钮，如图 5-7 所示。

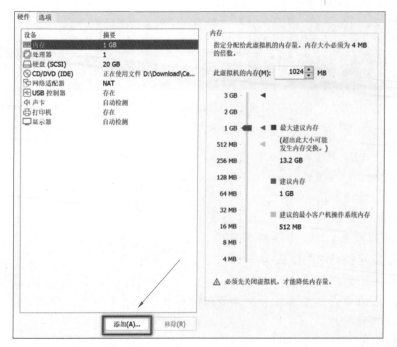

微课：硬盘
添加与查看

拓展阅读：虚拟
机硬盘添加技巧

图 5-6 "添加"按钮

（4）在"虚拟磁盘类型"选项卡中选中 SCSI 单选按钮，单击"下一步"按钮，如图 5-8 所示。

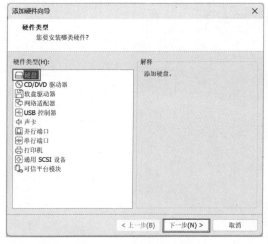

图 5-7 选择"硬盘"选项

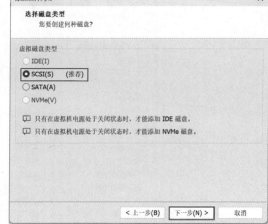

图 5-8 选中 SCSI 单选按钮

（5）在"磁盘"选项卡中选中"创建新虚拟磁盘"单选按钮，单击"下一步"按钮，如图 5-9 所示。

（6）磁盘空间大小根据自己需求来设置，这里选择 20GB，然后选中"将虚拟磁盘拆分成多个文件"单选按钮，单击"下一步"按钮，如图 5-10 所示。

（7）磁盘文件命名，单击"完成"按钮，如图 5-11 所示。

这时就可以看到添加的磁盘，如图 5-12 所示。

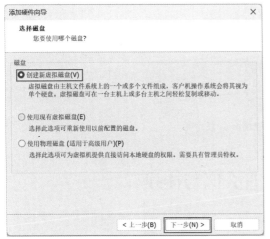

图 5-9 创建新的虚拟磁盘

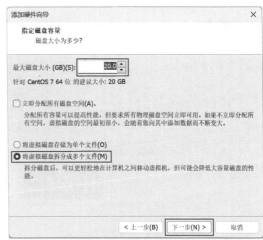

图 5-10 设置硬盘大小

图 5-11 磁盘文件命名

图 5-12 添加新硬盘完成

（8）启动 openEuler 虚拟机，用 lsblk 命令查看添加的硬盘，命令及显示结果如下：

```
[root@localhost~]#lsblk
NAME           MAJ:MIN    RM    SIZE    RO    TYPE    MOUNTPOINTS
...
sdb            8:16       0     20G     0     disk    //硬盘添加成功
sr0            11:0       1     3.5G    0     rom
```

⚠ 注意：如果在系统启动之后再添加硬盘，那么必须要重启系统，才能检测到新添加的硬盘，如果不想重启计算机而又能识别新添加的硬盘，可以学习拓展阅读虚拟机硬盘添加技巧。

5.1.4 任务评价

服务器硬盘添加与查看任务评价单

任务 5.2 硬盘分区与挂载

5.2.1 实施任务单

任务编号	5-2	任务名称	硬盘分区与挂载
任务简介	对新添加的 20GB 硬盘进行分区，要求硬盘暂时分成 4 个分区，同时还考虑留有剩余空间在未来需要的时候再进行分区，可行分区方案如下： 划分 2 个主分区，swap 分区 2GB，/home 分区 8GB，剩下空间作为扩展分区，在扩展分区中建立 2 个逻辑分区，分别为 /data 分区 5GB、/disk 分区 2GB，其余待分配，并将各分区格式化、挂载使用			
设备环境	Windows 10、VMware Workstation 16 Pro、openEuler 22.03 LTS			
任务难度	初级	实施日期		年　月　日
任务要求	1. 了解硬盘分区的好处 2. 了解硬盘分区方式 3. 了解常用挂载点 4. 了解分区规划理念 5. 掌握 fdisk 硬盘分区工具 6. 掌握分区格式化方法 7. 掌握分区挂载方法			

5.2.2 知识加油站

1. 硬盘分区的好处

硬盘分区可以将硬盘驱动器划分为多个逻辑存储单元，这些单元称为分区。通过将硬盘划分为多个分区，系统管理员可以使用不同的分区执行不同功能。

1）创建用于操作系统虚拟内存交换的单独区域

当物理内存不够用时，增加交换 swap 分区比增加物理内存更经济，另外将不常用数据移动到 swap 分区后，操作系统会有更多内存用于缓存，而当操作系统需要访问 swap 分区上存储的内容时，再将 swap 分区上的数据加载到内存中，可以提升系统 I/O 速度。swap 分区是 Linux 操作系统必备的分区之一。

微课：硬盘分区的原因

2）方便管理和组织数据

首先，可以很好地限制应用或用户的可用空间。

其次，通过将硬盘划分为多个逻辑部分，可以根据不同的用途和文件类型来进行分类存储，如操作系统、应用程序和个人文件。因此，在检索或者备份数据时，可以更加方便地进行操作。

3）提升系统的性能

硬盘分区还可以提高硬盘的性能。通过将数据分布在不同的分区上，可以减少碎片化问题，提高文件的访问速度。

4）利于数据安全

硬盘分区还可以增强数据的保护性和安全性。通过将重要数据存储在单独的分区上，如果某个分区发生问题，只需要处理受影响的分区，而不会对其他分区的数据造成影响。

2. 分区方式及工具介绍

在 Linux 操作系统中，硬盘分区表常用的有两种类型：主引导记录（master boot record，MBR）和 GPT（GUID partition table）。

1）MBR 分区表

MBR 分区方案指定了在运行 BIOS 固件的系统上应如何对硬盘进行分区，它是存在于驱动器开始部分的一个特殊的启动扇区。

如果是 SCSI 接口硬盘则最多只能有 15 个（其中扩展分区不能直接使用，所以不计算）分区，其中主分区最多 4 个，逻辑分区最多 12 个。IDE 接口硬盘最多只能有 63 个（其中扩展分区不能直接使用，所以不计算）分区，其中主分区最多 4 个，逻辑分区最多 60 个，如图 5-13 所示。使用 MBR 方案分区时，最大硬盘容量和分区容量限制为 2TB。

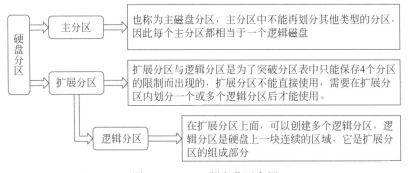

图 5-13　MBR 硬盘分区介绍

2）GPT 分区表

随着硬盘驱动器容量的不断增长，老旧的 MBR 分区方案的最大硬盘和分区容量限制已成为在生产环境中经常遇到的实际问题。因此，新的 GUID 分区表（GPT）正在取代传统的 MBR 分区方案。

GPT 意为 GUID 分区表，驱动器上的每个分区都有一个全局唯一的标识符（globally unique identifier，GUID）。GPT 分区表是一种新的硬盘分区表，可以支持更大的硬盘容量和更多的分区。GPT 不像 MBR 有主分区和扩展分区的概念，它将所有分区都视为基本分区。每个硬盘最多可以有 128 个分区，GPT 为逻辑块地址分配 64 位，因此最大支持 18 EB 的分区大小。

在 Linux 操作系统中，可以使用命令 fdisk、gdisk、parted 或 gparted 等工具来查看和管理硬盘分区，其中 fdisk 是传统的 Linux 硬盘分区工具，也是 Linux 操作系统中常用的一种硬盘分区工具之一，但不支持大于 2 TB 的分区。

3. 挂载点介绍

显然，根目录是所有 Linux 操作系统的目录和文件所在的地方，它需要挂载到一个硬盘分区。但是如果只给根目录分配了分区，那么根下的所有目录，如 /boot、/usr、/home 和 /var 都会占用根分区空间，随着使用，需存储的数据量会不断加大，从而导致系统崩溃，造成数据不可恢复的损失。因此，有必要将一些重要的目录重新挂载到新的分区，常用挂载点及说明如表 5-5 所示。

表 5-5 常用挂载点及说明

挂载点（目录）	说明
/boot 目录	boot 目录包含了操作系统的内核和在启动系统过程中要用到的文件。一般需要 100～200MB
/ 根目录	根目录，所有未指定挂载点的目录都会放在其下。根目录必须要有独立分区，而且容量要大
/home 用户目录	/home 目录大小取决于用户多少。对于多用户使用的系统，建议把 /home 独立出来，这样还可以很好地控制普通用户权限，比如对用户或者用户组实行硬盘配额限制，用户权限访问等
/tmp 临时文件目录	常加载 ISO 镜像文件使用，对于多用户系统或者网络服务器来说也有独立挂载的必要
/usr 文件系统目录	大部分的用户安装的软件程序都在这里。就像是 Windows 操作系统的 program files 目录一样
/var 可变数据目录	包含系统运行时要改变的数据。通常这些数据所在的目录的大小是要经常变化的，系统日志记录在 /var/log 下。一般多用户系统或者网络服务器要建立这个分区，这对系统日志的维护很有帮助。一般设置 2～3GB 大小，也可以把硬盘余下空间全部分配给 /var 目录
/opt 附加应用程序目录	存放安装文件，个人一般将自己下载的软件资料存放在此目录，如 Office、QQ 等
swap 交换分区	swap 交换分区是用作虚拟内存的，大小一般为物理内存的 2 倍

以上挂载点，没有必要每个目录都单独进行挂载，只需根据生产实际需要对个别目录进行挂载，这样文件系统结构会精简很多。而且在 Linux 操作系统中，一些目录不能被挂载，这些目录通常在系统启动时已经被挂载，或由内核直接挂载。常见的不能被挂载的目录有 /sys、/proc、/dev、/run 等。

⚠ 注意：硬盘分区过多会降低硬盘整体性能，且分区也会带来风险，错误的分区操作可能导致数据丢失，因此，在进行分区之前，一定要备份重要数据，并慎重评估分区方案。

4. 分区方案

Linux 分区规划没有固定的准则，往往是 Linux 管理者根据实际生产的需要进行分区。

下面推荐几种分区方案,供学习参考。

方案一:Linux 桌面系统分区方案(以 80GB 硬盘为例)为 /+/home+/swap。

(1)系统根分区 /,推荐分配 10GB,需要安装多个大型软件,则可以分配 20GB。

(2)/home 分区,home 是用来放置用户配置和文档的目录,/home 推荐要 15GB,如果是多用户使用的,则全部空闲空间都可划分给该目录。将 /home 独立出来,还可以很好地控制普通用户的磁盘配额、权限等,在系统出现故障时,可以直接在根分区安装系统,而不会破坏 /home 分区的用户数据。

微课:Linux 分区方案

(3)/swap 分区,一般为物理内存的 2 倍。

方案二:针对网站集群架构中的某个节点服务器分区,该服务器上的数据有多份(其他节点也有)且数据不太重要。

(1)swap 分区,物理内存的 2 倍,当内存大于或等于 8GB 时,配置大约为 16GB 即可。

(2)/ 根分区,剩余硬盘空间大小(/usr、/home、/var 等分区)和 / 共用一个根分区,这相当于在 Windows 操作系统中只有一个 C 盘,所有数据和系统文件都放在一起。

这种方案安全性差,但是在数据不重要的情况下,或者还有多个节点保存这些数据时,这种分区方案反倒是不错的选择,简单方便,在实际应用中对根分区及 swap 分区使用监控报警就可以。

⚠ 注意:以上虽然是一些推荐的分区方案,但没有严格的准则,影响分区方案的因素有很多,例如,对灵活性的期望、访问速度、安全性以及可用磁盘空间的硬性限制等。实际上就是取舍的问题,很难说某种方案好或不好,适合的就是最好的。

5. fdisk 分区命令

fdisk 命令是用于硬盘管理的分区工具,是一个创建和维护分区表的程序,最常用的功能是查看系统中磁盘的分区情况,以及对指定磁盘设备创建分区。

1)显示硬盘分区信息

命令格式如下:

```
fdisk  -l   [硬盘设备文件]
```

查看指定设备分区情况,该命令显示指定硬盘设备的分区信息,包括分区表类型、分区号、起始扇区、分区大小等。

```
[root@localhost ~]#fdisk  -l
...
Device     Boot    Start      End     Sectors   Size  Id   Type
/dev/sda1   *       2048    2099199   2097152   1G    83   Linux
/dev/sda2         2099200  41943039  39843840   19G   8e   Linux LVM
```

该命令没有指定设备参数,显示所有存储设备的分区信息。

2)创建硬盘分区

命令格式如下:

```
fdisk  硬盘设备文件
```

执行该命令会进入 fdisk 交互模式,通过子命令操作来编辑硬盘分区。通过输入 m 子命令,显示操作指令帮助菜单,常用子命令如下:
- m:打印出菜单;
- p:打印出当前分区表;
- n:新建一个分区;
- d:删除一个分区;
- t:改变分区的属性,默认都是 83 Linux 类型,如果有其他要求,如 swap 分区,创建好后需要再用子命令 t 来修改分区类型;
- l:显示分区类型;
- w:保存分区表信息并退出;
- q:不保存退出,如果分区有误,按 q 键不保存退出。

6. mkfs 格式化 Linux 分区

格式化是指对硬盘或硬盘中的分区进行初始化的一种操作,将分区格式化成不同的文件系统,这种操作通常会导致现有的硬盘或分区中所有的文件被清除。前面已讲过 Linux 操作系统支持的文件类型,可通过 mkfs 命令再按 Tab 键补全,查看可支持的文件类型有哪些,选择需要的类型进行格式化。

mkfs 命令是 make filesystem 的缩写,用来在特定的分区建立 Linux 文件系统。命令格式如下:

```
mkfs  [选项]  文件系统类型   设备文件名
[root@localhost~]#mkfs  -t  ext4  /dev/sdb2
```

选项说明如下:
- -t 文件系统类型:指定要创建的文件系统类型,如 ext4,则为 -t ext4,或者使用 mkfs.ext4 的形式来指定格式化文件系统类型;
- -V:显示详细的输出信息;
- -c:检查设备上的坏道;
- -i inode 大小:指定 inode 的大小;
- -b 块大小:指定文件系统的块大小。

⚠ 注意:使用 mkfs 命令时要谨慎操作,确保正确选择文件系统类型、备份重要数据,并根据实际需求合理配置参数。同时,注意阅读错误信息,及时处理可能出现的问题。

7. mount 挂载 Linux 文件系统

Linux 操作系统将所有的设备都看作文件,它将整个计算机的资源都整合成一个大的文件目录,要访问存储设备中的文件,必须将文件所在的设备分区挂载到一个已存在的目录,然后通过访问这个目录来访问存储设备。挂载需要有挂载源和挂载点。命令格式如下:

```
mount  [选项]  [设备文件名称]   [挂载点]
[root@localhost ~]#mount  /dev/cdrom  /mnt        //挂载光驱
```

选项说明如下：
- -a：挂载 /etc/fstab 中定义的所有文件系统；
- -v：显示详细信息；
- -w：将文件系统安装为可写，为命令默认情况；
- -t：指定要挂载的文件系统类型，如 ext4、xfs 等，如果省略，系统会自动检测。

8. umount 卸载 Linux 文件系统

文件系统可以被挂载，也可以被卸载（正在使用的文件系统除外）。命令格式如下：

```
umount    [设备文件名称]|[挂载点]
```

一个设备可能先后挂载过多个挂载点，在卸载某个挂载点时，设备将自动挂载到前一个挂载过的挂载点，卸载文件系统可以用设备文件名或者挂载点卸载。

```
[root@localhost ~]#umount    /dev/cdrom          //卸载光驱
```

9. mkswap 格式化 swap 分区

使用 mkswap 命令格式化交换分区，建立交换类型文件系统。命令格式如下：

```
mkswap    [选项]    设备文件名
```

选项说明如下：
- -f：强制格式化文件或设备为交换空间，即使它已经被使用或已经包含数据；
- -p<优先级>：设置交换空间的优先级，范围为 −1～32 767，默认为 −1；
- -L<标签>：为交换空间设置一个标签，用于识别和管理交换空间；
- -v：显示详细的格式化和初始化交换空间的信息。

10. swapon 激活 swap 分区

格式化 swap 分区之后，还需要使用 swapon 命令激活 swap 分区，如果想停用 swap 交换分区，则需要使用 swapoff 命令。命令格式如下：

```
swapon    [swap 设备名]
```

11. 开机自动挂载分区

mount 及 swapon 是临时挂载文件系统，当重新启动操作系统时，这些挂载的文件系统将失效，如果想实现开机自动挂载某设备，需要在 /etc/fstab 文件中修改配置，操作系统启动时，会自动从这个文件读取信息，将文件中的文件系统自动挂载到指定目录，fstab 文件格式如下：

```
file system                                    dir     type   options   dump  pass
/dev/mapper/openeuler-root                     /       ext4   defaults  1     1
/dev/mapper/openeuler-swap                     none    swap   defaults  0     0
UUID=ed28e46a-e137-47c8-931d-fd60da7e8df6      /boot   ext4   defaults  1     2
```

以上可以看出每一行挂载一个设备，每个设备挂载操作共包含 6 个字段内容，每个字

段的说明如下:
- file system:要挂载的设备,可以是设备文件名或设备的卷标 LABEL 或设备唯一标识 UUID;
- dir:挂载点,即挂载的目录位置;
- type:要挂载设备的文件系统类型,如 ext4、swap 等;
- options:挂载选项,默认 defaults,一般不建议修改;
- dump:转储频率,表示文件系统是否需要 dump 备份,0 表示不做备份,1 表示每天备份,大部分的用户是没有安装 dump 的,对他们而言 dump 应设为 0;
- pass:自检次序,用于决定在系统启动时,进行设备检查的顺序。0 表示设备不会被 fsck 检查,1 表示优先检查,2 表示其次检查。

各字段之间要用一个或多个空格隔开。

5.2.3 任务实施

小王这里规划分区方案如下:划分 2 个主分区,swap 分区 2GB,/home 分区 8GB,剩下空间作为扩展分区,在扩展分区中建立 2 个逻辑分区,分别为 /data 分区 5GB、/disk 分区 2GB,其余待分配,并将各分区进一步格式化、挂载使用。

1. 硬盘分区

1)创建主分区(n)

执行 fdisk/dev/sdb 命令。

微课:创建磁盘分区

```
[root@localhost ~]#fdisk  /dev/sdb
Welcome to fdisk (util-Linux 2.37.2).
...
Comand (m for help):n
Partition type:
   p   primary (0 primary, 0 extended, 4 free)
   e   extended (container for logical partitions)
Select (default p):p
Partition number (1-4, default 1):
First sector (2048-41943039, default 2048):
Last sector, +/-sectors or +/-size{K,M,G,T,P} (2048-41943039, default
41943039):  +2G
Created a new partition 1 of type 'Linux' and of size 2 GiB.
Command (m for help):
```

在分区会话模式中,输入 n 创建分区,分区类型默认按 Enter 键选择主分区 p,分区号为 1-4,这里一般按给出的默认序号按 Enter 键,起始扇区选默认按 Enter 键,终止扇区要注意,默认是全部剩余空间,且用扇区来表示不太直观,可以使用容量单位,输入 +2G,按 Enter 键,分区 1 已设置为 Linux,大小为 2GB,接下来用同样的方式创建第 2 个主分区,大小输入 +8G,两个主分区就建好了。

2)显示分区表(p)

```
Command (m for help): p
...
Device     Boot   Start      End         Sectors    Size   Id   Type
/dev/sdb1         2048       4196351     4194304    2G     83   Linux
/dev/sdb2         4196352    20973567    16777216   8G     83   Linux
Command (m for help):
```

现在根据任务要求将主分区 /dev/sdb1 修改为 swap 分区,修改之前需要知道 swap 分区类型的 ID。

3)查看分区类型(1)

如图 5-14 所示,每一类分区有两列内容,第一列是对应的分区类型名字,第二列是 16 进制数表示的分区类型 Id,swap 分区类型的 Id 是 82,extended 分区类型的 Id 是 05,raid 为 FD,lvm 为 8E 等。

```
1e Hidden W95 FAT1  80 Old Minix       be Solaris boot    ff BBT
Aliases:
   linux     - 83
   swap      - 82
   extended  - 05
   uefi      - EF
   raid      - FD
   lvm       - 8E
   linuxex   - 85
Command (m for help):
```

图 5-14 部分分区类型 Id

4)改变分区类型(t)

```
Command (m for help): t
Partition number (1,2, default 2): 1
Hex code or alias (type L to list all): 82
Changed type of partition 'Linux' to 'Linux swap / Solaris'.
Command (m for help): p
...
Device     Boot   Start      End         Sectors   Size  Id   Type
/dev/sdb1         2048       4196351     4194304   2G          83   Linux swap /Solaris
/dev/sdb2         4196352    20973567    16777216  8G          83   Linux
Command (m for help):
```

再次查看分区表,sdb1 的 Id 及分区类型名已改为 swap 类型。

到此已经完成了两个分区的创建,剩下的两个分区,要求建成逻辑分区。逻辑分区创建在扩展分区上,因此,首先要创建扩展分区。

5)创建扩展分区(e)

```
Command (m for help):n
Partition type:
   p   primary (2 primary, 0 extended, 2 free)
   e   extended (container for logical partitions)
Select (default p): e
```

```
Partition number (3,4, default 3):
First sector (20973568-41943039, default 20973568):
Last sector, +/-sectors or +/-size{K,M,G,T,P} (20973568-41943039, default
41943039):
Created a new partition 3 of type 'Extended' and of size 10 GiB.
Command (m for help):
```

分区号继续默认,起始扇区、最后扇区均按 Enter 键使用默认值,即全部空间给扩展分区,分区 3 设置为扩展类型,大小为 10GB,扩展分区创建完毕。

⚠ **注意:** 只有主分区和逻辑分区才能存放数据,扩展分区不能被格式化,不能存放数据,只能用来管理逻辑分区。

6)创建逻辑分区

```
Command (m for help): n
All space for primary partitions is in use.
Adding logical partition 5
First sector (20975616-41943039, default 20975616):
Last sector, +/-sectors or +/-size{K,M,G,T,P} (20975616-41943039, default
41943039):+5G
Created a new partition 5 of type 'Linux' and of size 5 GiB.
Command (m for help): n
All space for primary partitions is in use.
Adding logical partition 6
First sector (31463424-41943039, default 31463424):
Last sector, +/-sectors or +/-size{K,M,G,T,P} (31463424-41943039, default
41943039): +2G
Created a new partition 6 of type 'Linux' and of size 2 GiB.
Command (m for help):
```

逻辑分区编号必须从 5 开始。最后查看分区表,显示有 5 个分区,即主分区 sdb1、sdb2、扩展分区 sdb3、逻辑分区 sdb5、sdb6。

7)保存分区(w)

分区查看无误,按 w 键保存分区。

```
Command (m for help): w
The partition table has been altered.
Calling ioctl() to re-read partition table.
[10611.882910][ T1801] sdb: sdb1 sdb2 sdb3 <sdb5 sdb6>
```

⚠ **注意:** 更改将停留在内存中,直到你决定将更改写入硬盘。使用写入命令前请三思,保存有风险,一旦按 w 键保存,分区信息就会写入硬盘,所以保存前一定要确认数据已经备份,分区无误后再按 w 键保存分区。

8)删除分区(d)

实际分区中如果出现错误,可以在 fdisk 会话模式下输入 d 删除指定分区,也可以输入 q 放弃保存,重新建。

2. partprobe 重新设置内存中的内核分区表

```
[root@localhost~]#partprobe  /dev/sdb
```

partprobe 命令用于重读分区表，将硬盘分区表的变更信息通知内核，请求操作系统重新加载分区表。如删除文件后仍然提示占用空间，就可以用 partprobe 在不重启系统的情况下重新设置内存中的内核分区表。

3. 格式化并挂载 Linux 分区

```
[root@localhost~]#mkfs  -t  ext4  /dev/sdb2
[root@localhost~]#mkfs  -t  ext4  /dev/sdb5
[root@localhost~]#mkfs  -t  ext4  /dev/sdb6
[root@localhost~]#mkdir  /data
[root@localhost~]#mkdir  /disk
[root@localhost~]#mount  /dev/sdb2  /home
[root@localhost~]#mount  /dev/sdb5  /data
[root@localhost~]#mount  /dev/sdb6  /disk
```

⚠ 注意：如挂载操作发生在已有文件的目录，会使得目录中原有文件被隐藏，如果想继续使用原有文件，就要在挂载目录之前，将该目录里面的文件先备份出来，挂载后，再把原文件移动到新挂载的硬盘分区上。

挂载成功后，可以通过 df 命令查看挂载情况，确认硬盘已经成功挂载到指定的挂载点。

```
[root@localhost ~]#df  /dev/sdb2
Filesystem     1K-blocks    Used    Available    Use%    Mounted on
/dev/sdb2      8154588      24      7718752      1%      /home
```

4. 格式化并激活 swap 分区

（1）使用 mkswap 命令格式化交换分区，建立交换类型文件系统。

```
[root@localhost ~]#mkswap  /dev/sdb1
```

微课：分区格式化及 swap 分区的使用

（2）激活 swap 分区。

使用 swapon 命令激活 swap 分区，用 free 命令查看内存情况，运行命令及显示如下：

```
[root@localhost ~]#swapon  /dev/sdb1
[root@localhost ~]#free  -h
```

swapoff -a 命令如果没有指定设备名，会关闭所有 swap 交换分区，可以用如 swapoff /dev/sdb1 关闭某个 swap 分区。

5. 开机自动挂载分区

```
[root@localhost ~]vim /etc/fstab
/dev/sdb2  /home  ext4   defaults  1 1
/dev/sdb1  none   swap   defaults  0 0
```

微课：分区挂载与卸载

5.2.4 任务评价

硬盘分区与挂载

任务 5.3 逻辑卷管理

5.3.1 实施任务单

任务编号	5-3	任务名称	逻辑卷管理
任务简介	某网络公司某个服务器的硬盘分区不够合理，有的分区空间将要耗尽，有的分区还有很大的空间，但是不能弹性调整。 公司的管理员决定使用逻辑卷管理功能实现分区的弹性调整，从而可在无需停机的情况下动态地调整各个分区大小，并能方便实现文件系统跨越不同硬盘和分区			
设备环境	Windows 10、VMware Workstation 16 Pro、openEuler 22.03 LTS			
任务难度	初级	实施日期	年　月　日
任务要求	1. 了解逻辑卷管理概念 2. 理解 PV、VG、LV、PE 等概念 3. 掌握逻辑卷创建 4. 掌握逻辑卷扩容 5. 掌握逻辑卷缩减与删除			

5.3.2 知识加油站

逻辑卷管理（logical volume management，LVM），它将一个或多个硬盘的分区在逻辑上集合在一起，形成一个大空间池，相当于一个大硬盘，然后对这个大硬盘进行逻辑分区（叫作逻辑卷），当这个逻辑的大硬盘或者逻辑分区的空间不够时，可以在无需停机的情况下对其容量进行扩容，实现硬盘空间的动态管理，并且文件系统可跨硬盘或分区，相对于普通的硬盘分区有很大的灵活性。

1. LVM 中的几个概念

1）物理卷

在 LVM 中物理卷（physical volume，PV）处于最底层，既是实际物理硬盘上的几个分区，也可以是整张物理硬盘。将物理硬盘或分区格式化成 PV 的过程，实际是 LVM 将底层的硬盘，划分为了一个一个的物理区域扩展块（physical extent，PE），是 LVM 的最基本单位。

2）卷组

卷组（volume group，VG）就是前面提到的集合在一起的逻辑大空间池，由一个或多个 PV 组成，建立在 PV 之上，即把 PV 整合在一起提供更大容量的分配。VG 建立之后可动态地往里面添加 PV。

3）逻辑卷

将 VG 划分出一个一个的分区，也可以说逻辑卷（logical volume，LV）是从 VG 中"切出"的一块空间，VG 中的未分配空间，可以用于建立新的 LV，或者给已经存在的 LV 扩容，它是用户最终使用的逻辑设备。在 LV 之上建立文件系统，然后挂载到某个目录上就可以使用了。系统中的多个 LV 可以属于同一个 VG，也可以属于不同的多个 VG。这一点与硬盘分区一样，系统上的分区可以是不同硬盘下的分区。

4）物理区域扩展块

物理区域扩展块（physical extent，PE）是 PV 中可用于分配的最小存储单元，PE 的大小可根据实际情况在创建 PV 时指定。但其大小一旦确定就不能更改，同一个 VG 中所有 PV 的 PE 大小相同，默认 4 MB。PE 就如同普通分区的 block。

5）逻辑区域

逻辑区域（logical extent，LE）是 LV 中可用于分配的最小存储单元，LE 的大小，取决于 LV 所在 VG 中的 PE 的大小，一个 LE 对应一个 PE。

2. LV 的创建

如图 5-15 所示，创建 LV 分为五个步骤，即硬盘（或分区）格式化成 PV、VG、LV、格式化 LV、挂载 LV。

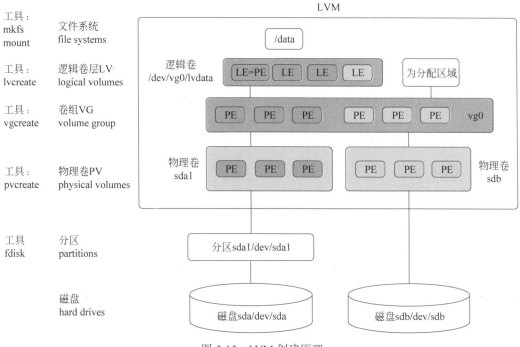

图 5-15　LVM 创建原理

（1）使用 pvcreate 命令将 /dev/sda1 分区及 /dev/sdb 分区格式化成 sda1 和 sdb。

（2）使用 vgcreate 命令将 sda1 和 sdb 加入 vg0，逻辑上形成一个大的存储空间池。

（3）使用 lvcreate 命令在 vg0 基础上进一步划分 lvdata，LV 就如同传统分区一样，可以用来存储数据。

（4）格式化 lvdata。

（5）挂载 lvdata 到 /data 目录。

3. LVM

LVM 常用命令如表 5-6 所示。

表 5-6　LVM 常用命令

功能/命令	PV 管理	VG 管理	LV 管理
建立	pvcreate	vgcreate	lvcreate
简单显示	pvs	vgs	lvs
详细显示	pvdisplay	vgdisplay	Lvdisplay
扩容	—	vgextend	lvextend
缩减	—	vgreduce	lvreduce
移除	pvremove	vgremove	lvremove

5.3.3 任务实施

公司的管理员决定使用 LVM 功能实现分区的弹性调整，从而在无需停机的情况下动态地调整各个分区大小，并实现文件系统跨越不同磁盘和分区。

1. 创建 LV

1）lsblk 命令

该命令可查看系统中可用存储设备情况，创建 LV 之前，首先查看系统中可用设备情况，用 sdb、sdc1、sdc5、sdc6 等硬盘或分区组建 LV。

2）pvcreate 命令创建 PV

```
[root@localhost ~]#pvcreate  /dev/sdb  /dev/sdc1  /dev/sdc5
 Physical volume "/dev/sdb" successfully created.
 Physical volume "/dev/sdc1" successfully created.
 Physical volume "/dev/sdc5" successfully created.
```

这项操作的作用是把物理分区格式化为多个 PE，为下一步创建 VG 作准备。这里 /dev/sdc6 分区现在没有用，留着后面扩展 VG 用。

3）pvs 命令查看 PV

```
[root@localhost ~]#pvs
  PV         VG        Fmt   Attr  PSize   PFree
  /dev/sda2  openeuler lvm2  a--   <19.00g 0
```

```
/dev/sdb                 lvm2    ---    <20.00g   <20.00g
/dev/sdc1                lvm2    ---    <8.00g    <8.00g
/dev/sdc5                lvm2    ---    <8.00g    <8.00g
```

使用 pvdisplay 命令详细查看，列出 PV 名字，所属卷组，PV 大小，PE 大小，PE 总数量，空闲多少，以及 PV UUID 等信息。

```
[root@localhost ~]#pvdisplay
"/dev/sdb" is a new physical volume of "20.00 GiB"
--- NEW Physical volume ---
PV Name                 /dev/sdb
VG Name
PV Size                 20.00 GiB
...
"/dev/sdc5" is a new physical volume of "8.00 GiB"
--- NEW Physical volume ---
PV Name                 /dev/sdc5
VG Name
PV Size                 8.00 GiB
Allocatable             NO
PE Size                 0
Total PE                0
Free PE                 0
Allocated PE            0
PV UUID                 lvaXHy-Vf29-Oz9G-qr36-4qYe-kUao-B0oYpl
```

4）创建 VG

```
[root@localhost ~]#vgcreate -s 4m vg0 /dev/sdb  /dev/sdc1  /dev/sdc5
  Volume group "vg0" successfully created
```

-s size 表示指定 PE 的大小，如果不指定，则默认 PE 大小为 4MB。

5）使用 vgs 命令查看 VG

```
[root@localhost ~]#vgs
  VG         #PV  #LV  #SN  Attr     VSize    VFree
  openeuler   1    2    0   wz --n-  <19.00g   0
  vg0         3    0    0   wz--n-   <35.99g  <35.99g
```

6）创建 LV

LV 是从 VG 中切出的一块空间，那么它的大小取决于 VG 空间的大小，一定不能超出 VG 的剩余容量。本例中准备切出 5GB 大小的 LV，并命名为 lvdata，后面要将其挂载到 /data 目录，切出 20GB 大小的 LV，命名为 lvhome，后面将其挂载到 /home 目录。

```
[root@localhost ~]# lvcreate -L 5G -n lvdata vg0
[root@localhost ~]# lvcreate -L 20G -n lvhome vg0
```

这里用 -L 容量单位指定 LV 的大小，-l 则是按照 PE 个数指定 LV 的大小，这个选项不太直观，一般不用。

7）查看 LV

用 lvdisplay 命令详细查看 LV，代码如下。

```
[root@localhost ~]#lvdisplay
--- Logical volume ---
LV Path                /dev/vg0/lvdata
LV Name                lvdata
VG Name                vg0
LV Size                5.00 GiB
...
```

⚠️ 注意：VG 创建以后，/dev 目录下多出以 VG 名命名的 vg0 目录，以后基于该 VG 创建的 LV 设备文件，就会存放在此目录中。

LV 创建以后，这块空间就成为了可用空间，用 lsblk 命令查看可以看到有两个 LV。其中 lvhome 占用 sdb 和 sdc1 两个不同的 PV，lvhome 跨越了两块磁盘。

```
[root@localhost ~]#lsblk
NAME                MAJ:MIN  RM  SIZE  RO  TYPE  MOUNTPOINTS
...
sdb                 8:16     0   20G   0   disk
├─vg0-lvdata        253:2    0   5G    0   lvm
└─vg0-lvhome        253:3    0   20G   0   lvm
sdc                 8:32     0   20G   0   disk
├─sdc1              8:33     0   8G    0   part
│ └─vg0-lvhome      253:3    0   20G   0   lvm
├─sdc2              8:34     0   1K    0   part
├─sdc5              8:37     0   8G    0   part
└─sdc6              8:38     0   4G    0   part
```

8）格式化并挂载 LV

```
[root@localhost ~]#mkfs.ext4  /dev/vg0/lvdata
[root@localhost ~]#mkfs.ext4  /dev/vg0/lvhome
[root@localhost ~]#mount  /dev/vg0/lvdata  /data
[root@localhost ~]#mount  /dev/vg0/lvhome  /home
```

最后修改 /etc/fstab 文件，实现开机自动挂载。

9）使用 df 命令查看操作系统内各挂载文件系统的空间使用情况

```
[root@localhost ~]#df  -h
Filesystem              Size  Used  Avail  Use%  Mounted on
/dev/mapper/vg0-lvdata  4.9G  24K   4.6G   1%    /data
/dev/mapper/vg0-lvhome  20G   24K   19G    1%    /home
```

2. LV 扩容

Linux 操作系统运维人员发现监控告警，触发操作系统硬盘空间不足，需要系统管理员进行 LV 扩容操作。

扩容 LV 的步骤如下：

（1）使用 lvextend 命令扩容现有 LV；

（2）再使用 resize2fs 命令（或 xfs_growfs 命令）扩容文件系统。

如果 VG 中剩余空间不足，则使用 pvcreate 命令创建新 PV（如果存在没有加入 VG 中的 PV 够用，则省略这一步）；使用 vgextend 命令扩容 VG。

接着使用上述步骤（1）和步骤（2）扩容 LV。

具体操作实施如下：

① 使用 pvcreate 命令创建新 PV；

```
[root@localhost ~]#pvcreate  /dev/sdc6
Physical volume "/dev/sdc6" successfully created.
```

② 使用 vgextend 命令扩容 VG；

```
[root@localhost ~]#vgextend  vg0  /dev/sdc6
```

③ 使用 lvextend 命令扩容现有 lvhome，使用 lvextend -L +15G /dev/vg0/lvhome 命令或 lvextend -L 35G /dev/vg0/lvhome 命令；

```
[root@localhost ~]#lvextend  -L  +15G  /dev/vg0/lvhome
```

④ 使用 resize2fs 命令（xfs 则使用 xfs_growfs 命令）扩容文件系统；

```
[root@localhost ~]#resize2fs  /dev/vg0/lvhome
```

⑤ 使用 df 命令查看，lvhome 总容量为 35GB，成功扩容了 15GB。用 ls 命令查看 /home 目录，原有的文件都完好无损。实现了在线动态扩容操作，数据不会丢失，没有影响服务器的运行。

3. LV 缩减

相较于 LV 扩容，在对 LV 进行缩减操作时，其丢失数据的风险较大。因此，在生产环境中一般不进行 LV 缩减操作，如确需缩减，一定要提前备份好数据。另外 LV 缩减需要离线操作，要先卸载文件系统，而且卸载后还需检查文件系统的完整性，用以保证数据安全。

1）umount 卸载 lvhome

```
[root@localhost ~]#umount  /dev/vg0/lvhome
```

2）检查文件系统完整性

```
[root@localhost ~]#e2fsck  -f  /dev/vg0/lvhome
```

选项 -f 为强制检查，这里不能省略该选项，命令执行会检查 lvhome 是否有问题，如果发现问题则自动修复。如果是对根目录进行检查及修复，需要进入单用户模式执行。

3）缩小文件系统

将 lvhome 从 35GB 缩小到 30GB。

```
[root@localhost ~]#resize2fs   /dev/vg0/lvhome   30G
```

4）缩容 LV

```
[root@localhost ~]#lvreduce  -L  30G   /dev/vg0/lvhome
```

⚠ **注意**：该操作可能会损坏数据，应提前做好备份工作。缩容完毕之后重新挂载文件系统即可。

4. LV 删除

当生产环境中想要重新部署 LV 或者不再使用 LV 时，则需执行 LV 删除操作。为此，需要提前备份重要的数据，然后依次删除 LV、VG、PV 设备。具体步骤如下。

1）umount 命令卸载 LV

```
[root@localhost ~]#umount   /dev/vg0/lvhome
[root@localhost ~]#umount   /dev/vg0/lvdata
```

2）lvremove 命令移出 VG 中所有 LV

```
[root@localhost ~]#lvremove   /dev/vg0/lvhome   /dev/vg0/lvdata
```

3）vgremove 命令移出 VG

```
[root@localhost ~]#vgremove   /dev/vg0
```

4）pvremove 命令移出 PV

```
[root@localhost ~]#pvremove   /dev/sdb   /dev/sdc1   /dev/sdc5   /dev/sdc6
  Labels on physical volume "/dev/sdb" successfully wiped.
  Labels on physical volume "/dev/sdc1" successfully wiped.
  Labels on physical volume "/dev/sdc5" successfully wiped.
  Labels on physical volume "/dev/sdc6" successfully wiped.
```

接下来使用 lvs、vgs、pvs 命令查看 LVM 的信息时就不会再看到任何相关信息了。最后再删除或注释掉 /etc/fstab 配置文件中永久生效的设备参数即可。

微课：LVM 逻辑卷　　微课：LVM 逻辑卷　　微课：LVM 逻辑卷　　微课：LVM 逻辑卷
的介绍　　　　　　　的创建　　　　　　　的扩容　　　　　　　的缩减与删除

5.3.4 任务评价

逻辑卷管理任务评价表

◆ 项目小结 ◆

本项目为 Linux 操作系统的磁盘管理，通过本项目的学习，进一步了解磁盘及其管理的基本知识，学会常用磁盘查看及传统的磁盘管理工具，并能根据硬盘读写效率，数据安全，管理方便等生产实际环境需要，进行硬盘组建 RAID 及 LVM 等磁盘管理工作。另外，在实际生产环境中，数据的安全性最重要，存储设备管理工作一定要确保数据安全，必要的时候做好数据备份。在硬盘的购买与管理中，要充分考虑到硬盘的稳定性和安全性。明确岗位职责，做好数据保密工作，替换下来的硬盘要妥善保管，不再使用的要做好销毁处理。

拓展阅读：Linux 中配置软 RAID

微课：RAID 磁盘阵列

微课：软 RAID5 实现

◆ 练 习 题 ◆

一、选择题

1. Linux 文件系统的目录结构是一棵倒挂的树，文件都按其作用分门别类地放在相关的目录中。现有一个外部设备文件，应该将其放在（　　）目录中。
    A. /bin　　　　　B. /etc　　　　　C. /dev　　　　　D. lib

2. 在 LVM 中多为 Linux-vg 的 VG 中有个 Linux-lv0 的 LV，则其对应的设备文件为（　　）。
    A. /dev/Linux-lv0　　　　　　　B. /dev/Linux-vg
    C. /dev/Linux-lv0/Linux-vg　　　D. /dev/Linux-vg/Linux-lv0

3. 关于 VG 和 PV 的说明不正确的是（　　）。
    A. VG 是指 PV 的集合　　　　　B. 一个 PV 可以属于多个 VG
    C. PV 必须加入 VG 后才能被使用　D. PV 是组成 VG 的基本逻辑单元

4. 在创建 Linux 操作系统分区时，一定要创建（　　）两个分区。
    A. FAT/NTFS　　B. FAT/swap　　C. NTFS/ swap　　D. swap/ 根分区

二、填空题

1. inode 记录文件的属性，同时记录此文件的数据所在的 block ID。一个文件占用一个_____。

2. block 是文件存储的最小单元，实际记录文件的内容，默认大小为_____。

3. _____是光盘所使用的标准文件系统。

4. Linux swap 是 Linux 操作系统中一种专门用于交换分区的 swap 文件系统。Linux 操作系统是使用这一整个分区作为交换空间，一般这个 swap 格式的交换分区是主内存的_____倍。

5. 在 Linux 操作系统中，以 _____ 的方式访问设备。

6. 在 Linux 操作系统下，第二个 SCSI 通道的硬盘（从盘）被标识为 _____。

三、简答题

1. 什么是 LVM？

2. 什么是 PV、VG、LV？

四、实战题

为系统添加一块 20GB 新硬盘，要求分成 4 个分区，并在这 4 个分区上创建 LV。创建一个至少有 2 个 PV 组成的大小为 3.4GB 的名为 testvg 的 VG，而后在 VG 中创建大小为 2GB 的 LV testlv，挂载至 /users 目录，并完成 testlv 扩容、缩减、删除等操作。

项目 6

网络基本配置

学习目标

- 了解 TCP/IP、HTTP、DNS 协议、telnet 协议等常见的网络协议;
- 熟练操作各种网络相关命令;
- 了解常见的网络配置文件;
- 熟练操作常见的网络配置文件参数设置方法;
- 能够根据故障现象排除一些网络故障;
- 了解 SSH 协议的工作原理;
- 熟练使用 SSH 实现免密登录。

素质目标

- 养成良好的自主探究的习惯和创新精神;
- 提升网络安全意识,树立网络强国意识。

项目重难点

项目内容	工作任务	建议学时	技能点	重难点	重要程度
网络基本配置	网络基本配置命令	6	能够操作各种网络相关命令、能够对网络配置文件进行参数配置、能够用网络相关命令进行网络故障排除	通过网络配置文件设置网络	★★★★☆
	SSH 远程控制服务	4	利用 SSH 实现远程免密登录、利用 SSH 实现远程复制	SSH 远程登录	★★★★★

任务 6.1 网络基本配置命令

6.1.1 实施任务单

任务编号	6-1	任务名称	网络基本配置命令
任务简介	某公司搭建网络，需要安装 Linux 操作系统来进行管理，此项工作交给一名刚上任的网络管理员李工完成，为了更好地完成工作任务，李工需要学习一些网络基本配置命令，为后续进行网络配置奠定基础		
设备环境	Windows 10、VMware Workstation 16 Pro、openEuler 22.03 LTS		
任务难度	初级	实施日期	年　月　日
任务要求	1. 了解几种常见的网络协议的作用 2. 了解网络协议所占用的端口 3. 熟练网络配置 ip 命令的使用 4. 掌握网络配置文件参数设置方法 5. 掌握设置 Linux 主机名称方法 6. 掌握网络状态查看命令 7. 掌握网络测试命令		

6.1.2 知识加油站

1. 常见网络协议

1）TCP/IP

TCP/IP 代表了两个协议：传输控制协议（transmission control protocol，TCP）和互联网协议（internet protocol，IP）。TCP/IP 是每个接入互联网的计算机必须使用的协议，是今天互联网的基石。TCP/IP 不仅指 TCP 和 IP 两个协议，还是一个由超文本传送协议（hypertext transfer protocol，HTTP）、文件传送协议（file transfer protocol，FTP）、简单邮件传送协议（simple mail transfer protocol，SMTP）、TCP、用户数据报协议（user datagram protocol，UDP）、IP 等协议构成的协议簇，只是因为在 TCP/IP 中 TCP 和 IP 最具代表性，所以被称为 TCP/IP。大多数的网络都采用分层的体系结构，如图 6-1 所示。

微课：网络协议

图 6-1 所示的是网络分层体系结构。OSI 参考模型分层过于细化，分为七层，而现在大部分都使用 TCP/IP 模型，把网络分为四层，分别是接口层、网际层、传输层和应用层。在每一层都需要有不同的协议支撑，例如，应用层的 FTP、HTTP 等协议都是搭建相应服务所需要的。在后续的课程学习中会用到各类协议。

TCP/IP 是运行在传输层上的面向连接的协议，主机间在发送数据前，需要建立 TCP 连接，连接建立完毕后，才会发送真实数据，待数据发送成功后，连接会断开。这个连接就是通常所说的"三次握手"。

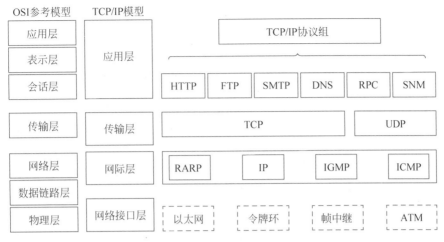

图 6-1 网络分层体系结构

2）HTTP

超文本传输协议是互联网上应用最为广泛的一种网络协议，所有的 www 文件都必须遵守这个标准，在互联网看到的网页都需要遵循这个协议。HTTP 工作于客户端 - 服务器架构之上，浏览器作为 HTTP 客户端，通过 URL 向 Web 服务器发送所有请求。Web 服务器接收到请求后，向客户端发送响应信息。

3）DNS 协议

域名系统（domain name system，DNS）用于命名组织到域层次结构中的计算机和网络服务。域名是由圆点分隔一串单词或缩写组成的，每一个域名都对应一个唯一的 IP 地址，在因特网（Internet）上域名与 IP 地址之间是一一对应的，DNS 就是进行域名解析的服务器，实现域名与 IP 地址的相互转换。

4）FTP

FTP 是 TCP/IP 簇中的协议之一。FTP 包括两个组成部分：FTP 服务器和 FTP 客户端。其中 FTP 服务器用来传输文件，用户可以使用 FTP 客户端通过 FTP 访问位于 FTP 服务器上的资源。在开发网站的时候，通常利用 FTP 把网页或程序传送到 Web 服务器。此外，由于 FTP 传输效率非常高，在网络上传输大的文件时，一般也采用该协议。

5）UDP

UDP 是面向非连接的。非连接是指正式通信前不必与对方建立连接，不管对方状态就直接发送，类似于短信、QQ，并不能提供可靠性、流控、差错恢复功能。UDP 应用于一次只传送少量数据，可靠性要求低、传输经济的应用。比如，网络文件系统（network file system，NFS）和 DNS 服务都需要 UDP 的支持。

6）Telnet 协议

Telnet 协议是 TCP/IP 簇中的一员，是互联网远程登录服务的标准协议和主要方式，为用户提供了在本地计算机上完成远程主机工作的能力。在终端使用者的计算机上使用 telnet 程序可以连接到服务器。终端使用者在 telnet 程序中输入命令，这些命令就会在服务器上运行，相当于直接在服务器的控制台上输入命令一样。要开始一个 telnet 会话，必须输入用户名和密码来登录服务器。telnet 程序是一种远程控制 Web 服务器的常用工具。

2. 网络配置命令

Linux 操作系统进行网络配置是系统联网的前提。网络配置分为临时性配置和永久性配置。网络配置命令一般是对网络参数进行临时性修改。网络配置命令的特点是通过命令修改当前操作系统内核中的网络相关参数实现，配置后立即生效，但在重新开机或重启网卡后会失效。

微课：网络配置命令

1）ip addr 命令

ip addr 显示 Linux 操作系统上的所有可用网络接口的 IP 地址。

```
[root@server ~]#ip addr
1: lo: <LOOPBACK,UP,LOWER_UP> mtu 65536 qdisc noqueue state UNKNOWN
group default qlen 1000
    link/loopback 00:00:00:00:00:00 brd 00:00:00:00:00:00
    inet 127.0.0.1/8 scope host lo
        valid_lft forever preferred_lft forever
    inet6 ::1/128 scope host
        valid_lft forever preferred_lft forever
2: ens33: <BROADCAST,MULTICAST,UP,LOWER_UP> mtu 1500 qdisc fq_codel
state UP group default qlen 1000
    link/ether 00:0c:29:83:02:f4 brd ff:ff:ff:ff:ff:ff
    inet 10.0.0.200/24 brd 10.0.0.255 scope global noprefixroute ens33
        valid_lft forever preferred_lft forever
    inet6 fe80::20c:29ff:fe83:2f4/64 scope link noprefixroute
        valid_lft forever preferred_lft forever
```

设备 lo 是回环接口，并非真正的物理设备，代表设备的本地虚拟接口，因此被默认为永远不会宕掉的接口。一般用于检查本地网络协议、基本数据接口等是否正常。通常会把 127.0.0.1 这个 IP 地址分配给该接口。

网卡名称默认为 ens33，网卡名也可以修改。网络接口名称是由操作系统按照一定规则命名，其名称是有意义的，如 ens33，其中 en 代表 ethernet 以太网接口，s 代表 PCIE 插槽 slot 的简称，33 代表插槽的索引号。

使用"ip addr show + 设备名称"可以显示单个设备的 IP 地址。如显示网卡 ens33 的 IP 地址。

```
[root@server ~]#ip addr show ens33
2: ens33: <BROADCAST,MULTICAST,UP,LOWER_UP> mtu 1500 qdisc fq_codel
state UP group default qlen 1000
    link/ether 00:0c:29:83:02:f4 brd ff:ff:ff:ff:ff:ff
    inet 10.0.0.200/24 brd 10.0.0.255 scope global noprefixroute ens33
        valid_lft forever preferred_lft forever
    ...
```

2）ip addr add/del 命令

使用 ip addr add/del 命令可以新增或删除一个 IP 地址，例如，ip addr add 192.168.0.200/24 dev ens33 命令是为网卡设备添加一个 IP 地址为 192.168.0.200，子网掩码是 24 个 1，也就

是 255.255.255.0。

```
[root@server ~]#ip addr add 192.168.0.200/24 dev ens33
[root@server ~]#ip addr
...
2: ens33: <BROADCAST,MULTICAST,UP,LOWER_UP> mtu 1500 qdisc fq_codel
state UP group default qlen 1000
    link/ether 00:0c:29:83:02:f4 brd ff:ff:ff:ff:ff:ff
    inet 10.0.0.200/24 brd 10.0.0.255 scope global noprefixroute ens33
       valid_lft forever preferred_lft forever
    inet 192.168.0.200/24 scope global ens33
       valid_lft forever preferred_lft forever
...
```

再通过 ip addr del　192.168.0.200/24 dev ens33 命令完成删除。

3）ip route add/del 命令

该命令可用来添加或删除静态路由。使用 ip route list 命令查看现有的路由信息，这时手动添加一条路由信息可使用 ip route add 10.0.0.0/24 via 10.0.0.254 dev ens33 命令。

```
[root@server ~]#ip route list
default via 10.0.0.2 dev ens33 proto static metric 100
10.0.0.0/24 dev ens33 proto kernel scope link src 10.0.0.200 metric 100
[root@server ~]#ip route add 10.0.0.0/24 via 10.0.0.254 dev ens33
[root@server ~]#ip route list
default via 10.0.0.2 dev ens33 proto static metric 100
10.0.0.0/24 via 10.0.0.254 dev ens33
10.0.0.0/24 dev ens33 proto kernel scope link src 10.0.0.200 metric 100
```

上述代码中第二行信息表示默认网关，第七行表示新添加的路由信息。ens33 设备通过 10.0.0.254 这条路由。

⚠ 注意：以上的网络配置命令，都属于临时性修改。要想永久性修改网络参数，需要通过修改网络相关的配置文件，修改后，重新连接指定的网络接口，重启计算机后会保留所有配置。

3. 网卡配置文件

1）查看网卡信息

除了使用 ip addr 命令外，还可以使用 ifconfig 命令查看网卡的相关信息，得到的结果略有不同。

```
[root@server ~]# ifconfig
ens32: flags=4163<UP,BROADCAST,RUNNING,MULTICAST>  mtu 1500
    inet 192.168.20.11  netmask 255.255.255.0  broadcast 192.168.20.255
    inet6 fe80::8f1d:26b8:8389:5f3  prefixlen 64  scopeid 0x20<link>
    ether 00:0c:29:f1:3d:0e  txqueuelen 1000  (Ethernet)
    RX packets 1501  bytes 1698552 (1.6 MiB)
    RX errors 0  dropped 0  overruns 0  frame 0
```

```
        TX packets 627  bytes 52490 (51.2 KiB)
        TX errors 0  dropped 0 overruns 0  carrier 0  collisions 0

ens33: flags=4163<UP,BROADCAST,RUNNING,MULTICAST>  mtu 1500
        inet 192.168.20.7  netmask 255.255.255.0  broadcast 192.168.20.255
        inet6 fe80::2640:b2f4:7ba6:92fc  prefixlen 64  scopeid 0x20<link>
        ether 00:0c:29:f1:3d:18  txqueuelen 1000  (Ethernet)
        RX packets 131  bytes 15521 (15.1 KiB)
        RX errors 0  dropped 0  overruns 0  frame 0
        TX packets 57  bytes 6394 (6.2 KiB)
        TX errors 0  dropped 0 overruns 0  carrier 0  collisions 0
```

在网卡的后面有 up 表示激活可用状态，broadcast 表示广播，RX 表示收到多少数据，RX errors 0 dropped 0 overruns 0 表示收到的包有多少错误，多少在进入缓存后丢失，多少未进入缓存就丢失。TX 表示发送的数据包和数据合计大小，这个数据是动态变化的，每次都会不一样。

2）网卡配置文件

网卡 IP 地址配置正确是服务器搭建中两台计算机能正常通信的前提。在 Linux 操作系统中，一切都是文件，因此配置网络的工作就是编辑网卡配置文件。

使用 vi /etc/sysconfig/network-scripts/ifcfg-* 命令可以打开网卡配置文件，其中"*"代表网卡的名称，本例为 ens33。

网卡配置文件中，多参数的说明如下：

- TYPE=Ethernet #类型为以太网
- PROXY_METHOD=none #代理方式
- BROWSER_ONLY=no #只是浏览器模式为否
- BOOTPROTO=static #获取 IP 地址的协议（dhcp|none|static）
- DEFROUTE=yes #默认浏览器
- IPV4_FAILURE_FATAL=no #是否开启 IPv4 致命错误检测
- IPV6INIT=yes #IPv6 初始化
- IPV6_AUTOCONF=yes #IPv6 是否自动配置
- IPV6_DEFROUTE=yes #IPv6 默认路由
- IPV6_FAILURE_FATAL=no #是否开启 IPv6 致命错误检测
- NAME=ens33 #网卡名
- UUID=89609ed4-0653-4a18-9850-bb2736ae1117 #网卡 ID
- DEVICE=ens33 #设备名
- ONBOOT=yes #no 开机不启动 yes 开机自启动
- IPADDR=10.0.0.200 #静态 IP 地址
- NETMASK=255.255.255.0 #掩码
- GATEWAY=10.0.0.2 #网关

⚠ **注意**：虚拟机中新添加的网卡，默认没有配置文件。

3）通过图形界面配置网络

使用图形界面配置网络也比较方便，具体步骤如下。

（1）在启动虚拟机后，单击虚拟机右上角的"网络接口"图标，如图 6-2 所示。

图 6-2　网络接口设置

（2）选择图 6-3 网络设置选项中的 Wired → Wired Settings 选项。

（3）在弹出的网络设置对话框中，如图 6-4 所示，单击右下角的"齿轮"按钮 。

图 6-3　网络设置选项

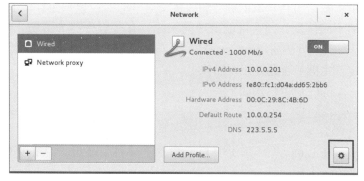

图 6-4　网络设置对话框

（4）在弹出的设置对话框中，如图 6-5 所示，选择 IPv4 选项，可以手动修改设置的 IP 地址、子网掩码、网关等信息。设置完毕后单击 Apply 按钮，完成设置。

图 6-5　IPv4 配置界面

4. 设置主机名称

主机名是识别某个计算机在网络中的标识，主机名在网络中是唯一的，否则通信会受到影响，建议设置主机名时要有规则地进行设置，比如按照主机功能进行划分，邮件服务器可以命名为mail-server。

⚠️ **注意**：要遵守命名规范，主机名只允许包含ASCII字符里的数字0～9、字母a～z、A～Z、连字符（-）和逗号（,），其他字符都不允许。例如，不允许出现其他标点符号，不允许出现空格，不允许出现下画线，不允许出现中文字符。

5. 网络测试命令

1) ping命令

ping（packet internet grope，因特网包探索器）命令在网络维护时使用非常广泛，它通常用来测试与目标主机的连通性。

ping命令使用互联网控制报文协议（internet control message protocol，ICMP），发送请求数据包到其他主机，然后接受对方的响应数据包，获取网络状况信息。可以根据返回的不同信息，判断可能出现的问题。有些服务器为了防止通过ping命令探测到，通过防火墙设置了禁止ping命令或者在内核参数中禁止ping命令，这样就不能通过ping命令确定该主机是否还处于开启状态。

ping命令格式如下：

```
ping  选项  IP 地址
```

在Linux操作系统中ping命令不会自动终止，需要按Ctrl+C组合键终止或用参数-c来限定次数。

常用的选项如下：
- -t：ping指定的计算机直到中断；
- -a：将地址解析为主机名；
- -n 自定义发送的数据包；
- -c：设置Ping的次数；
- -l size：发送size指定大小到目标主机；
- -i：秒数 设定间隔几秒送一个ping包给一台机器，预设值是一秒送一次；
- -v：详细显示指令的执行过程。

2) traceroute命令

traceroute命令为检测网络状况的命令。使用traceroute命令可以测试目标主机的连通性。

3) netstat命令

netstat是一个监控TCP/IP网络的非常有用的工具，可以显示路由表、TCP和UDP监听、进程、内存管理以及每一个网络接口设备的状态信息。netstat用于显示与IP、TCP、UDP和ICMP相关的统计数据，一般用于检测本机各端口的网络连接情况，让用户得知目前有哪些网络连接正在运作。

netstat命令在最小化操作系统安装时并不会被安装，需要安装net-tools软件包才可以使用。

常用选项如下：

- -a（all）：显示所有选项，netstat 默认不显示 Listen 相关信息；
- -s：按各个协议进行统计；
- -n：拒绝显示别名，能显示数字的全部转化成数字；
- -t（tcp）：仅显示 TCP 相关选项；
- -u（udp）：仅显示 UDP 相关选项；
- -l：仅列出 Listen（监听）的服务状态；
- -p：显示建立相关链接的程序名（macOS 中表示协议 -p protocol）；
- -c：每隔一个固定时间，执行该 netstat 命令。

4）lsof 命令

lsof（list open files）命令用于查看进程打开的文件、打开文件的进程、进程打开的端口（TCP、UDP）、找回 / 恢复删除的文件。lsof 是十分方便的系统监视工具，运行过程中需要访问操作系统核心内存和各种文件，因此需要 root 用户执行。

通过 -i 参数能列出符合条件的进程，也能查看端口的连接情况。

5）nslookup 命令

nslookup 命令主要用来诊断域名系统的基础结构信息。查询 DNS 的记录，查询域名解析是否正常，在网络发生故障时用来诊断网络问题。命令格式如下：

```
nslookup domain [dns server]
```

其中，domain 是指域名。

工欲善其事，必先利其器。Linux 操作系统是网络操作系统，想要用好 Linux 操作系统，网络测试命令是少不了的利器。

6.1.3 任务实施

1. 修改网卡配置文件

修改网卡配置文件具体要求如下：网卡类型为以太网；静态 IP 地址为 192.168.10.125；子网掩码为 255.255.255.0；网卡名为 ens33；开机启动网卡；网关为 192.168.10.2；主 DNS 为 114.114.114.114；备用 DNS 为 202.99.224.8。

微课：网卡配置文件

具体实现可使用如下方法。

（1）输入 vim/etc/sysconfig/network-scripts/ifcfg-ens33 命令打开网卡配置文件，按照上述要求进行参数配置。

```
[root@server ~]# vi  /etc/sysconfig/network-scripts/ifcfg-ens33
TYPE="Ethernet"           # 表示网卡类型为以太网
BOOTPROTO="none"          # IP 地址为静态。在服务器搭建时，服务器的地址都为静态，
                          # 方便其他设备访问
NAME="ens33"              # 表示网卡名
DEVICE="ens33"            # 表示设备名
ONBOOT="yes"              # 开机启动设备
IPADDR=192.168.10.125     # 静态 IP 地址
PREFIX=24                 # 掩码，等效于 NETMASK=255.255.255.0
```

```
GATEWAY=192.168.10.2           # 网关
DNS1=114.114.114.114           # 首选 DNS
DNS2=202.99.224.8              # 备用 DNS
```

（2）重启虚拟机，网卡配置文件生效，再次查看网卡配置参数。

```
[root@server ~]#reboot
[root@server ~]#ip addr show ens33
2: ens33: <BROADCAST,MULTICAST,UP,LOWER_UP> mtu 1500 qdisc fq_codel
state UP group default qlen 1000
link/ether 00:0c:29:83:02:f4 brd ff:ff :ff :ff :ff:ff
inet 192.168.10.125/24brd 192.168.10 .255 scope global noprefixroute ens33
```

（3）使用 route -n 命令查看网关是否为刚才设备的网关。

```
[root@server ~]#route -n
Kernel IP routing table
Destination     Gateway        Genmask         Flags Metric Ref    Use Iface
0.0.0.0         192.168.10.2   0.0.0.0         UG    100           ens33
192.168.10.0    0.0.0.0        255.255.255.0         100    0      ens33
```

（4）使用 cat /etc/resolv.conf 命令，查看是否为刚才设置的 DNS。

```
[root@server ~]#cat /etc/resolv.conf
#Generated by NetworkManager
nameserver 114.114.114.114
nameserver 202.99.224.8
```

2. 查看当前主机名

输入 hostname 命令或者 cat /etc/hostname 命令，均可查看当前计算机主机名。

```
[root@server ~]#hostname
server
[root@server ~]#cat /etc/hostname
server
```

3. 临时修改主机名

可以使用命令"hostname 主机名"来修改主机名。本例修改主机名为 student，使用 su 命令切换，发现已经修改成功，再去查看存放主机名的文件，使用 cat /etc/hostname 命令查看，发现没有改过来。因此，这种方法只是临时修改。

```
[root@server ~]#hostname student
[root@server ~]#su
[root@student ~]#cat /etc/hostname
server
```

4. 永久修改主机名

存放主机名的文件是 /etc/hostname，想要永久修改主机名，就要修改这个配置文件，主要有以下两种方法。

（1）输入 vim /etc/hostname 命令，将主机名修改为 student 并保存修改即可。重启计算机配置文件生效，验证修改是否成功。

```
[root@server ~]#vim /etc/hostname
student
[root@server ~]#reboot
[root@student ~]#
```

（2）可以通过 hostnamectl set-hostname 主机名命令来永久修改主机名。例如，修改主机名为 client，执行完命令后再来查看 hostname 文件，发现已经成功修改。

```
[root@student~]#hostnamectl set-hostname client
[root@student~]#cat /etc/hosname
client
```

重启计算机，配置文件生效。也可以通过 hostnamectl 或 hostnamectl status 命令来查看主机信息。

```
[root@client~]#hostnamectl
Static hostname: client
```

⚠ 注意：hostnamectl 或 hostnamectl status 命令的效果是一样的，都可以查看主机名相关信息，查到的信息更加全面。如虚拟机名称、主机名、操作系统版本、计算机 ID 等信息。

主机名要指定一个有意义的名字，一般用英文字母、拼音、下画线等字符来命名，例如，本书服务器的主机名命名为 server，客户端的主机名命名为 client，见名知意。要遵循命名规范，养成良好的代码习惯。

微课：设置 Linux 主机名称

5. ping 命令的使用

在命令行中，输入以下命令，验证命令的正确性以及获取命令结果的含义。

- 输入 ping -t 192.168.23.201 命令表示持续 ping 这台计算机；
- 输入 ping -c3 192.168.23.201 命令表示 ping 三次停止；
- 输入 ping -l 1024 192.168.23.201 命令表示每次发送 1024b；
- 输入 ping -i 0.5 192.168.23.201 命令表示每间隔 0.5s 发送一个网络数据包，默认为 1s；
- 输入 ping -v 192.168.23.201 命令表示详细显示指令的执行过程。

微课：网络测试命令

6. traceroute 命令的使用

traceroute 命令格式如下：

```
traceroute 域名
```

traceroute 命令可以测试与网站的连通性。通过此命令可获取信息从本地计算机到互联网另一端的主机经过的路径。每行为 1 跳，最多 30 跳。

```
[root@server ~]#traceroute www.baidu.com
traceroute to www.baidu.com(220.181.38.150), 30 hops max, 60 byte packets
1 gateway (10.0.0.254)    0.100 ms    0.042 ms    0.076 ms
2  * * *
3  * * *
```

上述代码给出了测试与 www.baidu.com 网站的连通情况，记录按序列号从 1 开始，每条记录就是一跳，每跳表示一个网关，可以看到每行有三个时间，单位是 ms，其中 -q 为默认参数。探测数据包向每个网关发送三个数据包后，网关返回对应的响应时间。

⚠ 注意：traceroute 命令测试与互联网域名的连通性，需要保证 Linux 操作系统能够连接互联网。

7. netstat 命令的使用

在命令行中，输入以下命令，验证命令的正确性，以及获取命令结果的含义。
- 显示所有协议内容：netstat -anp；
- 列出所有 tcp 端口：netstat -at；
- 列出所有 udp 端口：netstat -au；
- 只列出所有监听 tcp 端口：netstat -lt；
- 只列出所有监听 udp 端口：netstat -lu；
- 查看计算机正监听哪些端口：netstat -tul。

还可以通过管道等方法，使 netstat 命令的使用更精准化。示例如下。
- netstat -tuln | grep"\btcp\b" | wc -l 表示统计监听的 tcp 端口的数量；
- netstat -tuln | grep"\b80\b" | wc -l 表示统计监听的 80 端口的数量；
- netstat -an | grep"ESTABLISHED" | wc -l 表示显示正处在连接状态的远程访问终端的个数。

8. lsof 命令的使用

在命令行中，输入以下命令，验证命令的正确性，以及得到命令结果的含义。
- lsof -i @192.168.23.201 命令表示查看 192.168.23.201 这个 IP 的运行情况；
- lsof -i：ssh 命令表示列出所有 ssh 网络连接的信息；
- lsof -i：22 命令表示查看指定 22 端口运行的情况。

9. nslookup 命令的使用

测试与百度网站的连通性。

```
[root@server ~]#nslookup www.baidu.com
Server: 192.168.0.1
Address: 192.168.0.1#53
Non-authoritative answer:
www.baidu.com    canonical name = www.a.shifen.com.
```

```
Name:www.a.shifen.com Address: 220.181.38.150 Name: www.a.shifen.com
Address: 220.181.38.149
```

前两行表示内网服务器的地址，第 3 行表示未授权服务器的设置，a.shifen.com 是百度网站的别名，后 4 行表示对应的域名及解析到的 IP 地址。

⚠ 注意：每个 DNS 服务器查询到的 IP 地址可能不相同，这是由于一个域名可能会有不同的服务器，所以可能会有 IP 地址不同的情况。可能查询出来的记录会出现多个，可能会找到多个 IP 地址与域名对应。对于被污染的域名，查询的结果是不准确的，如果网站被攻击，可能会解析到对应的钓鱼网站。

网络是把双刃剑。它对人们包括精神生活在内的生活方式的影响很大，既有正面的，也有负面的。因此，要学会趋利避害，充分发挥其积极、正面的影响，克服和消除其消极、负面的影响。

6.1.4 任务评价

网络基本配置命令任务评价单

任务 6.2　SSH 远程控制服务

6.2.1 实施任务单

任务编号	6-2	任务名称		SSH 远程控制服务	
任务简介	某公司搭建服务器，需要安装 Linux 操作系统来进行管理，此项工作交给网络部门李工完成，作为一名网络管理员，往往需要通过远程管理工具来管理主机，这些也是后续网络服务配置的基础。本任务将进入 Linux 操作系统的环境来实现 SSH 基于密钥的免密登录				
设备环境	Windows 10、VMware Workstation 16 Pro、openEuler 22.03 LTS				
任务难度	初级		实施日期	年　月　日	
任务要求	1. 能够准确陈述 SSH 的多项功能 2. 通过实操验证 SSH 的多项功能 3. 能够使用 SSH 远程免密登录计算机 4. 通过实操验证 SSH 的免密登录功能				

6.2.2 知识加油站

1. SSH 的概念

安全外壳（secure shell，SSH）是一项创建在应用层和传输层基础上的安全协议，为计算机上的 shell 提供安全的传输和使用环境，用于计算机之间的加密登录。如果一个用户从本地计算机使用 SSH 登录另一台远程计算机，则可以认为这种登录是安全的，即使被中途截获，密码也不会泄露。最早的时候，互联网通信都是明文通信，一旦被截获，内容就暴露无遗。SSH 将登录信息全部加密，目前已经成为 Linux 操作系统的标准配置。

使用 SSH 可以实现以下功能：登录远程主机、传输文件、访问应用程序等，SSH 还可以与来自各种操作系统的客户端和服务器实现高性能的通信。

SSH 是由客户端和服务端的软件组成的，Linux 操作系统默认安装该项服务。服务端是一个守护进程（sshd），在后台运行并响应来自客户端的连接请求。客户端包含 SSH 程序以及像 scp（远程复制）、slogin（远程登录）、sftp（安全文件传输）等其他的应用程序。

2. SSH 的特点

SSH 用于对登录信息进行加密，保证了信息安全性。还对传输数据进行压缩，加快了传输速度。

微课：SSH 工作原理

3. SSH 的功能

远程连接服务器，远程执行命令，远程复制文件。

6.2.3 任务实施

1. 远程连接服务器

（1）准备两台虚拟机，为了更好识别这两台虚拟机，将这两台的虚拟机的主机名分别更改为 server 和 client。虚拟机 server 的 IP 地址为 10.0.0.200，虚拟机 client 的 IP 地址为 10.0.0.201。代码如下。

```
[root@server ~]#ip addr show ens33
2: ens33: <BROADCAST,MULTICAST,UP,LOWER_UP> mtu 1500 qdisc fq_codel
state UP group default qlen 1000
link/ether 00:0c:29:83:02:f4 brd ff:ff:ff:ff:ff:ff
inet 10.0.0.200/24 brd 10.0.0.255 scope global noprefixroute ens33
    valid_lft forever preferred_lft forever
...
[root@client ~]#ip addr show ens33
2: ens33: <BROADCAST,MULTICAST,UP,LOWER_UP> mtu 1500 qdisc fq_codel
state UP group default qlen 1000
    link/ether 00:0c:29:c8:19:99 brd ff:ff:ff:ff:ff:ff
    inet 10.0.0.201/24 brd 10.0.0.255 scope global noprefixroute ens33
       valid_lft forever preferred_lft forever
```

（2）从虚拟机 client 机远程登录，命令格式如下：

```
ssh 用户名@服务器 IP 地址
```

在虚拟机 client 命令行输入 ssh root@10.0.0.200 命令，按照提示输入虚拟机 server 的密码，可远程登录虚拟机 server。代码如下。

```
[root@client ~]#ssh root@10.0.0.200
The authenticity of host '10.0.0.200 (10.0.0.200)' can't be established.
ED25519 key fingerprint is SHA256:oCjN2ZwJLjWhMq+rIxGyevMxnBT9JgMRrFpAa9UYMzg.
This key is not known by any other names
Are you sure you want to continue connecting (yes/no/[fingerprint])? yes
Warning: Permanently added '10.0.0.200' (ED25519) to the list of known hosts.
Authorized users only. All activities may be monitored and reported.
root@10.0.0.200's password:
Authorized users only. All activities may be monitored and reported.
Last login: Fri Feb 16 22:48:34 2024 from 10.0.0.18
Welcome to 5.10.0-153.12.0.92.oe2203sp2.x86_64
System information as of time:  2024年02月16日 星期五 23:03:22 CST

System load:    0.08
Processes:      157
Memory used:    4.8%
Swap used:      0%
Usage On:       4%
IP address:     10.0.0.200
IP address:     10.0.10.200
Users online:   3
[root@server ~]#
```

从以上代码中，可以看出从虚拟机 client 登录虚拟机 server，通过密码可以实现远程登录。

（3）为了安全起见，可以不用 root 用户登录，server 还有一个普通用户 student，如没有此用户，可使用 useradd student 命令创建。可使用 exit 命令退出远程登录，继续在虚拟机 client 的命令行位置输入 ssh student@10.0.0.200 命令，然后输入用户 student 的用户密码后，连接服务器。

```
[root@server ~]#exit
注销
Connection to 10.0.0.200 closed.
[root@client ~]#ssh student@10.0.0.200
Authorized users only. All activities may be monitored and reported.
student@10.0.0.200's password:
...
[student@server ~]$
```

（4）输入 ip a 命令验证是否为虚拟机 server 的 IP 地址，并且登录虚拟机的主机名也为 server，说明远程登录成功。

```
[student@server ~]$ ip a
...
2: ens33: <BROADCAST,MULTICAST,UP,LOWER_UP> mtu 1500 qdisc fq_codel
state UP group default qlen 1000
    link/ether 00:0c:29:83:02:f4 brd ff:ff:ff:ff:ff:ff
```

```
        inet 10.0.0.200/24 brd 10.0.0.255 scope global noprefixroute ens33
           valid_lft forever preferred_lft forever
...
[student@server ~]$ hostname
server
```

⚠ 注意：为了保证两台 Linux 计算机能够正常通信，它们的 IP 地址必须为同一网段。

2. 远程执行命令

SSH 不仅能远程登录另一台计算机，还能远程执行命令，格式如下：

```
ssh 用户名@服务器IP地址 命令
```

（1）退出远程登录。

（2）输入 ssh student@10.0.0.200 hostname 命令，远程执行命令。此命令相当于远程登录虚拟机 server，查询该虚拟机的主机名，并反馈给虚拟机 client。

```
[student@server ~]$ exit
注销
Connection to 10.0.0.200 closed.
[root@client ~]#ssh student@10.0.0.200 hostname
Authorized users only. All activities may be monitored and reported.
student@10.0.0.200's password:
server
[root@client ~]#
```

⚠ 注意：远程执行命令，只会将远程执行的命令结果反馈回来，并不会改变当前虚拟机的登录状态。

3. 远程复制文件

⚠ 注意：本例中虚拟机 server 的 IP 地址为 10.0.0.200，虚拟机 client 的 IP 地址为 10.0.0.201，例中出现的 IP 地址指的是对应的虚拟机。

借助 SSH 可以实现远程复制。例如，在一台服务器上配置好的脚本文件，可以复制给其他计算机，免去重复配置的麻烦。

命令格式如下：

```
scp 源文件 用户名@服务器IP:目录
```

表示把本地的源文件复制到服务器的对应目录下。

（1）在虚拟机 client 上新建一个测试文件，输入 vim test.txt 命令，输入 it is a test file 保存退出。

```
[root@client ~]#vim test.txt
it is a test file
```

（2）在虚拟机 client 中执行 scp test.txt root@10.0.0.200:/root 命令，按照提示输入虚拟机 server 的密码。

```
[root@client ~]#scp test.txt root@10.0.0.200:/root

Authorized users only. All activities may be monitored and reported.
root@10.0.0.200's password:
test.txt                                         100%    19    20.1KB/s   00:00
```

(3) 验证复制情况,在虚拟机 server 上操作,输入 ls /root 命令。

```
[root@server ~]#ls /root
anaconda-ks.cfg   test.txt
```

发现有刚才远程复制的文件,使用 cat test.txt 命令,查看文件内容是否正确。

```
[root@server ~]#cat test.txt
it is a test file
```

(4) 如果复制的是目录,使用 -r 选项。
在虚拟机 client 上输入 mkdir -p xueke/shuxue/qzcs 命令,递归创建文件夹。

```
[root@client ~]#mkdir -p xueke/shuxue/qzcs
[root@client ~]#ls
anaconda-ks.cfg   test.txt    xueke
```

(5) 执行远程复制目录,在虚拟机 client 上输入 scp -r xueke/ root@10.0.0.200:/root 命令,在虚拟机 server 进行验证,输入命令 ls /root 虚拟机,发现连同目录及子目录一并复制到了 root 目录下。

```
[root@client ~]#scp -r xueke/ root@10.0.0.200:/root
Authorized users only. All activities may be monitored and reported.
root@10.0.0.200's password:
[root@server ~]#ls /root
anaconda-ks.cfg   test.txt    xueke
```

(6) 同样也可以从远程服务器端复制到本地计算机,在虚拟机 client 上输入 scp root@10.0.0.200:/root/test.txt test01.txt 命令,将远程计算机上 root 目录下的文件 test.txt 复制到本地当前目录并改名为 test01.txt。

```
[root@client ~]#scp root@10.0.0.200:/root/test.txt test01.txt

Authorized users only. All activities may be monitored and reported.
root@10.0.0.200's password:
test.txt                                         100%    19    18.6KB/s   00:00
```

(7) 验证复制结果。在虚拟机 client 上使用 ls 命令查看是否有 test01.txt 这个文件,再次使用 cat test01.txt 命令查看文件内容。

```
[root@client ~]#ls
anaconda-ks.cfg   test01.txt    test.txt    xueke
```

```
[root@client ~]#cat test01.txt
 it is a test file
```

发现 test01.txt 的内容正是刚才复制到服务器上的文件内容。

4. 远程增量复制工具 rsync

借助于 SSH 协议的远程复制工具 rsync，同时需要两台机器都安装这个工具才能使用，下面来验证是否安装。

（1）虚拟机 client 输入 rpm -q rsync 命令，查看安装情况，如果未安装可使用 yum -y install rsync 命令进行安装。虚拟机 server 也需要执行同样操作。

```
[root@client ~]#rpm -q rsync
未安装软件包 rsync
[root@client ~]#yum -y install rsync
```

（2）rsync 命令与 scp 命令的不同之处在于，rsync 命令是增量复制文件，即复制时只会复制变化的数据。其特点是节省带宽，尤其是复制大文件的时候会显得特别高效。

在虚拟机 client 上输入 mkdir /opt/test 命令，新建一个测试目录；输入 touch /opt/test/a{1..5}.txt 命令，在测试目录下新建 5 个文本；输入 rsync -av /opt/test/ root@10.0.0.200:/root/ 命令，将虚拟机 client 文件远程复制到虚拟机 server 上。

通过运行命令，显示复制了 5 个文件。

```
[root@client ~]#mkdir /opt/test
[root@client ~]#touch /opt/test/a{1..5}.txt
[root@client ~]#rsync -av /opt/test/ root@10.0.0.200:/root/
Authorized users only. All activities may be monitored and reported.
root@10.0.0.200's password:
sending incremental file list
./
a1.txt
a2.txt
a3.txt
a4.txt
a5.txt
```

其中，a 选项表示保留文件权限，v 选项表示显示复制过程。观察一共复制了五个文件。

（3）在虚拟机 client 上创建一个文件，输入 touch /opt/test/a6.txt 命令，再次执行复制命令，执行 rsync -av /opt/test/ root@10.0.0.200：/root/ 命令，发现复制的只是变化的这一个文件。

```
[root@client ~]#touch /opt/test/a6.txt
[root@client ~]#rsync -av /opt/test/ root@10.0.0.200:/root/
Authorized users only. All activities may be monitored and reported.
root@10.0.0.200's password:
```

```
sending incremental file list
./
a6.txt
sent 206 bytes  received 38 bytes  54.22 bytes/sec
total size is 0  speedup is 0.00
```

⚠️ **注意**：如果把 test/ 后面的 / 去掉，复制的是目录，加上 / 复制的是目录下的所有文件，要根据实际要求进行操作。

没有网络安全，就没有国家安全。没有信息化就没有现代化。建设网络强国，要有过硬的技术，利用 SSH 可以有效防止远程管理过程中的信息泄露问题。

微课：SSH 的作用及相关工具

5. SSH 无密码连接

无密码连接功能：主机之间都能远程 SSH 免密码登录。

无密码连接基本原理：使用 ssh-keygen 命令在主机 a 上生成 private 和 public 密钥，将生成的 public 密钥复制到远程主机 b 上后，就可以使用 SSH 命令无需密码登录到另外一台主机 b 上。

1）实现免密登录

（1）在客户端生成密钥对，输入 ssh-keygen -t rsa 命令，在操作过程中，按 3 次 Enter 键即可。

```
[root@client ~]#ssh-keygen -t rsa
Generating public/private rsa key pair.
Enter file in which to save the key (/root/.ssh/id_rsa):
Enter passphrase (empty for no passphrase):
Enter same passphrase again:
Your identification has been saved in /root/.ssh/id_rsa
Your public key has been saved in /root/.ssh/id_rsa.pub
The key fingerprint is:
SHA256:VIswcs3VWfXn1KJKlevQXiBpkajd7ChtxuwkGgeAJjk root@client
The key's randomart image is:
+---[RSA 3072]----+
|  o . +o o+o o...|
|E.. o o+o.+o.  o|
|o. .   ooo= + . =|
|       . ....o+ + +.|
|        . +Soo + . .|
|         . + O..= . |
|          + B . o   |
|           . .      |
|           .        |
+----[SHA256]-----+
```

使用 rsa 算法生成一对密钥类似于使用某种特定算法生成一对随机数，这里使用的是 rsa 算法。再次输入命令后，会出现私钥保存路径的提示。一般按默认操作。接下来询问是否设置私钥文件的密码，这是为了保护私钥文件的安全性，如果设置，后续再使用私钥时都需要输入密码，这里保持默认不设置。随后密钥对就生成成功。

（2）查看密钥生成情况。目录下的 id_rsa 是私钥，id_rsa.pub 是公钥。查看私钥的内容，发现是一些加密字符串。

```
[root@client ~]#ls /root/.ssh/
id_rsa  id_rsa.pub  known_hosts  known_hosts.old
[root@client ~]#cat /root/.ssh/id_rsa
```

再来查看公钥的信息，发现也是一组加密字符串。

```
[root@client ~]#cat /root/.ssh/id_rsa.pub
```

（3）将公钥复制到服务器。使用 scp 或 rsync 命令进行复制，在 Linux 操作系统和 Linux 操作系统之间完成复制还有一个方法可以使用，即使用 ssh-copy-id 命令，直接将公钥信息复制到对方机器的相应目录下。复制过程中需要输入对方服务器的登录密码。

```
[root@client ~]# ssh-copy-id root@10.0.0.200
```

（4）验证公钥复制情况。在服务器上验证是否复制成功。

```
[root@server ~]# ls /root/.ssh/
authorized_keys
```

公钥存在 authorized_keys 这个文件中，查看这个文件的内容与客户端的公钥内容是否一致。

```
[root@server ~]#cat /root/.ssh/authorized_keys
[root@client ~]#cat /root/.ssh/id_rsa.pub
```

观察结果，在客户端看到的公钥内容与服务端的公钥信息一致。此时免密工作的设置已完成。

（5）验证免密登录。下面来验证：在客户端通过 SSH 登录服务器。

在客户端输入 ssh root@10.0.0.200 命令登录成功，可以查看登录计算机的用户名是 server，也可以通过 hostname 命令来查看，正是远程登录计算机的主机名 server，说明远程登录成功。

```
[root@client ~]#ssh root@10.0.0.200
[root@server ~]#hostname
server
```

2）远程免密操作

（1）验证远程操作。在客户端远程登录服务器状态下创建 abc 文件，查看服务器端是否存在这个文件。

```
[root@server ~]#touch abc        # 客户端远程登录状态输入
[root@server ~]#ls               # 服务器端输入
```

```
a1.txt    a2.txt    a3.txt    a4.txt    a5.txt    a6.txt    abc    anaconda-ks.cfg
test.txt    xueke
```

发现在服务器端已经存在文件 abc。

（2）验证退出登录，再次登录时不再需要密码。

```
[root@server ~]#exit
注销
Connection to 10.0.0.200 closed.
[root@client ~]#ssh root@10.0.0.200
[root@server ~]#
```

3）未登录实现免密复制

当 SSH 配置成功之后，即使没有登录也可以免密复制，下面进行验证。

（1）客户端操作。在客户端新建一个文件，写入一些内容，再执行远程复制命令，并在服务器上验证复制结果。

```
[root@server ~]#exit
注销
Connection to 10.0.0.200 closed.
[root@client ~]#touch bbb.txt                    # 新建一个 bbb.txt 文件
[root@client ~]#echo "123" > bbb.txt             # 往 bbb.txt 文件中输入 123
[root@client ~]#cat bbb.txt                      # 查看 bbb.txt 文件中的内容
123
[root@client ~]#scp bbb.txt root@10.0.0.200:/root/    # 未登录直接执行远程复制
Authorized users only. All activities may be monitored and reported.
bbb.txt
100%    4    3.9KB/s    00:00
```

（2）在服务器端进行验证操作，查看复制过来的文件 bbb.txt 的内容，验证是否复制成功。

```
[root@server ~]#cat /root/bbb.txt
123
```

SSH 不仅实现了远程免密登录，同时实现了免密复制。

⚠ 注意：密钥的认证是基于用户实现的。

密钥的认证是单向的，例如，命令 [root@client ~]# ssh-copy-id root@10.0.0.200，其中，IP 地址为 10.0.0.201 的计算机连接 IP 地址为 10.0.0.200 的计算机免密后，反之 IP 地址为 10.0.0.200 的计算机连接 IP 地址为 10.0.0.201 的计算机却需要密码。

4）密钥的认证是单向的

下面来验证密钥的认证是单向的过程，上面的操作实现了从客户端到服务端的免密登录。

（1）在服务端远程登录客户端。

```
[root@server ~]#ssh root@10.0.0.201
```

```
...
Authorized users only. All activities may be monitored and reported.
root@10.0.0.201's password:
...
[root@client ~]#
```

登录客户端 10.0.0.201 机器时，提示输入登录密码，这说明密钥的认证是单向的。

（2）退出登录，再去逐步实现免密登录。

想要实现免密，也需要创建一对密钥，然后把公钥复制到对方机器上，暂时退出远程登录。

```
[root@client ~]#exit
注销
Connection to 10.0.0.201 closed.
```

（3）服务端生成密钥，并将公钥复制到客户端。

```
[root@server ~]#ssh-keygen -t rsa              # 生成密钥对
[root@server ~]#ssh-copy-id root@10.0.0.201    # 复制公钥到客户端
[root@server ~]#ssh root@10.0.0.201            # 远程免密登录客户端
[root@client ~]#
```

登录成功。输入 hostname 命令来查看登录计算机的主机名。

```
[root@client ~]#hostname
client
```

微课：SSH
无密码连接

此时显示的主机名，是远程登录客户端的主机名 client。

6.2.4 任务评价

SSH 远程控制服务任务评价单

◆ 项 目 小 结 ◆

本项目学习了网络相关协议，常见网络配置与测试命令，以及 SSH 的作用和相关工具。

协议是服务器配置不可缺少的部分，各种服务需要遵循不同的协议。SSH 可以实现远程连接服务器，命令格式为：ssh 用户名@服务器 IP 地址。SSH 还可以实现远程执行命令，格式为：ssh 用户名@服务器 ip 地址操作命令。SSH 还可以实现远程复制文件，命令分别是 scp（远程复制命令）、rsync（远程增量复制命令），其中 rsync 命令对于复制量较大的数据比较高效。SSH 可以实现免密登录服务器，首先在客户端生成密钥对，然后将公钥复制到服务器，从而实现 SSH 的免密登录。

◆ 练 习 题 ◆

一、选择题

1. TCP/IP 是运行在（　　）上的协议。
   A. 传输层　　　　　B. 应用层　　　　　C. 网络接口层　　　　D. 网际层
2. Telnet 协议是一种（　　）协议。
   A. 文件传输　　　　　　　　　　　　　B. 域名解析
   C. 用户数据报协议　　　　　　　　　　D. 远程登录协议
3. Linux 操作系统提供了一些网络测试命令，当与某远程网络连接不上时，就需要跟踪路由查看，以便了解在网络的什么位置出现了问题，下面选项中的命令满足该目的的是（　　）。
   A. ping　　　　　　B. ifconfig　　　　C. traceroute　　　　D. netstat
4. 显示 Linux 操作系统上的所有可用网络接口的 IP 地址的命令是（　　）。
   A. ip addr　　　　B. ping　　　　　　C. traceroute　　　　D. telnet
5. 临时修改主机名的命令是（　　）。
   A. ip addr　　　　B. hostname　　　　C. setname　　　　　D. ifconfig
6. 将主机名永久修改为 teacher 的命令是（　　）。
   A. vim /etc/hostname　　　　　　　　B. hostname
   C. pwd　　　　　　　　　　　　　　　D. change name
7. netstat 命令加（　　）可以监听端口的服务状态。
   A. -t　　　　　　　B. -u　　　　　　　C. -l　　　　　　　　D. -p

二、填空题

1. OSI 参考模型将网络分为＿＿＿＿层，TCP/IP 参考模型将网络分为＿＿＿＿层。
2. HTTP 称为＿＿＿＿协议，是互联网上应用最为广泛的一种网络协议。
3. DNS 可以实现＿＿＿＿和＿＿＿＿的相互转换。
4. FTP 是一种＿＿＿＿协议。
5. TCP 是面向＿＿＿＿的，UDP 是面向＿＿＿＿的。
6. 添加静态路由的命令是＿＿＿＿。

三、判断题

1. 想要修改 IP 地址的可以通过编辑网卡配置文件来实现。（　　）
2. SSH 是建立在应用层基础上的安全协议。（　　）

四、实践题

在两台虚拟机间实现免密登录。

项目 7

DHCP 服务器配置

 学习目标

- 了解 DHCP 服务器的应用场景；
- 能够陈述 DHCP 的工作过程；
- 熟练掌握 DHCP 服务器的基本配置；
- 熟练掌握 DHCP 客户端的配置和测试；
- 熟悉 DHCP 中静态 IP 地址的配置；
- 能够运用超级作用域来分发更多 IP 地址；
- 能够根据实际环境要求，实现不同方法的 DHCP 参数配置。

 素质目标

- 培养团结协作的团队精神；
- 培养分析问题、解决问题的能力；
- 培养勤俭节约的习惯；
- 善于总结，培养流程化思维。

 项目重难点

项目内容	工作任务	建议学时	技能点	重难点	重要程度
DHCP 服务器配置	认识及配置 DHCP 服务	4	DHCP 服务的安装、DHCP 服务的启动、对配置文件进行参数设置、客户端的测试	DHCP 配置文件参数设置	★★★★★
	DHCP 中静态 IP 地址配置及超级作用域实现	2	静态 IP 地址的配置、使用超级作用域实现多网段 IP 地址发放	静态 IP 地址及多网段 IP 地址发放	★★★★☆

任务 7.1　认识及配置 DHCP 服务

7.1.1　实施任务单

任务编号	7-1	任务名称	认识及配置 DHCP 服务
任务简介	某公司有员工上千人，会有大量的主机或设备需要进行 IP 地址等网络参数的配置。此项工作交由网络部门李工完成，如果采用手工配置，工作量大且不好管理，如果有用户擅自修改网络参数，还有可能会造成 IP 地址冲突等问题，因此李工想要搭建一台 DHCP 服务器来解决上述问题，本任务将实现 DHCP 服务器的搭建			
设备环境	Windows 10、VMware Workstation 16 Pro、openEuler 22.03 LTS			
任务难度	初级	实施日期	年　月　日	
任务要求	1. 了解 DHCP 的应用场景 2. 了解 DHCP 服务器的工作过程的 4 个阶段：DHCP Discover 阶段、DHCP Offer 阶段、DHCP Request 阶段、DHCP Ack 阶段 3. 通过代码解析，小组成员能够讲述 DHCP 服务的工作过程 4. 掌握防火墙的关闭方法 5. 掌握 SELinux 的关闭方法 6. 掌握本地 YUM 源的配置方法 7. 熟悉 DHCP 配置文件的参数含义 8. 掌握 DHCP 服务器的安装和配置方法，并进行验证			

7.1.2　知识加油站

1. DHCP 服务介绍

动态主机配置协议（dynamic host configuration protocol，DHCP）主要作用是集中的管理、分配 IP 地址，使网络环境中的主机动态的获得 IP 地址、Gateway 地址、DNS 服务器地址等信息，并能够提升地址的使用率。由于 DHCP 是一个 UDP 的协议，所以运行起来更加高效。

微课：DHCP 工作原理

DHCP 服务同样采用客户端 - 服务端工作模式。当 DHCP 客户端启动时，会自动与 DHCP 服务器建立通信，要求提供自动分配 IP 地址的服务，而安装了 DHCP 服务的服务器则会响应请求。

除了为客户端提供 IP 地址分配的功能外，DHCP 服务器还具有为客户端提供网络环境配置的功能。如 DNS 配置、WINS 配置、网关配置等。也就是说，客户机 IP 地址及与 IP 地址相关的配置工作，都可由 DHCP 服务器自动完成，这大大减轻了网络管理员的工作量。

2. DHCP 服务的工作过程

DHCP 服务工作时会经历四个阶段，分别是 DHCP Discover（发现）阶段、DHCP Offer（提供）阶段、DHCP Request（响应）阶段、DHCP Ack（确认）阶段，如图 7-1 所示。

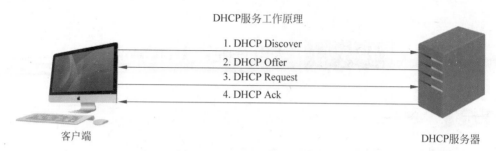

图 7-1 DHCP 服务工作过程

（1）发现阶段。客户端开机需要获取 IP 地址，它会通过自己的 UDP 的 68 端口向网络中发送一个 DHCP Discover 数据包，用来寻找能够发放 IP 地址的 DHCP 服务器。网络中的每一台安装了 TCP/IP 的主机都会接收到这种广播信息，但只有 DHCP 服务器才会做出响应。

（2）提供阶段。在网络中接收到 DHCP Discover 数据包的 DHCP 服务器收到后会做出响应，并检查自己的地址池中是否有可用的 IP 地址可以发放，如果有，通过自己的 UDP 的 67 端口发送 DHCP Offer 数据包给客户端，此数据包包含 IP 地址和 DNS、网关等信息。

（3）响应阶段。客户端收到发给自己的 DHCP Offer 数据包后，会择优选用一个 IP 地址，默认为哪个先发来的，哪个就是最优的。然后以广播方式发送一个 DHCP Request 数据包到网络中，将选中的 IP 地址广播到网络中，告知网络要用哪个 DHCP 服务器的 IP 地址。

（4）确认阶段。被选择的 DHCP 服务器，会将这个 IP 地址连同网关、DNS、租约等信息，一并发送给客户端，待客户端确认 IP 地址可用后，根据 IP 地址租约计算使用时间，同时将这个 IP 地址标注为已使用状态。其他服务器收到这个信息后，会将 IP 地址释放出来，供他人使用。

3. 计算机获得 IP 地址的时间点

计算机通常会在以下时间节点去主动连接网络并获取 IP 地址：计算机开机、网卡接通网络、重启网卡服务。

4. DHCP 租约的更新

租约是指客户端可使用的被 DHCP 服务器指派的 IP 地址的时间长度，在这个时间范围内客户端可以使用所获得的 IP 地址。必须定期更新租约，否则租约到期后，就不能再使用此 IP 地址。租约分为限期租约和不限期租约。限期租约，就是 DHCP 服务器提供给客户端一个具有租期限制的 IP 地址，该租约到期如果没有更新，服务器便收回该地址。默认的最短为 10min，最长时间为 2h，也可以自行设置。不限期租约，即服务器不会随意收回分配给客户端的 IP 地址，除非没有足够的 IP 地址可供分配。为了使 IP 地址能够更高效利用，一般都会选择限期租约。

租约更新并不一定要等到租约到期才去更新，租约更新的几个阶段分别是：租约完成 50%、租约完成 87.5%、租约到期。

如果没有特殊情况一个 IP 地址可以延续使用。

默认情况下，每当租用时间超过租约的 50% 和 87.5% 时，客户端就必须发出 DHCP

Request 数据包给 DHCP 服务器，请求更新租约。在更新租约时，客户端将 DHCP Request 数据包以单点发送，不再进行广播。

5. 动态 IP 地址

客户端从 DHCP 服务器那里取得的 IP 地址一般都不是固定的，每次都可能不一样。在 IP 地址有限的单位内，动态 IP 地址可以最大化地达到资源的有效利用。并不是每个员工都会同时上线，可优先为上线的员工提供 IP 地址，离线之后再收回。

为建设美好和谐的校园网络，应合理利用 IP 地址，因为 IP 地址是非常宝贵的网络资源，要保证 IP 地址的高效利用。离开教室和宿舍要及时关闭计算机，节约资源。

6. 防火墙

防火墙是一种位于内部网络与外部网络之间的网络安全系统，可以将内部网络和外部网络隔离。通常，防火墙可以保护内部的私有局域网免受外部攻击，并防止重要数据泄露。在 openEuler 操作系统中自带防火墙应用，默认使用 firewall 作为系统防火墙。在 openEuler 操作系统中对防火墙的管理功能集成在系统服务管理命令 systemctl 中。命令格式如下：

```
systemctl <参数> <服务名>
```

systemctl 命令参数及功能说明如表 7-1 所示。

表 7-1 systemctl 命令参数及功能说明

常用参数	功能说明	常用参数	功能说明
status	查看服务运行状态	enable	开机时服务自启动
start	开启服务	disable	开机时服务不启动
stop	关闭服务	restart	重启服务

命令 systemctl restart firewalld 表示重启防火墙，firewalld 是 firewalld.service 的简写，这是防火墙服务的守护进程，启动了它就表示启动了防火墙服务。通过以下代码查看防火墙的工作状态。

```
[root@server ~]#systemctl status firewalld
firewalld.service - firewalld - dynamic firewall daemon
   Loaded: loaded (/usr/lib/systemd/system/firewalld.service; disabled;
vendor preset: enabled)
   Active: inactive (dead)
     Docs: man:firewalld(1)
```

运行结果中的 loaded 这一行中的 disabled 表示开机不启动服务。如果开机启动服务，应是 enabled；Active 这一行中的 inactive(dead) 表示目前服务未启动，如果是启动，应该是 active 状态。

7. SELinux

SELinux 的全称是 Security-Enhanced Linux，由美国国家安全部（National Security Agency）领导开发的 GPL 项目，它拥有一个灵活而强制性的访问控制结构，旨在提高 Linux 操作系统的安全性，提供强健的安全保证，可防御未知攻击。应用 SELinux 后，可以减轻恶意攻击或恶意软件带来的灾难，并对机密性和完整性有很高要求的信息提供安全保障。

8. YUM 源

YUM（yellowdog updater modified）是一个在 RedHat 操作系统、openEuler 操作系统中的 shell 前端软件包管理器，又叫软件仓库。简单来说它是可以安装、卸载软件的工具，特别像手机上的应用商城一样。在 openEuler 操作系统中也存在"手机应用商城"，软件仓库收藏着可供系统安装使用的软件包（应用程序）。在 openEuler 软件仓库里包含数万个可供自由下载和安装的可用软件包。

YUM 能够从指定的服务器中自动下载并安装软件包，同时可以自动处理依赖关系，从而实现一次性安装全部软件所依赖的软件包。调用 YUM 时，使用 yum 命令即可。yum 命令使用格式如下：

```
yum ［选项］＜操作＞＜软件包名＞
```

yum 命令常用操作及功能说明如表 7-2 所示。

表 7-2　yum 命令常用操作及功能

常用操作	功能说明
install	用于安装指定的软件包
update	更新系统中已安装的软件包
check-update	检查软件包是否有更新
remove	删除指定的软件包
info	显示指定软件包的描述信息和概要信息
deplist	查询与指定软件包存在依赖关系的软件包
search	查询软件所属的软件包信息
list	显示软件包列表

其中选项是可选的，选项包括 -h（帮助），-y（当安装过程提示选择全部为 yes），-q（不显示安装的过程）等。

7.1.3　任务实施

某公司需要搭建 DHCP 服务器，要求定义的作用域为 10.0.0 网段，子网掩码为 255.255.255.0，发放的 IP 地址范围为 10.0.0.153～10.0.0.252，DNS 服务器为 202.106.0.20、114.114.114.114，网关为 10.0.0.254，广播地址为 10.0.0.255，默认租约为 2h，最大租约为 3h。为了使 DHCP 服务器能够按照要求进行工作，网络管理员李工需要对 DHCP 服务进行相关参数配置。

1. 关闭防火墙

学习初期，需要关闭 Linux 操作系统的防火墙，避免由于防火墙设置问题造成服务无法正常启动。

- systemctl stop firewalld.service：关闭防火墙；
- systemctl disable firewalld.service：下次开机不用启动；
- systemctl status firewalld.service：查看防火墙状态。

⚠ 注意：防火墙状态为 inactive，非活动状态，表示防火墙已关闭。

2. 关闭 SELinux

学习初期，需要关闭 SELinux，避免由于 SELinux 设置问题造成服务无法正常启动。关闭 SELinux 的命令为 vim /etc/selinux/config。

```
[root@server ~]#vi /etc/selinux/config
#This file controls the state of SELinux on the system.
#     SELINUX= can take one of these three values:
#     enforcing - SELinux security policy is enforced.
#     permissive - SELinux prints warnings instead of enforcing.
#     disabled - No SELinux policy is loaded.
SELINUX=enforcing
#SELINUXTYPE= can take one of these three values:
...
[root@server ~]#getenforce
Disabled
```

将 SELINUX=enforcing 改为 SELINUX=disabled。设置完毕后输入 init 6 重新启动系统，使用 getenforce 获取 SELinux 的状态，disabled 表示为关闭状态。

3. 配置本地 YUM 源，安装 DHCP 服务

YUM 的一切信息都存储在一个名为 yum.reops.d 的配置文件中，通常位于 /etc/yum.reops.d 目录下。在这个目录下面有很多文件，都是 .repo 结尾的，.repo 文件是 YUM 源（也就是软件仓库）的配置文件，通常一个 .repo 文件定义了一个或者多个软件仓库的细节内容，例如，将从哪里下载需要安装或者升级的软件包，.repo 文件中的设置内容将被 YUM 读取和应用。默认情况下，YUM 的软件仓库是在网络上的，所以每次安装的时候需要联网，在网络上的软件仓库中下载软件，然后安装，所以在没有网络时 YUM 就不能使用。为了解决这个问题，可以将软件仓库的设置修改为本地的光盘镜像上，下载的 openEuler-22.03-LTS-SP3-everything-x86_64-dvd.iso 文件中就包含了完整的一套软件，常用的一些服务安装包都可以在这个镜像文件中找到，所以可以用它来做软件仓库。

（1）设置系统光盘开机自动挂载。

使用 vim /etc/fstab 命令打开配置文件，在最后一行添加以下内容。

```
/dev/cdrom        /mnt      iso9660     defaults    0   0
```

添加后的文件内容如下。

```
[root@server ~]#cat /etc/fstab
...
/dev/cdrom        /mnt      iso9660     defaults    0   0
```

上述文件中最后一行的具体含义如下：
- /dev/cdrom 为光盘路径；
- /mnt 为光盘需要挂载的目录，由用户指定；
- iso9660 指磁盘文件系统的格式，光盘的文件系统为 iso9660；
- defaults 为文件系统的参数，一般默认为 defaults；
- 表示能否被 dump 备份命令作用，0 表示不做 dump 备份；
- 表示是否检验扇区，0 为不要检验。

（2）执行 mount -a 命令，加载配置文件。

mount 命令用于加载文件系统到指定的加载点。

```
[root@server ~]#mount -a
```

其中，

-a：加载文件 /etc/fstab 中描述的所有文件系统。

mount：/dev/sr0 写保护，将以只读方式挂载。

（3）查看挂载情况。执行 ls /mnt 命令，可以查看到此目录下有内容，是光盘里的文件内容，说明挂载成功。以上是永久挂载方法。

```
[root@server ~]#ls /mnt
docs    images     ks         repodata                   TRANS.TBL
EFI     isolinux   Packages   RPM-GPG-KEY-openEuler
```

（4）进入 /etc/yum.repos.d 目录下。

```
[root@server ~]#cd    /etc/yum.repos.d
[root@server yum.repos.d]#
```

（5）使用 rm 命令删除原有的文件。

```
[root@server yum.repos.d]# rm -rf /etc/yum.repos.d/*.repo
```

（6）创建一个新的 YUM 源配置文件，YUM 源配置文件的结尾必须是 .repo，这个文件要放在 /etc/yum.repos.d 目录下。

```
[root@server ~]# vim openeuler.repo
```

在文件中，输入以下内容。

```
[openeuler]
name=openeuler-server
baseurl=file:///mnt
enabled=1
gpgcheck=0
```

参数说明如下：
- [openeuler]：YUM 的 ID，必须唯一，不区分大小写，不能有空格；
- name=openeuler-server：描述信息；

- baseurl=file:///mnt：/mnt 表示的是光盘的挂载点，file：后面有 // 是规定；
- enabled=1：启用；
- gpgcheck=0：取消验证，自定义的 YUM 源一般不用校验它。

（7）重启计算机，生效配置文件。

```
[root@server yum.repos.d]#reboot
```

微课：DHCP 服务器安装与启动

（8）验证 YUM 源是否生效，安装 DHCP 服务软件包。

```
[root@server ~]#yum -y install dhcp
```

安装完毕后如果提示 complete，则表示安装完毕。如果已经安装，提示已经安装。

4. 配置 DHCP 服务

（1）安装完成 DHCP 服务后，通过 ls -l /etc/dhcp 命令查看是否有 dhcpd.conf 文件，此文件为 dhcp 的配置文件，目前此文件只有一些注解语句，还没有配置内容。

```
[root@server ~]#ls -l /etc/dhcp
总用量 12
drwxr-xr-x. 2 root root 4096 10月 25 17:58 dhclient.d
-rw-r--r--. 1 root root  126 6月 28  2023 dhcpd6.conf
-rw-r--r--. 1 root root  123 6月 28  2023 dhcpd.conf
[root@server ~]#cat /etc/dhcp/dhcpd.conf
#DHCP Server Configuration file.
#   see /usr/share/doc/dhcp-server/dhcpd.conf.example
#   see dhcpd.conf(5) man page
```

虽然这个配置文件是空的，但是提供了例子文件，可以将例子文件复制到 dhcp 目录下，并更名为 dhcpd.conf。

（2）输入 cp /usr/share/doc/dhcp*/dhcpd.conf.example /etc/dhcp/dhcpd.conf 命令，前面是例子文件的路径，后面是配置文件的路径。

```
[root@server ~]#cp /usr/share/doc/dhcp*/dhcpd.conf.example /etc/dhcp/dhcpd.conf
cp: 是否覆盖'/etc/dhcp/dhcpd.conf'？ y
[root@server ~]#cat /etc/dhcpd.conf
```

输入 cat /etc/dhcpd.conf 命令，发现配置文件里已经有常用的配置参数，可以根据需要进行配置。以下是配置文件中常用配置选项的注释。

```
[root@server~]#cat /etc/dhcp/dhcpd.conf
# 表示注释
file for ISC dhcpd
#DNS 全局选项，指定 DNS 服务器的地址，可以是 IP 地址，也可以是域名
#option definitions common to all supported networks...
#DNS 的域名
option domain-name "example.org";
```

```
# 具体的 DNS 服务器
option domain-name-servers ns1.example.org, ns2.example.org;
# 租约设置,默认租约为 600s
default-lease-time 600;
# 租约设置,最大租约为 7200s,当客户端未请求明确的租约时间
max-lease-time 7200;
# 动态 DNS 更新方式 (none: 不支持; interim: 互动更新模式; ad-hoc: 特殊更新模式)
#Use this to enble / disable dynamic dns updates globally.
#ddns-update-style none;
# 如果该 DHCP 服务器是本地官方 DHCP 就将此选项打开,避免其他 DHCP 服务器的干扰
# 当一个客户端试图获得一个不是该 DHCP 服务器分配的 IP 信息,DHCP 将发送一个拒绝消息,而
# 不会等待请求超时
# 当请求被拒绝,客户端会重新向当前 DHCP 服务器发送 IP 请求获得新地址
# 保证 IP 请求是自己发出去的
#If this DHCP server is the official DHCP server for the
#local network, the authoritative directive should be
#uncommented.
#authoritative;
#authoritative 表示权威,可以把注释前面的 # 去掉,表示本地若有其他 DHCP 服务器时,不
# 受它的影响,只从本服务器这里来取得
#Use this to send dhcp log messages to a different log file (you also
#have to hack syslog.conf to complete the redirection).
# 日志级别
log-facility local7;
#No service will be given on this subnet, but declaring it helps the
#DHCP server to understand the network topology.
```

如果需要分发 IP 地址,需要在配置文件中定义作用域,具体如下:

```
# 作用域相关设置指令
#subnet 定义一个作用域
#netmask 定义作用域的掩码
#range 允许发放的 IP 地址的范围
#option routers 指定网关地址
#option domain-name-servers 指定 DNS 服务器地址
#option broadcast-address 广播地址
# 案例:定义一个作用域 网段为 10.0.0.0 掩码为 255.255.255.0
# 此作用域不提供任何服务
subnet 10.0.0.0 netmask 255.255.255.0 {
}
```

(3)对 DHCP 配置文件进行配置。

输入 vim /etc/dhcp/dhcpd.conf 命令,打开配置文件,将原先的配置参数删除或修改为以下新的参数选项。

```
[root@server ~]# vim /etc/dhcp/dhcpd.conf
# 输入以下参数
```

项目 7 DHCP 服务器配置

```
Authoritative;                    # 表示该服务器为权威服务器，优先从该服务器获取 IP 地址
log-facility local7;              # 表示日志级别为 7
subnet 10.0.0.0 netmask 255.255.255.0              # 表示网段和掩码
{
range 10.0.0.153 10.0.0.252;      # 表示分配 IP 地址范围是从 10.0.0.153 到 10.0.0.252
option domain-name-servers 202.106.0.20, 114.114.114.114;
# 表示客户端指定 DNS 服务器地址
option routers 10.0.0.254;        # 表示路由地址
option broadcast-address 10.0.0.255;               # 表示广播地址
default-lease-time 7200;          # 表示最小租约 7200s，也就是 2h，如果与全局定义冲突，
                                  # subnet 的优先
max-lease-time 10800;   # 最大租约为 10800s，即 3h，如果与全局定义冲突，subnet 的优先
}
```

设置完毕后输入":wq"保存退出。

（4）启动 DHCP 服务。设置好配置文件后，启动 DHCP 服务。
- 输入 systemctl enable dhcpd.service 命令设置开机自启动 DHCP 服务；
- 输入 systemctl start dhcpd.service 命令启动 DHCP 服务，在 Linux 操作系统中命令行空跳一行往往表示执行成功。

在进行正确的参数配置后，DHCP 服务能够正常启动。

```
[root@server ~]#systemctl enable dhcpd.service
Created symlink /etc/systemd/system/multi-user.target.wants/dhcpd.
service /usr/lib/systemd/system/dhcpd.service.
[root@server ~]#systemctl start dhcpd.service
```

在配置文件参数设置时，养成加代码注释的习惯，方便阅读理解，也要养成这种精益求精的工匠精神，方便自己、方便他人。

⚠ 注意：可能发现无法启动 DHCP 服务，原因是 DHCP 在启动的时候检查配置文件，发现并没有有效作用域（需要和服务器同网段的作用域）。

（5）查看启动情况。服务端使用的是 67 端口，发现在 67 端口有 DHCP 服务在运行，说明 DHCP 服务工作正常。

```
[root@server ~]#lsof -i:67
COMMAND  PID   USER   FD   TYPE DEVICE SIZE/OFF NODE NAME
dhcpd    925   dhcpd  7u   IPv4 20760    0t0    UDP  *:bootps
```

微课：DHCP 常规服务器配置

lsof 命令如果未找到，那么需要安装 lsof，使用 yum -y install lsof 命令来进行安装。

5. 客户端测试

（1）通过虚拟机的克隆功能克隆一台客户机。

（2）关闭虚拟机，打开 VMware Workstation 窗口，选择"虚拟机"→"管理"→"克隆"选项，弹出如图 7-2 所示的"克隆虚拟机向导"对话框。

133

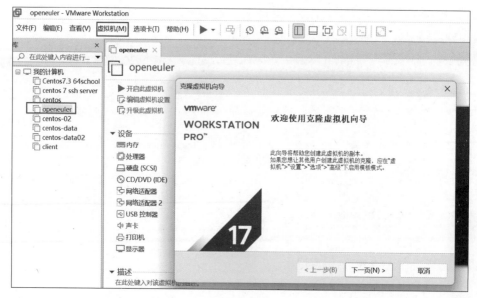

图 7-2 "克隆虚拟机向导"对话框

（3）选择克隆源与克隆类型。

在"克隆虚拟机向导"对话框中单击"下一页"按钮，进入选择"克隆源"界面，如图 7-3 所示。

在"克隆源"界面中选中"虚拟机中的当前状态"单选按钮，单击"下一页"按钮，进入图 7-4 所示的"克隆类型"界面。

微课：DHCP 客户端获取 IP 测试

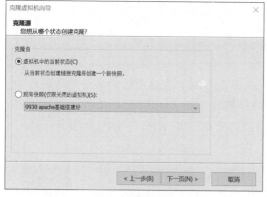

图 7-3 "克隆源"界面

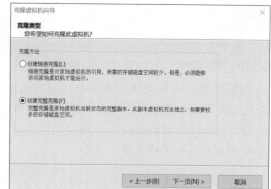

图 7-4 "克隆类型"界面

在"克隆类型"界面中选中"创建完整克隆"单选按钮，单击"下一页"按钮，进入图 7-5 所示的"新虚拟机名称"界面。

为新克隆的虚拟机命名为 client，作为客户端。虚拟机存储位置可以自定义或者默认。

⚠ 注意：如果之前做了快照，也可以通过快照进行克隆，当作客户端的虚拟机，有操作系统即可，不需要安装 DHCP 软件。

（4）设置新的虚拟机名称及存储位置后，单击"完成"按钮，开始克隆虚拟机，显示"正在克隆虚拟机"，如图 7-6 所示。

图 7-5 "新虚拟机名称"界面

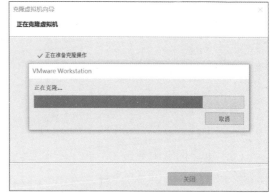

图 7-6 "正在克隆虚拟机"界面

计算机经过一段时间的克隆工作,进入克隆完成界面,如图 7-7 所示。单击"关闭"按钮后可以在主界面左侧的库面板中,看到克隆的虚拟机 client,如图 7-8 所示。

图 7-7 克隆完成界面

图 7-8 虚拟机 client

目前已经有了两台虚拟机,可将它们分别作为服务器和客户端来工作。

(5)打开客户端,修改主机名,并将 IP 地址获得方式调整为自动获取。

① 此时客户端和服务器是完全一样的两台计算机,为了更好地区分服务器和客户端,将客户端的主机名改为 client。输入 vim /etc/hostname 命令,修改主机名为 client,保存并退出修改。

```
[root@server ~]#vim /etc/hostname
client
```

② 使用 reboot 命令重启计算机。

```
[root@server ~]#reboot
```

重启后发现主机名已经变更为 client。

```
[root@client ~]#
```

③ 将客户端 IP 地址调整为自动获取。

```
[root@client ~]#vim /etc/sysconfig/network-scripts/ifcfg-ens33
```

设置 BOOTPROTO=dhcp，将之前设置过的 IP 地址删掉，修改后的配置文件如下。

```
[root@client ~]#cat /etc/sysconfig/network-scripts/ifcfg-ens33
TYPE=Ethernet
PROXY_METHOD=none
BROWSER_ONLY=no
BOOTPROTO=dhcp
...
```

（6）重启网卡服务。

```
[root@client ~]#systemctl restart network
```

（7）将本地 DHCP 服务器当作优先发放 IP 的服务器。

选择"编辑"→"虚拟网络编辑器"选项，取消勾选"使用本地 DHCP 服务将 IP 地址分配给虚拟机"复选框，如图 7-9 所示，否则有多个 DHCP 服务器会分发错乱的 IP 地址。

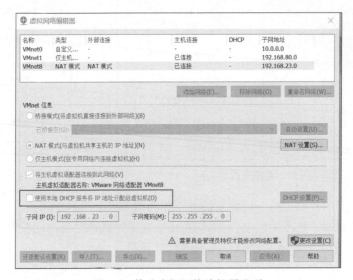

图 7-9 修改虚拟网络编辑器选项

（8）测试 IP 地址的释放和分发。

① 释放 ens33 网卡 IP 地址。

```
[root@client ~]#dhclient -r ens33
```

dhclient 是一个 DHCP 客户端，它使用 DHCP 或者 BOOTP 或在这两个协议都不可用的情况下使用静态地址来配置一个或多个网络接口。参数说明如下：

-r：释放当前租约并停止正在运行的 DHCP 客户端；

-d：强制 dhclient 作为前台进程运行。

⚠ 注意：如果 IP 地址未释放，先执行 -d 选项获得一次 IP 地址再释放。

② 使用 dhclient -d ens33 命令来重新获得 IP 地址。

```
[root@client ~]#dhclient -d ens33
```

```
Internet Systems Consortium DHCP Client 4.4.3
Copyright 2004-2022InternetSystems Consortium.
All rights reserved.
For info, please visit https://www.isc.org/software/dhcp/
Listening on LPF/ens33/00:0c:29:c8:19:99
Sending on     LPF/ens33/00:0c:29:c8:19:99
Sending on     Socket/fallback
DHCPDISCOVER on ens33 to 255.255.255.255 port 67 interval 8 (xid=0x98ec162b)
DHCPOFFER of 10.0.0.153 from 10.0.0.200
DHCPREQUEST for 10.0.0.153 on ens33 to 255.255.255.255 port 67
(xid=0x98ec162b) DHCPACK of 10.0.0.153 from 10.0.0.200 (xid=0x98ec162b)
bound to 10.0.0.153 -- renewal in 3587 seconds.
```

从结果中分析，通过 67 端口发送 DHCP Discover 数据包，10.0.0.200 这台服务器检测到自己的 IP 地址池中有空闲 IP 地址，并将 10.0.0.153 这个 IP 地址给了客户端。

（9）其他方式验证 DHCP 服务数据发放的正确性。

① 服务器日志查看验证获取信息。

```
[root@client ~]#tail -f /var/log/messages
Jan 29 10:38:24 server dhclient[1854]: All rights reserved.
Jan 2910:38:24 server dhclient[1854]: For info, please visit
https://www.isc.org/software/dhcp/
Jan 2910:38:24 server dhclient[1854]:
Jan 29 10:38:24 server dhclient[1854]:Listening on LPF/ens33/00:0c:29:c8:19:99
Jan 29 10:38:24 server dhclient[1854]:Sending on LPF/ens33/00:0c:29:c8:19:99
Jan 29 10:38:24 server dhclient[1854]:Sending on Socket/fallback
Jan 29 10:38:24 serverdhclient[1854]:DHCPREQUEST for 10.0.0.153 on ens33 to
255.255.255.255 port 6? (xid=0x3686ee53)
Jan 29 10:38:24 server dhclient[1854]:DHCPACK of 10.0.0.153 from 10.0.0.200
(xid=0x3686ee53)
Jan 29 10:38:26 server NET[1883]: /usr/sbin/dhclient-script: updated /etc/
resolv.conf Jan 29 10:38:26 serverdhclient[1854]: bound to 10.0.0.153 --
renewal in 2212 seconds.
```

可以看到服务器端给客户端发送的 DHCP Request 数据包和 DHCP Ack 数据包。

② 在客户端上通过 ip addr 命令再次查看 ens33 IP 地址，验证是否为 10.0.0.153。

```
[root@client ~]#ip addr
...
2: ens33: <BROADCAST,MULTICAST,UP,LOWER_UP> mtu 1500 qdisc fq_codel
state UP group default qlen 1000
    link/ether 00:0c:29:c8:19:99 brd ff:ff:ff:ff:ff:ff
    inet 10.0.0.153/24 brd 10.0.0.255 scope global secondary dynamic ens33
       valid_lft 5327sec preferred_lft 5327sec
    inet6 fe80::20c:29ff:fec8:1999/64 scope link noprefixroute
       valid_lft forever preferred_lft forever
```

③ 查看网关，确定网关为 10.0.0.254。

在客户端输入 route -n 命令，执行结果如下。

```
[root@client ~]#route -n
Kernel IP routing table
Destination     Gateway         Genmask         Flags Metric Ref    Use Iface
0.0.0.0         10.0.0.254      0.0.0.0         UG    0      0        0 ens33
10.0.0.0        0.0.0.0         255.255.255.0   U     100    0        0 ens33
```

④ 查看 DNS 配置文件，看 DNS 是否为 DHCP 服务器发放的 DNS 服务器 IP 地址。

```
[root@client ~]#cat /etc/resolv.conf
; generated by /usr/sbin/dhclient-script
nameserver 202.106.0.20
nameserver 114.114.114.114
```

7.1.4 任务评价

认识及配置 DHCP 服务任务评价单

任务 7.2　DHCP 中静态 IP 地址配置及超级作用域实现

7.2.1 实施任务单

任务编号	7-2	任务名称	DHCP 中静态 IP 地址配置及超级作用域实现
任务简介	某公司搭建了一台 DHCP 服务器，可以动态分配 IP 地址，为网络管理员李工提高工作效率。现在公司还有几台其他的业务服务器，如果也是动态分配 IP 地址，不仅不利于管理，也不方便用户的访问。当网络中的计算机或其他设备不断增加，则需要扩容 IP 地址才能满足要求。DHCP 服务器通过发布多个作用域，可以实现 IP 地址的增容		
设备环境	Windows 10、VMware Workstation 16 Pro、openEuler 22.03 LTS		
任务难度	初级	实施日期	年　　月　　日
任务要求	1. 熟悉 DHCP 配置文件的设置方法 2. 熟悉 DHCP 服务中静态 IP 地址的配置 3. 熟悉 DHCP 服务中多个作用域的定义		

7.2.2 知识加油站

1. 静态 IP 地址

客户端从 DHCP 服务器那里取得的 IP 地址并不总是动态的。例如，有的单位除了员工用计算机外,还有数量不少的服务器,这些服务器如果也使用动态 IP 地址,不仅不利于管理,而且客户端访问起来也不方便。设置 DHCP 服务器记录特定计算机的 MAC 地址,然后为每个 MAC 地址分配一个固定的 IP 地址,也称保留地址。

实现该功能需要修改 DHCP 配置文件。配置过程需要有 host 声明和 hardware、fixed-address 参数。使用 host 命令用于定义保留地址格式如下:

```
host    主机名 {...}
```

格式示例如下:

```
 host print {
   hardware ethernet 00:0C:29:4e:fa:f6;
   fixed-address 10.0.0.252;
 }
 #host print, host 为指令, print 是个名字, 可自行定义
 #hardware ethernet, 指定客户端以太网网卡 MAC 地址
 #fixed-address, 指定要绑定的 IP 地址
```

2. 超级作用域

当网络中的计算机或其他设备不断增加,则需要扩容 IP 地址才能满足要求。DHCP 服务器通过发布多个作用域,可以实现 IP 地址的增容。

超级作用域格式示例如下:

```
#share-network 部署一个超级作用域
#supper 超级作用域名称,建议名称起得有意义
shared-network supper {
    #192.168.0.0 作用域
    subnet 192.168.0.0 netmask 255.255.255.0 {
        range 192.168.0.1 192.168.0.150;
        option routers 192.168.0.254;
    }
    #192.168.1.0 作用域
    subnet 192.168.1.0 netmask 255.255.255.0 {
    range 192.168.1.1 192.168.1.150;
    option routers 192.168.1.254;
    }
}
```

7.2.3 任务实施

1. 静态 IP 地址绑定

(1) 查找客户端的 MAC 地址。

客户端输入 ip addr 命令查看并记录客户端 MAC 地址。

微课:DHCP 中静态 IP 地址的配置

```
[root@client ~]#ip addr
```

```
...
2: ens33: <BROADCAST,MULTICAST,UP,LOWER_UP> mtu 1500 qdisc fq_codel
state UP group default qlen 1000
link/ether 00:0c:29:c8:19:99 brd ff:ff:ff:ff:ff:ff
...
```

从以上代码中可以查询此台虚拟机的 MAC 地址为 00:0c:29:c8:19:99。

（2）在服务器端修改 DHCP 配置文件。

输入 vim /etc/dhcp/dhcpd.conf 命令，为打开的文件添加以下内容。

```
host print {
  hardware ethernet 00:0c:29:c8:19:99;      # 客户端 MAC 地址
  fixed-address 10.0.0.168;                 # 需要绑定的 IP 地址
}
```

修改后的配置文件如下。

```
[root@server ~]#cat /etc/dhcp/dhcpd.conf
Authoritative;
log-facility local7;
subnet 10.0.0.0 netmask 255.255.255.0
{
range 10.0.0.153 10.0.0.252;
option domain-name-servers 202.106.0.20, 114.114.114.114;
option routers 10.0.0.254;
option broadcast-address 10.0.0.255;
default-lease-time 7200;
max-lease-time 10800;
}
host print {
  hardware ethernet 00:0c:29:c8:19:99;
  fixed-address 10.0.0.168;
}
```

（3）重启 DHCP 服务。

```
[root@server ~]# systemctl restart dhcpd.service
```

（4）在 DHCP 客户端测试静态 IP 地址配置情况。

- 在客户端输入 dhclient -r ens33 命令：释放 IP 地址；
- 在客户端输入 dhclient -d ens33 命令：获取 IP 地址。

虚拟机在重新获取 IP 地址时，获得了静态 IP 地址。

```
[root@client ~]#dhclient -r ens33
[root@client ~]#dhclient -d ens33
...
DHCPDISCOVER on ens33 to 255.255.255.255 port 67 interval4 (xid=0x?12b4729)
```

```
DHCPOFFER of 10.0.0.168 from 10.0.0.200
DHCPREQUEST for 10.0.0.168 on ens33 to 255.255.255.255 port 67 (xid=0x712b4?29)
DHCPACK of 10.0.0.168 from 10.0.0.200 (xid=0x712b4729)
bound to 10.0.0.168 -- renewal in 3551 seconds.
```

⚠ **注意**：如果 IP 地址未释放，先执行 -d 选项获得一次 IP 地址再释放。

2. 超级作用域实现

（1）修改 DHCP 配置文件。

在服务器端输入 vim /etc/dhcp/dhcpd.conf 命令修改 DHCP 配置文件，需要修改 subnet 作用域。修改后的 DHCP 配置文件如下：

```
[root@server ~]#cat /etc/dhcp/dhcpd.conf
Authoritative;
log-facility local7;
shared-network supper {
    #10.0.0.0 作用域
    subnet 10.0.0.0 netmask 255.255.255.0 {
        range 10.0.0.150 10.0.0.150;
        option routers 10.0.0.254;
        }
#10.0.1.0 作用域
subnet 10.0.1.0 netmask 255.255.255.0 {
        range 10.0.1.150 10.0.1.150;
        option routers 10.0.1.254;
    }
}
```

本例中定义了两个网段，分别是 10.0.0 网段和 10.0.1 网段，把这两个网段放到两个 subnet 中，两个 subnet 作用域都放到了 share-network supper 这个超级作用域中。为了测试效果，每个网段只发一个 IP 地址，不同的网段定义不同的网关。

⚠ **注意**：为了确保测试的客户端能获取到超级作用域范围内的 IP 地址，需要将之前定义的作用域删掉。

（2）重启 DHCP 服务，生效配置文件。

```
[root@server ~]#systemctl restart dhcpd
```

（3）为客户端添加一块网卡。

① 关闭虚拟机，选择"虚拟机"→"设置"选项，在弹出的"虚拟机设置"对话框中单击"添加"按钮，如图 7-10 所示。

② 在弹出的"添加硬件向导"对话框中，选择"网络适配器"选项，单击"完成"按钮，如图 7-11 所示。

③ 此时会为虚拟机添加一块网卡，选择新添加的"网络适配器 2"选项，选中"NAT 模式"单选按钮，单击"确定"按钮，如图 7-12 所示。

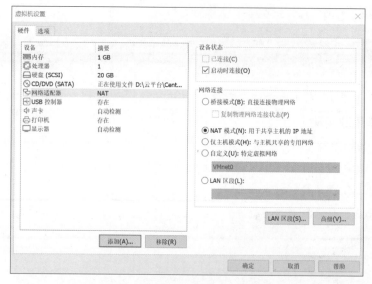

图 7-10 "虚拟机设置"对话框

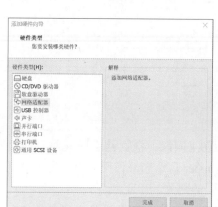

图 7-11 "添加硬件向导"对话框　　　　图 7-12 网卡参数设置界面

④ 虚拟机开机后使用 ip addr 命令查看两块网卡的名称分别是 ens33 和 ens36。

⚠️ **注意**：添加的网卡名称不一定是 ens36，不同的虚拟机可能网卡的名称也会不同。

（4）客户端测试 IP 地址的释放和获取。

① 在客户端输入 dhclient -r ens33 和 dhclient -r ens36 命令，代码如下：

```
[root@client~]#dhclient -r ens33
[root@client~]#dhclient -r ens36
```

⚠️ **注意**：网卡名称要以实际名称进行获取和释放，此时这两块网卡已经获取到超级作用域的 IP 地址，因为此时服务器和客户端都处于开机状态，IP 地址获取工作已经完成。为了观察实验效果，对网卡进行再次释放和获取。

② 采用 dhclient -d 命令来重新获取 IP 地址。

```
[root@client~]#dhclient -d ens33
[root@client~]#dhclient -d ens36
```

③ 使用 ip addr 命令查看新获取到的 IP 地址。

```
[root@client ~]#ip addr
...
2: ens33: <BROADCAST,MULTICAST,UP,LOWER_UP> mtu 1500 qdisc fq_codel
state UP group default qlen 1000
link/ether 00:0c:29:c8:19:99 brd ff:ff:ff:ff:ff:ff
inet 10.0.0.150/24 brd 10.0.0.255 scope global dynamic noprefixroute ens33
valid_lft 40728sec preferred_lft 40728sec
inet6 fe80::20c:29ff:fec8:1999/64 scope link noprefixroute
valid_lft forever preferred_lft forever
3: ens36: <BROADCAST,MULTICAST,UP,LOWER_UP> mtu 1500 qdisc fq_codel
state UP group default qlen 1000
link/ether 00:50:56:2c:67:f7 brd ff:ff:ff:ff:ff:ff
inet 10.0.1.150/24 brd 10.0.1.255 scope global dynamic ens36
valid_lft 43090sec preferred_lft 43090sec
...
```

⚠ **注意**：如果出现网卡 IP 地址不能全部释放，可以重启客户端后重新释放。

从获取结果来看，客户端的两个网卡，获取到了超级作用域里定义的两个作用域的 IP 地址，分别为 10.0.0.150 和 10.0.1.150。

IP 地址也是资源，是非常宝贵的网络资源，应合理利用，保证 IP 地址的高效利用。IPv6 是互联网协议第 6 版的缩写，是为解决 IPv4 地址枯竭而制定的下一代互联网协议版本，能够提供海量的网络地址资源和广阔的创新空间。目前，我国的 IPv6 部署应用程度位居世界前列。

微课：DHCP 超级作用域

7.2.4 任务评价

DHCP 中静态 IP 地址配置及超级作用域实现任务评价单

◆ 项 目 小 结 ◆

本项目通过搭建 DHCP 实现了 IP 地址的动态分配。DHCP 服务采用的是客户端-服务器模式，客户端用来请求 IP 地址，服务器负责分发 IP 地址，除了 IP 地址外，服务器还为客户端提供其他的配置信息，比如子网掩码，网关等，使客户端可以自动接受配置并连接网络，大大提高了网络管理员的工作效率。

◆ 练 习 题 ◆

一、选择题

1. DHCP 服务器的作用是（　　）。
   A. 自动分配 IP 地址等配置　　　　　　B. 域名解析
   C. 解析 IP 地址　　　　　　　　　　　D. 实现远程管理
2. DHCP 是（　　）的简称。
   A. 静态主机配置协议　　　　　　　　　B. 动态主机配置协议
   C. 主机配置协议　　　　　　　　　　　D. 以上都不对
3. DHCP 服务将主机的 MAC 地址和 IP 地址绑定在一起的配置文件是（　　）。
   A. /etc/dhcp/dhcpd.conf　　　　　　　　B. /etc/dhcp.conf
   C. /networks/dhcpd.conf　　　　　　　　D. /networks/dhcp.conf
4. DHCP 服务中需要主机的 MAC 地址和 IP 地址绑定，这称为（　　）。
   A. 超级保用域　　　　　　　　　　　　B. 保留地址
   C. 分配地址　　　　　　　　　　　　　D. 预留地址
5. 为移动用户提供租约期限为 4 个小时，在租约数据输入应该是（　　）秒。
   A. 3600　　　　　B. 10 800　　　　　C. 14 400　　　　　D. 7200

二、填空题

1. 租约的 3 个时间节点是租约的＿＿＿＿、＿＿＿＿、＿＿＿＿。
2. DHCP 工作流程主要分为 4 个阶段，分别是＿＿＿＿、＿＿＿＿、＿＿＿＿、＿＿＿＿。

三、简答题

简述 DHCP 服务器分配给客户端的 IP 地址类型。

四、实践题

搭建 DHCP 服务器，为网络提供以下参数配置。
（1）IP 地址范围：192.168.10.18～192.168.10.30。
（2）子网掩码：255.255.255.0。
（3）网关：192.168.10.254。
（4）DNS 服务器：114.114.114.114。
请写出配置文件参数，并在环境中实现上述功能。

项目 8

DNS 服务器配置

学习目标

- 了解 DNS 的特点；
- 理解 DNS 工作过程；
- 掌握 DNS 的安装与启动方法；
- 掌握 DNS 服务器的配置方法；
- 掌握 DNS 正向解析的方法；
- 掌握 DNS 反向解析的方法；
- 掌握 DNS 主从解析的方法；
- 掌握 DNS 智能解析的方法。

素质目标

- 养成良好的自主探究习惯和职业道德精神；
- 养成规范书写代码的良好习惯与严谨认真的学习态度；
- 提升网络安全意识，要有维护网络环境安全的社会责任感；
- 树立网络主权与科技强国意识。

项目重难点

项目内容	工作任务	建议学时	技 能 点	重 难 点	重要程度
DNS 服务器配置	认识与配置 DNS 服务	2	DNS 服务的安装，DNS 服务的启动，对配置文件进行参数设置	DNS 配置文件参数设置	★★★★★
	DNS 正向、反向解析	1	主配置文件与区域数据库文件的配置，对配置文件进行检测，重新启动 DNS 服务完成正向解析	正向解析域的设置	★★★★★
		1	主配置文件与区域数据库文件的配置，对配置文件进行检测，重新启动 DNS 服务完成反向解析	反向解析域的设置	★★★★★
	DNS 主从解析	2	主配置文件与区域数据库文件的配置，对配置文件进行检测，重新启动 DNS 服务完成主从解析	从 DNS 服务器的设置	★★★★★
	DNS 智能解析	2	主配置文件与区域数据库文件的配置，对配置文件进行检测，重新启动 DNS 服务完成智能解析	不同地域的正向解析域设置	★★★★☆

任务 8.1　认识与配置 DNS 服务

8.1.1　实施任务单

任务编号	8-1	任务名称	认识与配置 DNS 服务
任务简介	某公司规模扩大，目前员工有上千人，公司配置网络，要求完成公司内部员工不需要记住 IP 地址就能快速访问本地网络和互联网上资源的任务。此项任务分配给网络部门李工来完成。李工经分析决定搭建一台 DNS 服务器并完成域名解析，以此来解决以上问题			
设备环境	Windows 10、VMware Workstation 16 Pro、openEuler 22.03 LTS			
任务难度	初级	实施日期	年　月　日	
任务要求	1. 知道 DNS 服务器的作用 2. 理解 DNS 域名空间的结构 3. 掌握 DNS 解析的原理及域名解析过程 4. 理解主配置文件的参数含义 5. 理解区域数据库文件的参数含义 6. 理解 DNS chroot 模式的作用 7. 掌握 DNS 软件包的安装方法 8. 掌握 DNS 服务的启动方法			

8.1.2　知识加油站

1. DNS 服务介绍

DNS 是一个域名系统，是一个将域名和 IP 地址相互映射的一个分布式数据库，能够使用户更方便地访问互联网，而不用去记住 IP 地址。DNS 协议的运行以 UDP 协议为基础，使用端口号 53。

2. DNS 域名空间

域名是一个网站的逻辑地址，如 www.baidu.com，相比 IP 地址更加方便记忆，所以在日常生活中被广泛使用。

微型计算机的出现和局域网的发展推动了广域网的发展，为了解决广域网解析问题，美国研发出了 DNS 服务，专门成立了管理 DNS 域名的机构，并提出了域名命名规则。

域名可以由（a～z 和 A～Z，大小写等价）26 个英文字母、数字（0～9）及连接符（-）组成，但是域名的首位必须是字母或数字。另外，对于域名的长度也有一定的限制，国际通用顶级域名长度不得超过 26 个字符，而中国顶级域名长度不得超过 20 个字符。

3. DNS 解析原理

目前，互联网的网站地址命名方法是层次树状结构的方法。采用这种命名方法，任何一个连接在互联网上的主机或设备，都有一个相应层次结构的名字，即域名（domain name）。域是名字空间中一个可被管理且容易记忆的名称，域名可以继续按层次划分为子域名，有二级域名、三级域名等，如图 8-1 所示。

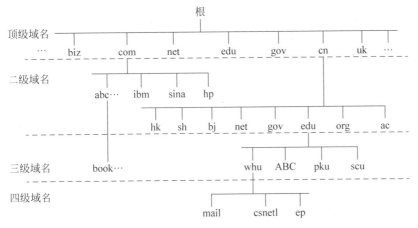

微课：DNS 概述

图 8-1　域名结构

图 8-1 就是一个有关域名的树形结构，顶级域名是根，根用点来代替。那么在根域名下面，紧接着是顶级域名，顶级域名有两类，一类是组织域名，如 com、net、org、edu、gov，在这里 com 和 net 代表商业组织，org 代表非营利性组织，edu 代表教育类组织，gov 代表政府，还有一类是地理类域名，如 cn 代表中国、hk 代表香港。剩下的是二级域名，也就是租赁的域名，对于租赁的域名可以按照域名的命名规则随便拟名字。在租赁域名时需注意，想要的域名是否已经被注册过。如果已经注册过，就不能再租赁这个域名了，一般租赁的是二级域名，在二级域名的基础上还可以延伸为三级域名。如 mail.sina.com 就是三级域名，域名还可以更长，读域名时需要倒着往回读。如 pku.edu.cn. 最后这个点可以不加，因为它是默认的。总之，域名的结构为主机头 . 二级域名 . 顶级域名 . 根，如 book.abc.com.，这里的 book 就是一个主机头，主机头在解析里面可以随便设置，abc 就是一个租赁的二级域名，因为二级域名不能购买。

4. DNS 服务的工作过程

DNS 域名解析一般按照以下几个步骤完成。

（1）客户端提出对域名 www.ABC.com 解析的请求，并将该请求发送给本地 DNS 的域名服务器。

微课：DNS 工作过程

（2）当本地的 DNS 域名服务器收到请求后，先查询本地的缓存。如果有对域名 www.ABC.com 解析的记录项，则本地的 DNS 域名服务器会直接把查询到的 IP 地址 10.0.0.215 返回给客户端。

（3）如果本地的缓存中没有找到域名 www.ABC.com 解析的记录项，则本地 DNS 域名服务器会直接把解析请求发给根域名服务器。如果根域名服务器无法完成解析，将会返回给本地域名服务器一个解析该域名的 com 服务 IP 地址 X.X.X.X。

（4）本地 DNS 服务器再向给定 IP 地址的 com 服务器发送 www.ABC.com 解析的请求，如果 com 服务器无法完成解析，将会返回给本地域名服务器一个解析该域名的权威服务器 IP 地址 Y.Y.Y.Y。

（5）本地 DNS 服务器再向给定 IP 地址的权威服务器发送 www.ABC.com 解析的请求，

此时权威服务器将 www.ABC.com 域名解析对应的 IP 地址 10.0.0.215 发送给本地域名服务器保存到缓存，以备下一次使用，同时将最终的域名解析结果发送给客户端。

其具体解析过程如图 8-2 所示。

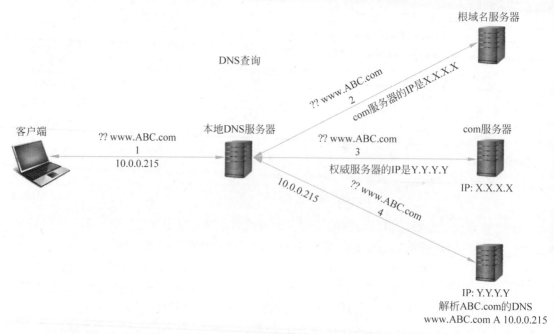

图 8-2　DNS 域名解析

图 8-2 中展示的就是一个典型的 DNS 解析过程。过程 1 是直接解析。过程 1—过程 2、过程 1—过程 3、过程 1—过程 4 属于递归查询。经过从客户端到 DNS 服务器的过程 1 后，过程 2、过程 3、过程 4 之间称为迭代查询。

（1）递归查询：当客户机向 DNS 服务器发出请求后，若 DNS 服务器本身不能解析，则会向另外的 DNS 服务器发出查询请求，得到结果后转交给客户机；如果主机所询问的本地域名服务器不知道被查询的域名的 IP 地址，那么本地 DNS 就会扮演 DNS 客户的角色，去代理原客户向根域名服务器发出请求，递归即递给服务器，所有操作都由服务器来完成，一般客户机和服务器之间属于递归查询。

（2）迭代查询：当 DNS1 服务器访问 DNS2 服务器，DNS2 服务器不知道，会告诉 DNS1 服务器有关 DNS3 服务器的一个 IP 地址，让 DNS1 服务器去访问 DNS3 服务器，以此类推，这样的查询方式就是迭代查询，一般 DNS 服务器之间属迭代查询。无论使用哪种域名解析方式，都应更清晰地认识到域名与 IP 地址之间的映射关系及域名的结构与管理方式，学会分辨域名对应的真实 IP 地址，避免访问一些不合法的钓鱼网站。

5. BIND 软件包介绍

BIND 是一种开源的 DNS 协议的实现，包含对域名的查询和响应所需的所有软件，是互联网上最广泛使用的一种软件包，对于类 UNIX 系统来说，已经成为事实上的标准。BIND 这个缩写来自使用的第一个域 Berkeley Internet Name Domain。

BIND 软件包包括以下三个部分。

(1) DNS 服务器。
(2) DNS 解析库 (resolver library)。
(3) 测试服务器的软件工具。

6. DNS 配置文件

DNS 的配置文件 name.conf 默认位于 /etc 目录下，该配置文件主要由 options、logging 和 zone 三部分构成。

- options 用来定义一些影响整个 DNS 服务器的环境；
- logging 定义了 BIND 服务的日志；
- zone 是用来定义每个具体的解析区域。

```
[root@server ~]#vim /var/named/chroot/etc/named.conf
options {
    listen-on port 53 { 127.0.0.1; };
    # 表示 BIND 在 53 号端口监听任何的 IPv4 地址
    listen-on-v6 port 53 {::1; };
    # 表示 BIND 在 53 号端口监听本机的 IPv6 地址
    directory          "/var/named";              # 表示设置工作目录
    dump-file          "/var/named/data/cache_dump.db";
    # 设置缓存转储的目录
    statistics-file    "/var/named/data/named_stats.txt";
    # 记录统计信息的文件
    memstatistics-file "/var/named/data/named_mem_stats.txt";
    # 记录内存使用情况的统计信息
    secroots-file      "/var/named/data/named.secroots";
    # 在收到 rndc secroots 指令后，服务器转储安全根的目的文件的路径名
    # 默认 named.secroots
    recursing-file     "/var/named/data/named.recursing";
    # 指定服务器在通过 rndc recursing 命令指定转储当前递归请求到的文件路径
    # 默认 named.recursing
    allow-query        { localhost; };
    # 设置允许访问的客户端 IP 地址，设为 any 表示任意主机
    recursion yes;                                # 允许递归查询
    dnssec-validation yes;
    # 是否支持 dnssec 确认开关，yes 支持，no 不支持
    managed-keys-directory "/var/named/dynamic";
    # 管理的密钥路径
    pid-file "/run/named/named.pid";              # 服务器记录进程 ID 的文件路径
    session-keyfile "/run/named/session.key";     # 会话密钥文件
    include "/etc/crypto-policies/back-ends/bind.config";
};
# 定义 BIND 服务的日志
logging {
    channel default_debug             # 定义通道（消息输出方式）
    {                                 # 只有当服务器的调试级别不是 0 时，才产生输出
```

```
        file "data/named.run";            # 写入 data/named.run 文件
        severity dynamic;                 # 消息的严重性等级匹配服务器当前的调试级别
    };
};

zone "." IN {           # 这里的 "." 代表根域
    type hint;          # 域类型是 hint，还可以是 master、slave 和 forward，它们的含义
                        # 分别是：master 表示定义的是主域名服务器；slave 表示定义的是辅助
                        # 域名服务器；hint 表示是互联网中根域名服务器
    file "named.ca";                      # 区域数据库文件路径
};
include "/etc/named.rfc1912.zones";
# 包含哪些配置文件，有许多 zone，如正向解析、反向解析、分离解析等
include "/etc/named.root.key";
# 包含公钥 key、key 文件等
```

7. 区域文件与资源记录

一般每个区域都需要两个区域文件，即正向解析区域文件和反向解析区域文件。区域文件实际上是 DNS 服务的数据库，资源记录是数据库中的数据。区域文件中常见的资源记录有 SOA 资源记录、A 资源记录、NS 资源记录。正向解析区域数据库内容如下：

微课：DNS 服务配置

```
[root@server ~]#cat /var/named/named.localhost
$TTL 1D                             # 缓存时间
@ IN SOA  @ rname.invalid.(         # 解析的域名 类型 授权域 授权域名服务器 管理员邮箱
    0         ; serial              # 序列号
    1D        ; refresh             # 刷新间隔
    1H        ; retry               # 重试间隔
    1W        ; expire              # 过期间隔
    3H )      ; minimum             # 这个数据用来规定缓冲服务器不能与主服务联系上后多
                                    # 长时间清除相应的记录
    NS        @                     # 名称服务器，表示这个主机为域名服务器
    A         127.0.0.1             # 主机头 A 记录 IP
    AAAA      ::1                   # AAAA 解析为 IPV6 地址
```

8.1.3 任务实施

1. DNS 软件安装前准备工作

1）关闭防火墙、SELinux

关闭 Linux 防火墙和 SELinux，避免由于防火墙、SELinux 设置问题造成服务无法正常启动。

2）配置 IP 地址、修改主机名

将服务器端 IP 地址改为 10.0.0.200，主机名称为 server，配置环境就准备好了。

2. DNS 软件包的传统安装

DNS 服务是由 BIND 程序提供的，要实现 DNS 服务就需要安装 BIND 程序包，安装完成后，/etc/named.conf 是主配置文件，/var/named 是区域数据库文件所在目录。DNS 服务安装有以下两种模式。

微课：DNS 服务安装与启动

1）DNS 服务普通模式

```
[root@server ~]#yum -y install bind
[root@server ~]#ls /etc/named.conf
[root@server ~]#ls /var/named
```

安装完成之后，设置开机自启动和启动 DNS 服务（DNS 的守护进程叫 named）。需要通过检测 DNS 服务默认的 53 端口情况来判断 DNS 服务是否真正启动，并可以使用 systemctl status named 命令查看 DNS 启动状态。

```
[root@server ~]#systemctl enable named
[root@server ~]#systemctl start named
[root@server ~]#lsof -i :53
```

⚠ **注意**：此时 DNS 服务没有启动，原因是没有配置主配置文件 named.conf。

2）DNS 服务安全模式

第二种 DNS 服务的安装方法是使用 chroot 监牢模式，所谓"监牢"是一个软件机制，其功能是使得某个程序无法访问规定区域之外的资源，同样也是为了增强安全性，其实质是通过 chroot 机制来更改某个进程所能看到的根目录，将某个进程限制在指定目录中，保证该进程只能对该目录及其子目录的文件进行操作，从而保证整个服务器的安全性。我们应该有网络主权与网络安全意识，把网络服务管理好、应用好。

DNS 服务安全模式的安装需要的命令如下：

```
[root@server ~ ]#yum -y install bind bind-chroot
```

在 chroot 模式对应的路径下没有主配置文件与区域数据库文件，接下来需要将主配置文件与区域数据库文件复制到监牢模式的路径下。监牢模式下主配置文件所在目录为 /var/named/chroot/etc，区域数据库文件所在目录为 /var/named/chroot/var/named。

复制主配文件：

```
[root@server ~]#cp -p /etc/named.conf  /var/named/chroot/etc/
```

复制区域数据库文件：

```
[root@server ~]#cp -p /var/named/named.* /var/named/chroot/var/named/
```

在 chroot 模式下，设置开机启动和启动 DNS 服务均需启动 named-chroot。

```
[root@server ~]#systemctl enable named-chroot.service
[root@server ~]#systemctl start named-chroot.service
```

8.1.4 任务评价

认识与配置 DNS 服务任务评价单

任务 8.2 DNS 正向、反向解析

8.2.1 实施任务单

任务编号	8-2	任务名称	DNS 正向、反向解析
任务简介	某公司规模扩大，公司员工有上千人，为了使公司的计算机实现快速访问本地网络和互联网上的资源，并且避免出现太多的垃圾邮件，需要在公司搭建 DNS 服务器并完成正向、反向域名解析，公司决定将这一任务分配给技术部门的李工来完成			
设备环境	Windows 10、VMware Workstation 16 Pro、openEuler 22.03 LTS			
任务难度	初级	实施日期	年 月 日	
任务要求	1. 了解 DNS 正向解析的过程 2. 了解搭建 DNS 正向解析服务的步骤 3. 掌握 DNS 正向解析参数的配置方法 4. 掌握 DNS 正向解析的检测与启动方法 5. 知道 DNS 反向解析的过程 6. 知道搭建 DNS 反向解析服务的步骤 7. 掌握 DNS 反向解析参数的配置方法 8. 掌握 DNS 反向解析的检测与启动方法			

8.2.2 知识加油站

1. 正向解析介绍

域名系统作为域名和 IP 地址相互映射的一个分布式数据库，能够使用户更方便地访问互联网，而不去记住能够被机器直接读取的 IP 地址。通过主机名，最终得到该主机名对应的 IP 地址的过程称为域名解析，使用端口号是 53。DNS 服务器里面有两个区域，即正向查找区域和反向查找区域，正向查找区域就是通常所说的域名解析。

2. 反向解析介绍

反向查找区域就是 IP 地址反向解析，通过查找 IP 地址的 PTR 记录来得到该 IP 地址指向的域名。要成功得到域名就必须有该 IP 地址的 PTR 记录。PTR 记录是邮件交换记录的一种，邮件交换记录中有 A 记录和 PTR 记录，A 记录解析名字到地址，PTR 记录解析地址到名字。

反向域名解析系统（reverse DNS）的功能是确保适当的邮件交换记录是生效的。反向域名解析与正向域名解析相反，提供 IP 地址到对应的域名。IP 地址反向解析主要应用在邮件服务器中来阻拦垃圾邮件。多数垃圾邮件发送者使用动态分配或者没有注册域名的 IP 地址来发送垃圾邮件，以避免追踪，使用域名反向解析后，就可以大大降低垃圾邮件的数量。

由于在域名系统中，一个 IP 地址可以对应多个域名，因此从 IP 地址出发去找域名，理论上应该遍历整个域名树，但是这在互联网上是不现实的。为了完成逆向域名解析，系统提供一个特别的域，此域称为逆向解析域 in-addr.arpa.，这样解析的 IP 地址就会被表达成一种像域名一样的可显示串形式，后缀以逆向解析域域名 in-addr.arpa 结尾。

3. 反向解析区域数据库

反向解析区域数据库与正向解析区域数据库基本类似，不同之处在于反向解析区域数据库有一个 PTR。

```
[root@server ~]#cat /var/named/named.loopback
$TTL 1D                         # 缓存时间
@   IN SOA   @ rname.invalid. ( # 解析的域名、类型、授权域、授权域名服务器、管理员邮箱
              0        ; serial    # 序列号
              1D       ; refresh   # 刷新间隔
              1H       ; retry     # 重试间隔
              1W       ; expire    # 过期间隔
              3H )     ; minimum   # 这个数据用来规定缓冲服务器不能与主服务联系上后
                                   # 多长时间清除相应的记录
    NS       @                 # 名称服务器，表示这个主机为域名服务器
    A        127.0.0.1         # 主机头 A 记录 IP
    AAAA     ::1               # AAAA 解析为 IPV6 地址
    PTR      localhost.        # IP 反向指针域名，PTR 反向指针反解
```

8.2.3 任务实施

1. 正向解析

搭建 DNS 正向解析服务，其具体要求：对 ABC.com 域名做解析，将 www 解析为 a 记录，IP 地址为 10.0.0.215，对 news 做别名解析，将 CNAME 解析为 www。

搭建 DNS 正向、反向解析前需要检查并关闭防火墙和 SELinux，正向、反向解析操作可以在服务器端完成，也可以在客户端完成，本案例中只有一个虚拟机，既是服务端又充当客户端。具体操作步骤如下：

微课：DNS 正向解析

（1）配置正向解析主配置文件。

前面任务中已经把防火墙、SELinux 关闭了，并且 DNS 的相关软件包也安装好了，接下来需要打开并编辑主配置文件，BIND 程序在 53 号端口可以监听本虚拟机 IP 地址 10.0.0.200，将寻址方式改为允许任何主机查询，允许递归查询，将服务器记录进程 ID 的文件路径与会话密钥文件生效，主配置文件模板中其他代码加注释或者删掉。具体配置情况如下：

```
[root@server ~]#vim /var/named/chroot/etc/named.conf
options {
        listen-on port 53 { 10.0.0.200; };   #本虚拟机的IP地址
        directory        "/var/named";
        allow-query      { any; };
        recursion yes;
        pid-file "/run/named/named.pid";
        session-keyfile "/run/named/session.key";
};
zone "." IN {
        type hint;
        file "named.ca";
        };
        zone "ABC.com" IN {
        type master;
        file "ABC.com.zone";
};
```

在主配置文件里定义一个主域,需要说明对哪个域名做解析。zone定义域,域名是ABC.com。IN是解释说明的意思,大括号里面放的是属性,首先将区域类型设置为master,区域文件名改为正向区域文件的名称:ABC.com.zone,注意每行都要用分号结尾,这时正向解析的主配置文件就写好了。

(2)配置正向解析区域数据库文件。

配置正向解析区域数据库文件,首先切换到正向区域数据库文件所在的目录下,查找并复制正向解析的区域数据库文件,将其命名为ABC.com.zone,建议这里的数据库文件域名命名要达到见名知义的效果,这样做便于后期的辨认与管理。修改复制后的正向解析区域数据文件ABC.com.zone所属的用户组权限是named,并打开该文件进行相关配置。

```
[root@server ~]#cd /var/named/chroot/var/named/
[root@server ~]#ls
[root@ server ~]#cp named.localhost ABC.com.zone
[root@ server ~]#chgrp named ABC.com.zone
[root@ server ~]#vim ABC.com.zone

$TTL 1D
ABC.com.IN SOA   ns1.ABC.com. rname.invalid. (
                                              0        ;serial
                                              1D       ;refresh
                                              1H       ;retry
                                              1W       ;expire
                                              3H )     ;minimum
        NS       ns1.ABC.com.
ns1     A        10.0.0.200
www     A        10.0.0.215
news    CNAME    www
```

这里的 ABC.com. 表示对该名称的域进行解析；ns1.ABC.com. 表示域名服务器的名称（注意这里的点不能丢）；A 记录是域名解析为的 IP 地址；访问 new 对应的别名是 www。

⚠ **注意**：在编辑区域数据库文件内容时，一定要按照模板格式完成。正如《礼记·中庸》中所说，博学之、审问之、慎思之、明辨之、笃学之，我们对学问应慎重地思考，明白的辨别，要切实地力行，操作方面应规范、严谨。

（3）DNS 服务检测与启动。

主配置文件和区域数据文件相关的参数设置好之后保存退出，需要检测主配置文件和区域数据文件是否正确。在企业生产线上必须对主配置文件和区域数据文件进行检测，没有问题的情况下再重启 DNS 服务，然后再打开域名解析配置文件 resolv.conf，将 DNS 服务的 IP 地址设置为本机的 IP 地址，因为此时这台机器既充当客户端又充当服务器端，也就是自己给自己做域名解析。

```
[root@server named]#named-checkconf /var/named/chroot/etc/named.conf
[root@server named]#named-checkzone ABC.com 
/var/named/chroot/var/named/ABC.com.zone    //是一个完整的命令
[root@server named]#systemctl   restart named-chroot
[root@server named]#vim /etc/resolv.conf //保存本机需要使用的 DNS 服务器的 IP
                                         //地址，对该文件所做的修改会立刻生效
#Generated by NetworkManager
#search localdomain
nameserver 10.0.0.200               //将 DNS 服务的 IP 地址设置成本机 IP 地址
```

（4）DNS 域名解析。

重新启动 DNS 服务器之后，利用 host 命令、dig 命令或者是 nslookup 命令完成对新配置的 DNS 服务的解析操作，host 命令以更简洁的方式显示查询结果，nslookup 命令可以采用交互式或非交互式获取查询结果，非交互模式适用于简单的单次查询，若需要多次查询，则交互模式更加适合，从根服务器进行迭代查询。dig 命令显示详细的解析流程，执行 DNS 服务搜索，显示从接受请求的域名服务器返回的答复。大部分 DNS 操作员利用 dig 命令作为 DNS 问题的故障诊断，因为它的灵活性好，易用、输出清晰。执行 nslookup www.ABC.com 命令解析的结果中的 server 表示在哪个主机上解析的域名。具体解析结果如下。

```
[root@server named]#nslookup www.ABC.com
Server:     10.0.0.200
Address:    10.0.0.200#53

Name:    www.ABC.com
Address: 10.0.0.215
```

采用 host www.ABC.com 或 host news.abc.com 命令进行解析域名，其中这里的 news 是 www 的别名，解析结果如下。

```
[root@server named]#host www.ABC.com
www.ABC.com has address 10.0.0.215
```

用 dig www.ABC.com 命令解析得更详细，用该命令解析出来的就是区域数据库文件，具体解析结果如下。

```
[root@server named]#dig www.ABC.com

; <<>> DiG 9.16.23 <<>> www.ABC.com
;; global options: +cmd
;; Got answer:
;; ->>HEADER<<- opcode: QUERY,status: NOERROR,id:31861
;; flags: qr aa rd ra; QUERY: 1, ANSWER: 1,AUTHORITY: 0,ADDITIONAL:1;
;; OPT PSEUDOSECTION:
; EDNS: version: 0,flags:; udp:1232
; COOKIE: 07fda09e21adf3210100000065cf61db56a20bcd63a00c42(good)
;; QUESTION SECTION:
;www.ABC.com.         IN      A

;; ANSWER SECTION:
www.ABC.com.     86400    IN      A       10.0.0.215

;Query time: 1 msec
;SERVER: 10.0.0.200#53(10.0.0.200)
;WHEN: Fri Feb 16 21:23:39 CST 2024
;MSG SIZE rcvd: 84
```

2. 反向解析

其公司搭建反向解析服务器，要求对 www.ABC.com 完成反向解析，其对应的 IP 地址为：10.0.0.215。首先需要打开主配置文件，在正向解析域的后面，紧跟着写一个有关反向解析的 zone，在这里一定要注意反向解析域的书写格式，此处需要倒着写本虚拟机网段，解析类型是 master，反向解析区域数据库文件名称为 10.0.0.arpa。

微课：DNS 反向解析

根据配置步骤，应先配置主配置文件，然后再配置反向区域数据库文件。具体操作步骤如下。

（1）配置反向解析主配置文件。

```
[root@server ~]#vim /var/named/chroot/etc/named.conf
options {
        listen-on port 53 { 10.0.0.200; };
        directory       "/var/named";
        allow-query     { any; };
        recursion yes;
        pid-file "/run/named/named.pid";
        session-keyfile "/run/named/session.key";
};
zone "." IN {
        type hint;
```

```
        file "named.ca";
};
zone "ABC.com" IN {
        type master;
        file "ABC.com.zone";
};
zone "0.0.10.in-addr.arpa" IN {
        type master;
        file "10.0.0.arpa";
};
```

（2）配置反向解析的区域数据库文件。

复制反向解析数据库区域文件 named.loopback，更改反向解析数据库区域文件所属权限为 named。打开区域数据文件完成反向解析的配置，在书写代码时，同样注意区域的书写格式和反向解析的标记。

```
[root@server ~]#cd /var/named/chroot/var/named/
[root@ server named]#ls
[root@ server named]#cp named.loopback 10.0.0.arpa
[root@ server named]#chgrp named 10.0.0.arpa
[root@server named]#vim 10.0.0.arpa
```

反向解析区域数据库文件中的参数与正向解析区域数据库文件的参数含义与作用一样，按照模板格式要求将反向解析区域数据库配置好后，保存并退出该文件。反向区域数据库文件具体配置内容如下。

```
$TTL 1D
0.0.10.in-addr.arpa.    IN SOA    ns1.ABC.com. rname.invalid. (
                                                0         ; serial
                                                1D        ; refresh
                                                1H        ; retry
                                                1w        ; expire
                                                3H )      ; minimum
        NS      ns1.ABC.com.
215     PTR     www.ABC.com.
```

（3）反向 DNS 检测与启动。

执行 named-checkconf ../../etc/named.conf 命令验证以上配置好的主配置文件是否正确，然后再执行 named-checkzone 0.0.10.in-addr.arpa 10.10.0.arpa 命令验证区域数据库文件的配置情况，检测都没有问题时，需要执行 systemctl restart named-chroot 命令启动该服务，并且执行 nslookup 10.0.0.215 命令完成反向解析。

```
[root@ server named]#named-checkconf ../../etc/named.conf
[root@ server named]#named-checkzone 0.0.10.in-addr.arpa 10.0.0.arpa
zone 0.0.10.in-addr.arpa/IN:loaded serial 0
OK
[root@server named]#systemctl restart named-chroot
```

DNS 反向解析结果如下。

```
[root@ server named]#nslookup 10.0.0.215
215.0.0.10.in-addr.arpa name = www.ABC.com.
```

8.2.4 任务评价

DNS 正向、反向解析任务评价单

任务 8.3 DNS 主从解析

8.3.1 实施任务单

任务编号	8-3	任务名称		DNS 主从解析	
任务简介	公司搭建 DNS 服务器并完成域名解析，如果部署单台 DNS 服务器，一旦遇到故障将会影响域名的解析，为了保障 DNS 解析畅通无阻，技术部的李工需要配置主从解析服务才能满足企业业务需求				
设备环境	Windows 10、VMware Workstation 16 Pro、openEuler 22.03 LTS				
任务难度	初级	实施日期		年 月 日	
任务要求	1. 知道 DNS 主从解析的过程 2. 知道搭建 DNS 主从解析服务的步骤 3. 掌握 DNS 主从解析参数的配置方法 4. 掌握 DNS 主从解析的检测与启动方法				

8.3.2 知识加油站

域名服务是分布式的，每一个 DNS 服务器都含有一个自己的完整信息域名空间，控制范围称为区（zone）。本区内的请求由负责本区的 DNS 服务器解释，对于其他区的请求将由本区的 DNS 服务器与负责该区的相应服务器进行联系。

（1）主服务器：为客户端提供域名解析的主要区域，当主 DNS 服务器宕机，会启用从 DNS 服务器提供服务。

（2）从服务器：主 DNS 服务器长期无应答，从服务器也会停止提供服务，主从区域的同步采用周期性检查与通知相结合的机制，从服务器周期性地检查主服务器的记录情况，一旦发现修改就会同步，另外主服务器上如果修改了数据，会立即通知从服务器更新数据记录。

8.3.3 任务实施

将 DNS 部署在单台服务器上,如果出现单点故障,可以通过部署多台相同解析的 DNS 服务器来解决,即使一台 DNS 服务器出现问题,也不会影响解析服务,如图 8-3 所示。

图 8-3 DNS 主从解析

某公司需要部署主从解析的服务器。按照图 8-3 给主 DNS 服务器部署一台从 DNS 服务器实现数据同步。当主 DNS 服务器出现故障不能进行域名解析时,可以立即启动从 DNS 服务器进行域名的解析工作。

从 DNS 服务器是从主 DNS 服务器拉取区域数据库文件的,当主 DNS 服务器解析的域名对应的区域数据库文件发生变化,从 DNS 服务器就会去找主 DNS 服务器拉取新的区域数据库文件,保证和主 DNS 服务器的解析一致,而且是自动、不需要人为干预的,确保主从 DNS 服务器的区域数据库文件的一致性。

按照图 8-3,为主 DNS 服务器(10.0.0.200)部署一台辅助 DNS 服务器(10.0.0.201),实现数据同步。

微课:DNS 服务器主从解析

请关闭防火墙和 SELinux。具体操作步骤如下。

(1)在客户端安装 bind-chroot 软件包,复制主服务中的主配置文件,这里需要注意主配置文件内容不会同步,同步的是区域数据库文件内容。在配置之前首先确保主 DNS 服务器的正向、反向解析都没问题。

```
[root@client ~]#yum -y install bind-chroot
[root@client ~]#scp root@10.0.0.200:/var/named/chroot/etc/named.conf /
var/named/chroot/etc/
The authenticity of host '10.0.0.200 (10.0.0.200)' can't be established.
ED25519 key fingerprint is SHA256:WmO/F88Yu4TnyH5UPQ2f5G2W2orL1ddt3q2X0zYR5+Q.
This key is not known by any other names
Are you sure you want to continue connecting (yes/no/[fingerprint])? yes
Warning: Permanently added '10.0.0.200' (ED25519) to the list of known hosts.
Authorized users only. All activities may be monitored and reported.
root@10.0.0.200's password:
named.conf
100% 1553      1.2MB/s     00:00
[root@client ~]#ls /var/named/chroot/etc/
crypto-policies named     named.conf   pki
```

⚠ 注意:如果同步出问题,就把 Windows 操作系统中的虚拟网关掉,具体操作如图 8-4 所示。

图 8-4 Windows 操作系统虚拟网设置

（2）切换到 /var/named/chroot/etc/ 下查阅 named.conf 主配置文件所属权限，要求所有文件都属于 named 用户。然后打开复制过来的 named.conf 文件，设置相关的参数。

```
[root@client ~]#cd /var/named/chroot/etc/
[root@client etc]#ll
总用量 16
drwxr-x--- 3 root named 4096 2月 19 09:24 crypto-policies
drwxr-x--- 2 root named 4096 9月 26 17:09 named
-rw-r----- 1 root root  1553 2月 19 09:28 named.conf
drwxr-x--- 3 root named 4096 2月 19 09:24 pki
[root@client etc]#chgrp named named.conf
[root@client etc]#vim named.conf
options {
        listen-on port 53 { 10.0.0.201; };     # 从 DNS 服务的 IP 地址
        directory       "/var/named";
        allow-query     { any; };
        recursion yes;
        pid-file "/run/named/named.pid";
        session-keyfile "/run/named/session.key";
        };
zone "." IN {
        type hint;
        file "named.ca";
};
zone "ABC.com" IN {                            # 定义一个从域
        type slave;                            # 类型为 slave 代表辅助
        file "ABC.com.zone";                   # 区域数据库文件名称
        masters { 10.0.0.200; };               # 设置主 DNS 服务器的 IP 地址，
                                               # 向从 DNS IP 地址去同步数据
};
zone "0.0.10.in-addr.arpa" IN {                # 定义一个反向解析
        type slave;
        file "10.0.0.arpa";
        masters { 10.0.0.200; };
};
```

作为反向解析的域名、区域数据库文件名与主 DNS 服务器当中反向解析的完全一致，类型是从 DNS 服务器类型，设置主 DNS 服务器的 IP 地址，向从 DNS 服务器进行数据的同步。

（3）在从服务器端重启服务把区域数据库文件同步过来，修改 DNS 服务器的地址为从服务器本机 IP 地址。

```
[root@client etc]#ls /var/named/chroot/var/named    //没有数据，需要重启
[root@client etc]#systemctl restart named-chroot
[root@client etc]#ls /var/named/chroot/var/named    //显示已同步
```

⚠ 注意：有些系统可能缺软件包，看不到同步过来的区域数据库文件，但是不影响从 DNS 服务器上的正向与反向解析。

（4）检测并启动从 DNS。

```
[root@client etc]#vim /etc/resolv.conf        //把 IP 地址改为本虚拟机的 IP 地址
#Generated by NetworkManager
#search localdomain
nameserver 10.0.0.201
[root@client etc]#cd  ../var/named
[root@client etc]# ls
[root@client etc]# cat ABC.com.zone          //无法看到预期内容，已被加密
[root@client etc]#lsof -i :53                //检测到 53 端口未开，重启之后再测试
[root@client etc]#systemctl status named-chroot
[root@client etc]#systemctl restart named-chroot
```

在从 DNS 服务器上完成正向解析，其解析结果如下。

```
[root@client etc]#nslookup www.ABC.com
Server:         10.0.0.201
Address:        10.0.0.201#53

Name:    www.ABC.com
Address: 10.0.0.215
```

在从 DNS 服务器上完成反向解析，其解析结果如下。

```
[root@client etc]#nslookup10.0.0.215
215.0.0.10.in-addr.arpa name = www.ABC.com.
```

💡 思考：在主 DNS 服务器中修改相关配置文件中的参数，从 DNS 服务器的相关配置文件内容是否会改变？该如何操作？感兴趣的同学可尝试继续做一做！

8.3.4 任务评价

DNS 主从解析任务评价单

任务 8.4 DNS 智能解析

8.4.1 实施任务单

任务编号	8-4	任务名称		DNS 智能解析
任务简介	公司搭建 DNS 服务器并完成域名解析，随着域名解析业务量的增加，为了减缓主 DNS 服务器的解析压力，技术部的李工将域名解析服务按照不同地域完成相关域名解析，从而提高域名解析的速度，减轻主 DNS 服务器的超负荷工作			
设备环境	Windows 10、VMware Workstation 16 Pro、openEuler 22.03 LTS			
任务难度	初级	实施日期		年　月　日
任务要求	1. 了解 DNS 智能解析的过程 2. 了解搭建 DNS 智能解析服务的步骤 3. 掌握 DNS 智能解析参数的配置方法 4. 掌握 DNS 智能解析的检测与启动方法 5. 通过学习，小组成员能够熟练配置与启动 DNS 智能解析服务			

8.4.2 知识加油站

在访问 Web 的时候，发现有的网站打开的速度非常快，有的网站打开的非常慢，原因就是很多公司为了提升用户的体验，自己的网站使用了 CDN 内容加速服务，使用户直接在用户本地城市的服务器上获取数据并展示给用户。什么是 CDN，可以理解为本地缓存服务器，很多 CDN 公司的 DNS 使用了智能解析服务。

在 DNS 中植入全世界的 IP 库以及 IP 地址对应的地域，当用户来请求解析时，DNS 会根据其源 IP 地址来定位他属于哪个区域，然后去找这个区域的 view 视图，查询对应的域名的区域数据库文件做解析，从而让不同地域的用户解析不同。正如华罗庚所说，在学习中我们要敢于做减法，就是减去前人已经解决的部分，看看还有哪些问题没有解决，需要我们探索解决的。

8.4.3 任务实施

某公司需要部署 DNS 智能解析的服务器，对域名为 ABC.com 进行智能解析，具体要求如下，南京的用户解析 IP 地址为 1.1.1.1，天津的用户解析 IP 地址对应是 2.2.2.2，其他用户解析对应 IP 地址为 3.3.3.3。其实现的步骤是首先修改主配置文件，然后逐一修改对应的区域数据库文件，最后进行检测与启动 DNS 服务，在修改配置文件过程中需要注意代码书写格式的规范性，避免出现错误。搭建 DNS 智能服务的主机名是 server，同样要求关闭防火墙与 SELinux。

微课：智能解析

（1）配置主配置文件。

```
[root@server ~]#vim /var/named/chroot/etc/named.conf
```

```
options {
    listen-on port 53 { 10.0.0.200; };
    directory "/var/named";
    allow-query { any; };
    recursion yes;
    pid-file "/run/named/named.pid";
    session-keyfile "/run/named/session.key";
};
#定义IP地址库
acl nj {
    10.0.0.200;    //本机IP地址,解析南京就把本机IP地址放入南京的IP地址库
};
acl tj {
    1.2.3.4;
};
#定义视图,通过IP地址匹配后,通过不同的区域数据库文件进行解析
view nanjing {
    match-clients { nj; };
    zone "." IN {
        type hint;
        file "named.ca";
    };
    zone "ABC.com" IN {
        type master;
        file "ABC.com.zone.nj";
    };
};

view tianjin {
    match-clients { tj; };
    zone "." IN {
        type hint;
        file "named.ca";
    };
    zone "ABC.com" IN {
        type master;
        file "ABC.com.zone.tj";
    };
};

view other {
    match-clients { any; };
    zone "." IN {
        type hint;
        file "named.ca";
```

```
    };
    zone "ABC.com" IN {
        type master;
        file "ABC.com.zone.ot";
    };
};
```

⚠ **注意**：将主配文件中的两个 include 文件全部删掉或加注释，配置文件中 // 代表注释。

（2）配置区域数据库文件。

根据 named.conf 主配文件内容的规定，需要设置不同的区域数据库文件。

```
[root@server ~]#cd /var/named/chroot/var/named
[root@ server named]#cp ABC.com.zone ABC.com.zone.nj
[root@ server named]#cp ABC.com.zone ABC.com.zone.tj
[root@ server named]#cp ABC.com.zone ABC.com.zone.ot
[root@ server named]#chgrp named ABC.com.zone.*
```

修改南京的区域数据库对应域名解析的 IP 地址为 1.1.1.1，解析的域名是 www.ABC.com。

```
[root@server named]#vim ABC.com.zone.nj
$TTL 1D
ABC.com.          IN SOA   ns1.ABC.com. rname.invalid. (
                                    0       ; serial
                                    1D      ; refresh
                                    1H      ; retry
                                    1W      ; expire
                                    3H )    ; minimum
         NS       ns1.ABC.com.
ns1      A        10.0.0.200
www      A        1.1.1.1
news     CNAME    www
```

修改天津的区域数据库对应域名解析的 IP 地址为 2.2.2.2，解析的域名是 www.ABC.com。

```
[root@server named]#vim ABC.com.zone.tj
$TTL 1D
ABC.com.          IN SOA   ns1.ABC.com. rname.invalid. (
                                    0       ; serial
                                    1D      ; refresh
                                    1H      ; retry
                                    1W      ; expire
                                    3H )    ; minimum
         NS       ns1.ABC.com.
ns1      A        10.0.0.200
www      A        2.2.2.2
news     CNAME    www
```

修改其他的区域数据库对应域名解析的 IP 地址为 3.3.3.3，解析的域名是 www.ABC.com。

```
[root@server named]#vim ABC.com.zone.ot
$TTL 1D
ABC.com.         IN SOA  ns1.ABC.com. rname.invalid. (
                                 0       ; serial
                                 1D      ; refresh
                                 1H      ; retry
                                 1W      ; expire
                                 3H )    ; minimum
         NS      ns1.ABC.com.
ns1      A       10.0.0.200
www      A       3.3.3.3
news     CNAME   www
```

（3）重新启动 DNS 服务并进行解析测试，结果如下。

```
[root@server ~]#systemctl restart named-chroot
[root@server ~]#nslookup www.ABC.com
Server:          10.0.0.200
Address:         10.0.0.200#53

Name:    www.ABC.com
Address: 1.1.1.1
```

如果测试天津只需要将 name.conf 文件中 tj 的 IP 地址库修改为本机 IP 地址即可。

```
[root@server ~]#vim /var/named/chroot/etc/named.conf
……………………
acl nj {
    1.2.3.4;
};
acl tj {
    10.0.0.200;
};
……………………
```

重新启动 DNS 服务并进行解析测试，结果如下。

```
[root@server ~]#systemctl restart named-chroot
[root@server ~]#nslookup www.ABC.com
Server:          10.0.0.200
Address:         10.0.0.200#53

Name:    www.ABC.com
Address: 2.2.2.2
```

如果测试其他区域只需要将 name.conf 文件中 nj、tj 的 IP 地址库都修改为非本机 IP 地址的其他任意 IP 地址。

```
[root@server ~]#vim /var/named/chroot/etc/named.conf
..................
acl nj {
    1.2.3.4;
};
acl tj {
    5.6.7.8;
};
..................
```

重新启动 DNS 服务并进行解析测试,结果如下。

```
[root@server ~]#systemctl restart named-chroot
[root@server ~]#nslookup www.ABC.com
Server:         10.0.0.200
Address:        10.0.0.200#53

Name:    www.ABC.com
Address: 3.3.3.3
```

8.4.4 任务评价

DNS 智能解析任务评价单

◆ 项目小结 ◆

本项目通过搭建 DNS 实现了正向解析、反向解析、主从解析和智能解析。DNS 主从解析服务采用的是客户端-服务器模式,当主 DNS 服务器出现故障不能做正反向解析,可以启动从 DNS 服务器完成正反向解析,DNS 智能解析采用分地区完成域名解析,减轻主 DNS 服务器解析的负担,提高了域名解析速度,便于工程技术人员做好管理维护工作。

◆ 练 习 题 ◆

一、选择题

1. DNS 服务器需要安装两个包,分别是( )。
　　A. http、nfs　　　　B. http、bind　　　　C. dns、http　　　　D. bind、bind-chroot

2. 使用 DNS 客户端验证以下基本用法，错误的是（　　）。
   A. nslookup　　　　　　　　　B. dig
   C. nfs　　　　　　　　　　　　D. host
3. DNS 将 IP 地址映射为域名，属于（　　）。
   A. 正向解析　　　　　　　　　B. 反向解析
   C. 全面解析　　　　　　　　　D. 部分解析
4. DNS 的全称是（　　）。
   A. 主机域名　　　　　　　　　B. 域名系统
   C. 服务器域名　　　　　　　　D. 缓存域名
5. 以下对 DNS 服务器的描述，正确的是（　　）。
   A. DNS 服务器的主配置文件为 /etc/named/dns.conf
   B. 配置 DNS 服务器，只要配置好 /etc/named.conf 文件即可
   C. 配置 DNS 服务器，通常需要配置 /etc/named.conf 和对应的区域文件
   D. 配置 DNS 服务器时，正向和反向区域文件都必须配置
6. 指定域名服务器位置的文件是（　　）。
   A. /etc/hosts　　　　　　　　　B. /etc/networks
   C. /etc/resolv.conf　　　　　　D. /.profile

二、填空题

1. DNS 查询方式有两种，分别是＿＿＿＿和＿＿＿＿。
2. ＿＿＿＿表示主机的资源记录，＿＿＿＿表示别名的资源记录。
3. DNS 顶级域名中表示商业组织的是＿＿＿＿。

三、简答题

1. 简述 DNS 域名解析的工作过程。
2. 简述常用的资源记录。

四、实践题

搭建 DNS 服务器，完成以下任务。

1. 关闭防火墙和 SELinux。
2. 对 amytula.com 域名做解析，解析要求如下。
（1）将 www 解析为 A 记录，IP 地址为 192.168.150.215。
（2）对 news 做别名解析，将 CNAME 解析为 www。
 3. 对 www.amytula.com 做反向解析，其对应的 IP 地址为：192.168.150.215，请写出配置文件参数，并在环境中实现该功能。

项目 9

NFS 服务器配置

学习目标

- 了解 NFS 的特点；
- 了解 NFS 守护进程的作用；
- 掌握 NFS 服务器搭建的方法；
- 掌握客户端挂载 NFS 服务的方法；
- 能够根据实际需求，完成 NFS 服务器参数的配置。

素质目标

- 养成良好的沟通协作，合作共赢的理念；
- 树立网络安全意识，提升维护网络环境安全的社会责任感；
- 养成良好的职业道德操守，勇于探究、创新的精神。

项目重难点

项目内容	工作任务	建议学时	技 能 点	重 难 点	重要程度
NFS 服务器配置	配置与挂载 NFS 服务	2	NFS 服务器的安装，NFS 服务的配置与启动，客户端挂载 NFS	NFS 服务工作流程，NFS 服务配置文件参数设置，客户端读、写目录的挂载	★★★★★

任务 9.1　配置与挂载 NFS 服务

9.1.1　实施任务单

任务编号	9-1		任务名称		配置与挂载 NFS 服务
任务简介	随着公司业务量的增加，公司的资料越来越多，存储设备的容量有限，为了实现 Linux 操作系统内部资源共享，使得有些资源内容只能浏览查阅，有些资源可以编辑修改，公司决定将这一任务分配给技术部门李工来完成，李工准备搭建一个 NFS 服务器来解决以上问题。				
设备环境	Windows 10、VMware Workstation 16 Pro、openEuler 22.03 LTS				
任务难度	初级		实施日期	年	月　日
任务要求	1. 了解 NFS 服务的作用 2. 了解 NFS 服务的特点 3. 理解 NFS 服务的守护进程 4. 掌握 NFS 服务的工作过程 5. 掌握 NFS 服务的安装方法 6. 掌握 NFS 相关文件的配置方法 7. 学会灵活使用 exportfs 命令 8. 了解 NFS 客户端访问的方法 9. 掌握访问 NFS 客户端使用的常用命令 10. 掌握 NFS 客户端的配置方法				

9.1.2　知识加油站

1. NFS 服务介绍

NFS 是实现 Linux 操作系统之间资源共享的一种网络文件系统，最早是 UNIX 操作系统之间共享文件和操作系统的一种方法，之后被 Linux 操作系统完美继承，它与 Windows 操作系统下的"网上邻居"十分相似，它允许网络中的计算机之间通过 TCP/IP 网络共享资源。在 NFS 的应用中，本地 NFS 的客户端应用可以透明地读、写位于远端 NFS 服务器上的文件，如同访问本地文件一样。

微课：NFS 服务介绍

2. NFS 应用场景

NFS 服务器可以用作图片或音频、视频服务器，可以作为共享存储服务器，也可以作为主目录漫游服务器用在域环境中，还可以作为文件服务器。

3. NFS 服务器特点

NFS 服务器的优点：节省本地存储空间。将常用的数据存放在一台 NFS 服务器上且可以通过网络访问，那么本地终端将可以减少自身存储空间的使用。

NFS 服务器的缺点：容易发生单点故障，server 机宕机了，所有客户端都不能访问；

在高并发下 NFS 服务器的效率、性能都受到限制；NFS 服务器的数据是明文的，客户端没有用户认证机制，对数据完整性不做验证，安全性一般，建议在局域网内使用，而且多台机器挂载 NFS 服务器时，后期连接管理维护比较复杂。

4. NFS 服务的工作过程

微课：NFS 守护进程

NFS 体系是由一台 NFS 服务器与若干台 NFS 客户端构成。NFS 服务端完成通过 NFS 协议将文件共享到网络。NFS 客户端通过网络挂载 NFS 服务共享目录到本地。NFS 服务可以实现图片、视频、文件、用户目录的共享。

首先客户端启动 RPC 服务器、NFS 服务，然后客户端的 NFS 服务向 RPC 服务进行注册（只注册一次，除非重启），客户端执行 mount 命令进行网站存储挂载，接着客户端向 RPC 请求 NFS 服务，RPC 服务返回端口号给客户端，最后客户端通过端口号请求传输数据。在这里 RPC 服务相当于一个"中介"，NFS 服务启动后会产生多个进程及随机端口号，客户端无法直接与服务端连通，而是通过 IP 地址和端口号进行通信。具体工作过程如图 9-1 所示。

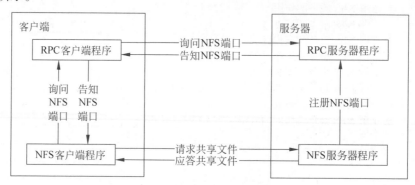

图 9-1　NFS 服务工作过程

5. 配置文件 /etc/exports

NFS 服务的配置，主要是创建与维护 /etc/exports 文件，这个文件的功能是定义把谁共享出去，共享的格式为：共享目录绝对路径授权访问的 IP 地址或网段（权限1，权限2），权限常用参数及说明如表 9-1 所示。

表 9-1　权限常用参数及说明

参　　数	说　　明
ro	该主机对该共享目录有只读权限
rw	该主机对该共享目录有读写权限
sync	所有数据在请求时写入共享
async	在写入数据前可以响应请求
secure	NFS 服务器通过 1024 以下的安全 TCP/IP 端口发送
insecure	NFS 服务器通过 1024 以上的端口发送
wdelay	如果多个用户要写入 NFS 共享目录，则归组写入（默认）
no_wdelay	如果多个用户要写入 NFS 共享目录，则立即写入，当使用 async 时，无需设置

续表

参数	说明
hide	在 NFS 共享目录中不共享其子目录
no_hide	共享 NFS 目录的子目录
subtree_check	在共享 /usr/bin 之类的子目录时，强制 NFS 检查父目录的权限（默认）
no_subtree_check	在共享 /usr/bin 之类的子目录时，不检查父目录权限
no_root_squash	客户端用 root 访问该共享目录时，不映射 root 用户，这样的设置安全性很低，不建议使用
root_squash	客户端用 root 用户访问该共享目录时，将 root 用户映射成匿名用户
all_squash	客户端上的任何用户访问该共享目录时都映射成匿名用户
no_all_squash	保留共享文件的 UID 和 GID（默认）
anonuid	将客户端上的用户映射成指定的本地用户 ID 的用户
anongid	将客户端上的用户映射成属于指定的本地用户组 ID

通过以下代码学习 /etc/exports 文件定义共享目录。

```
[root@server ~]#cat /etc/exports
/test/192.168.10.0/24(ro)
```

运行结果中的 /test/192.168.10.0/24（ro）代表共享的目录是 test，允许 10 网段且子网掩码是 255.255.255.0 的用户以只读的权限进行访问。

6. 使用的 exportfs 命令

如果修改 /etc/exportfs 文件后不需要重新激活 NFS 服务，则只要使用 exportfs -r 命令重新扫描一次 /etc/exportfs 文件并重新将设定加载即可。exportfs 命令常用选项及说明如表 9-2 所示。

表 9-2 exportfs 命令常用选项及说明

参数	说明
-a	打开或取消所有目录共享
-o	指定一列共享选项
-i	忽略 /etc/exports 文件，只使用默认的和指定命令行选项
-r	重新共享所有目录
-u	取消一个或多个目录的共享
-f	在新模式下，刷新内核共享表之外的任何东西。任何活动的客户程序将在下次请求中得到 mountd 添加的新共享目录
-v	输出详细信息，显示在做什么。当显示当前共享列表时，也显示共享的选项

通过以下例子，进一步理解以上选项的含义。

```
[root@ server ~]#exportfs -au      //卸载所有共享
[root@ server ~]#exportfs -ar      //重新挂载所有
```

7. showmount 命令

showmount 命令就是完成查阅 NFS 服务器上的共享资源，其语法格式如下：

```
showmount [-adehv] [--no-headers] [server]
```

该命令主要用于查询 NFS 服务器的守护进程，获取 NFS 服务器提供的共享资源、运行状态及客户机安装的目录资源等信息。其中，server 是 NFS 服务器的主机名。如果未加任何选项，showmount 命令将会显示正在或已经安装了当前或指定服务器目录资源的一组客户机。showmount 命令常用选项及说明如表 9-3 所示。

表 9-3 showmount 命令常用选项及说明

选项	说明
-a	查看服务器上的输出目录和所有连接客户端信息，以 host：directory 的格式显示
-d	仅显示 NFS 客户系统已安装的目录或文件系统
-e	显示 NFS 服务器已公布的共享目录或文件系统列表
-h	显示命令的用法等帮助信息
-v	显示命令的版本等信息
--no-headers	禁止输出描述性的标题行

如果查看该服务器上的 NFS 共享资源，执行 showmount -e NFS 服务器 IP 命令，如果没有 showmount 命令则需要安装后再使用。

9.1.3 任务实施

某公司需要搭建 NFS 服务器，新建目录 /public 以只读的方式共享，目录 /public 同时只能被 10.0.0.0/24 域中的系统访问；新建目录 /protected 以读写的方式共享，目录 /protected 被 10.0.0.0/24 域中的系统访问。

1. 配置 NFS 服务器

服务器端主机名称为 server，IP 地址为 10.0.0.200，请关闭防火墙和 SELinux。

（1）NFS 服务的安装。

NFS 服务的安装包是：nfs-utils。

```
[root@ server ~]#yum -y install nfs-utils
```

完成 NFS 服务安装、开机自启。

```
[root@ server ~]#systemctl enable nfs-server
```

（2）NFS 服务的启动。

由于服务间的依赖关系，启动 NFS 服务之前先要确保 rpcbind 服务启动。

```
[root@ server ~]#systemctl is-active rpcbind
```

启动 NFS 服务。

```
[root@ server ~]#systemctl start nfs
```

验证启动的操作。

```
[root@ server ~]#systemctl is-active nfs
```

微课：NFS
服务配置

（3）建共享目录。
按照要求创建只读目录 /public 与读写目录 /protected。

```
[root@ server ~]#mkdir /public
[root@ server ~]#mkdir /protected
```

（4）通过 /etc/exports 文件定义共享目录。

```
[root@ server ~]#vim /etc/exports
//在该文件中写入如下内容
/public 10.0.0.0/24 (ro)
/protected 10.0.0.0/24 (rw,sync)
```

设置完成后，保存退出，以上设置代表同时只能被 10.0.0.0/15 域中的系统访问，/public 以只读权限访问，/protected 以读写权限访问。

（5）挂载共享。
通过 exportfs -r 和 exportfs -v 命令加载共享文件列表 /etc/exports 并将共享目录的详细信息显示在屏幕上。

```
[root@ server ~]#exportfs -r
[root@ server ~]#exportfs -v
/public   10.0.0.0/24(sync,wdelay,hide,no_subtree_check, sec=sys, ro, secure, root_squash ,no_all_squash)
/protected  10.0.0.0/24(sync,wdelay,hide,no_subtree_check,sec=sys, rw, secure,root_squash ,no_all_squash)
```

分别在只读目录和读写目录下创建名称为 text 和 test 的文件并写入内容。

```
[root@ server ~]#echo "i'm public" > /public/text
[root@ server ~]#echo "i'm protected" > /protected/test
```

根据实际需求灵活、有效地配置 NFS 服务，养成善于分析、解决问题的良好习惯。

2. 客户端挂载 NFS 服务

NFS 客户端主机名称为 client，IP 地址为 10.0.0.201，请关闭防火墙和 SELinux。

（1）配置 NFS 客户端。
要想成功挂载 NFS 服务器，首先需要安装 nfs-utils 软件包，然后查看远程 NFS 服务器共享目录。

微课：NFS
客户端配
置与挂载

```
[root@client~]#yum install nfs-utils.x86_64 -y
[root@client~]#showmount -e 10.0.0.200
```

（2）挂载 NFS 共享目录。

要挂载 10.0.0.200 这台服务器上的 /public 和 /protected 目录，需要创建本地的只读与读写目录，然后使用 mount 命令挂载服务器目录。

① 创建挂载目录。

```
[root@client~]#ls /mnt
[root@client~]#mkdir /mnt/public
[root@client~]#mkdir /mnt/protected
```

⚠ 注意：这里创建的挂载目录可以是客户端存在的其他目录，如果创建挂载目录出错时，可以先执行命令 umount /mnt 卸载，然后重新挂载目录。

② 查阅挂载点。

然后查看挂载点建立的情况，分别查看只读目录与读写目录是否有挂载的内容。

```
[root@client~]#ls /mnt
[root@client~]#ls /mnt/public
[root@client~]#ls /mnt/protected
```

③ 挂载只读目录。

通过 mount 命令实现挂载 NFS 服务器上的共享目录，mount 参数说明如下：
- -t：挂载指定文件类型的设备分区；
- -o：挂载文件系统的选项；
- ro：表示只读。

```
[root@client~]#mount -t nfs -o ro 10.0.0.200:/public /mnt/public/
[root@client~]#mount
[root@client~]#cd /mnt/public
[root@client public]#ls
```

⚠ 注意：挂载只读目录时，代码中的 -o ro 可以省略不写，其挂载效果一样。

④ 测试只读目录。

```
[root@client public]#vim text
[root@client public]#touch file
touch: 无法创建 'file': Read-only file system
```

切换到 /public 只读目录下，测试结果显示不能创建文件或目录。到目前为止，只读目录在客户端已挂载成功。

⑤ 挂载读写目录。

由于客户端挂载用户是 nfsnobody，本案例任务要求客户挂载后可读、可写，是用 root 用户建立的目录，因此在 NFS 的服务器端要给其他用户授予读、写、执行的权限，并查阅授权情况。

```
[root@server~]#chmod 757 /protected/
[root@server~]#ll -d /protected/
```

在 NFS 客户端挂载读写目录，并查阅挂载情况。

```
[root@client~]#mount -t nfs 10.0.0.200:/protected /mnt/protected/
[root@client~]#cd /mnt/protected
[root@client protected]#ll
[root@client public]#ls
```

⑥ 测试读写目录。

切换到 /protected 读写目录下，经测试能成功创建目录或文件。

```
#[root@client ~]#cd /mnt/protected
[root@client protected]#ls
test
[root@client protected]#touch file
[rootaclient protected]#ls
file test
```

到目前为止，只读目录 /public、读写目录 /protected 在客户端已挂载成功。

（3）卸载 NFS 共享目录。

要卸载以上挂载成功的只读和读写共享目录，可以执行以下命令。

```
[root@client~]#umount /mnt/public
[root@client~]#umount /mnt/protected
[root@client~]#mount
```

经查阅，共享的只读目录 /public、读写目录 /protected 已被卸载。在配置、挂载 NFS 服务器时应懂规则、守纪律，做一名遵守道德法律的好公民。

9.1.4 任务评价

配置与挂载 NFS 服务任务评价单

◆ 项 目 小 结 ◆

本项目通过搭建 NFS 服务器实现了资源的共享。NFS 服务采用的是客户端 - 服务器模式，服务器端共享只读目录、读写目录下的资源，客户端完成服务端共享目录的挂载并访问服务器端共享的相关资源，在确保资源安全的情况下，提高了项目团队的工作效率。

◆ 练 习 题 ◆

一、选择题

1. NFS 是（　　）系统。
　　A. 文件　　　　　B. 磁盘　　　　　C. 网络文件　　　　　D. 操作

2. 卸载挂载到客户端的 NFS 文件系统命令是（　　）。
   A. mount　　　　　B. umount　　　　　C. showmount　　　　D. exportfs
3. 输出指定 NFS 服务器共享目录列表 showmount 命令的参数是（　　）。
   A. -a　　　　　　B. -e　　　　　　　C. -h　　　　　　　D. -v
4. export 文件下读写权限为（　　）。
   A. ro　　　　　　B. rw　　　　　　　C. async　　　　　　D. sysnc
5. 使用 NFS 服务时，需要在（　　）文件中指定服务内容。
   A. /etc/fstab　　　　　　　　　　　　B. /etc/exports
   C. /etc/mountd　　　　　　　　　　　D. /etc/crontab

二、填空题

1. NFS 是实现 Linux 操作系统之间资源共享的一种_____。
2. NFS 服务可以实现图片、视频、文件和_____。
3. 启动 NFS 服务的命令是_____。

三、简答题

1. 简述 NFS 服务的特点。
2. 简述配置 NFS 服务器的步骤。

四、实践题

搭建 NFS 服务器，完成以下任务。
1. 关闭防火墙和 SELinux。
2. 新建目录 /public。
3. 以只读的方式共享目录 /public，同时只能被 192.168.150.0/15 域中的系统访问。
4. 新建目录 /protected。
5. 以读写的方式共享目录 /protected 能被 192.168.150.0/15 域中的系统访问。
注意，服务器 IP 为 192.168.150.128，客户端 IP 为 192.168.150.129。
请写出配置文件参数，并在环境中实现上述功能。

项目 10

FTP 服务器配置

学习目标

- 了解 FTP 服务的功能和作用;
- 掌握 FTP 软件包安装;
- 掌握 FTP 服务器配置文件组成;
- 掌握 FTP 服务器访问配置方法;
- 掌握 FTP 客户端配置与使用;

素质目标

- 养成良好的自主探究习惯和创新精神;
- 养成良好的职业习惯,培养一丝不苟、精益求精的工匠精神;
- 提升网络安全意识,构建维护网络环境安全的社会责任意识;
- 树立网络主权意识、规则意识、科技强国意识。

项目重难点

项目内容	工作任务	建议学时	技 能 点	重 难 点	重要程度
FTP 服务器配置	匿名用户访问 FTP 服务器	2	FTP 服务器传输模式	FTP 服务器传输模式	★★★☆☆
		2	vsftpd 软件包安装,FTP 服务的基本配置	FTP 服务的基本配置	★★★☆☆
	系统用户访问 FTP 服务器	2	FTP 服务系统用户访问配置	FTP 服务系统用户访问配置	★★★★☆
	虚拟用户访问 FTP 服务器	2	FTP 服务虚拟用户访问配置	FTP 服务虚拟用户访问配置	★★★★★

任务 10.1　匿名用户访问 FTP 服务器

10.1.1　实施任务单

任务编号	10-1		任务名称	匿名用户访问 FTP 服务器
任务简介	公司需要实现内部资源共享，包含人工智能技术一些学习资料，很少进行更改，所有员工都可以下载这些相关资料，但不能更改这些文件			
设备环境	Windows 10、VMware Workstation 16 Pro、openEuler release 22.03（LTS-SP2）			
任务难度	初级		实施日期	年　　月　　日
任务要求	1. 理解 FTP 服务器工作流程 2. 掌握 FTP 服务器的传输模式 3. 掌握 vsftpd 软件包的安装、启动方法 4. 掌握匿名用户访问 FTP 服务器配置方法			

10.1.2　知识加油站

1. FTP 服务器简介

FTP 是一种用于在不同计算机之间传输文件的标准网络协议。它属于 TCP/IP 网络模型中的应用层协议。FTP 旨在提高文件的共享性，使程序能够隐含地使用远程计算机中的数据，并在计算机之间可靠、高效地传送数据。它建立在 TCP/IP 协议网络模型中的应用层，使用 TCP 连接进行控制和数据传输。FTP 的工作原理包括客户端发起 TCP 连接请求到服务器端，服务器端接受连接并建立控制连接，控制连接用于传送用户名、密码等控制信息，然后客户端和服务器端之间建立数据连接进行文件传输。FTP 是互联网上使用频率高的应用服务之一，被广泛应用于文件共享、网站管理和软件发布等场景。

微课：FTP 服务器工作原理

微课：FTP 服务器工作方式

2. FTP 服务工作流程

客户端与 FTP 服务器通信如图 10-1 所示。

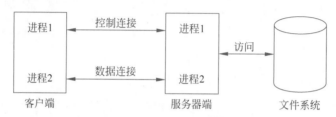

图 10-1　客户端与 FTP 服务器通信

以下是 FTP 服务的详细工作流程。

（1）启动服务器：FTP 服务器在主机上启动，并开始监听指定的端口（通常是端口 21），以等待来自客户端的连接请求。

（2）等待连接请求：服务器等待来自客户端的连接请求。它持续监听传入连接请求，准备接受并处理它们。

（3）建立控制连接：当客户端发起连接请求时，服务器接受该请求，并与客户端建立控制连接。控制连接是一个持久的 TCP 连接，用于传输命令和响应。

（4）用户认证：在控制连接上，客户端发送用户名和密码以进行身份验证。服务器验证用户提供的凭据，并根据验证结果允许或拒绝客户端的访问。

（5）处理客户端请求：一旦客户端通过身份验证，它可以向服务器发送各种 FTP 命令，如列出文件目录、上传文件、下载文件等。服务器根据收到的命令执行相应的操作。

（6）建立数据连接：对于需要传输文件的操作，服务器会在不同的端口上建立数据连接。例如，当客户端请求下载文件时，服务器会在一个新的端口上建立数据连接，并等待客户端连接以传输文件数据。

（7）传输数据：一旦数据连接建立，文件数据将通过数据连接在客户端和服务器之间传输。数据传输可以在 ASCII 模式（用于文本文件）或二进制模式（用于非文本文件）下进行，具体取决于客户端和服务器的配置。

（8）关闭数据连接操作：一旦文件传输完成或会话结束，客户端和服务器关闭数据连接，并在控制连接上发送相应的命令和响应以结束会话。然后，服务器重新进入等待连接请求的状态，以便处理下一个客户端连接。

3. FTP 服务器的传输模式

FTP 传输文件数据前，要先建立控制连接，然后要通过数据连接传输文件数据。

建立数据连接可以有两种方式：主动方式和被动方式。具体选用哪种方式，是由客户端决定的，客户端在上传下载文件数据前，要先发送一个 PORT 或 PASV 命令，分别表示采用主动方式或被动方式。PORT 命令是指为数据连接指定一个客户端的 IP 地址和端口；PASV 命令是指告诉服务器在一个非标准端口上监听客户端的数据连接。

1）主动模式

FTP 服务器主动工作模式流程如图 10-2 所示。

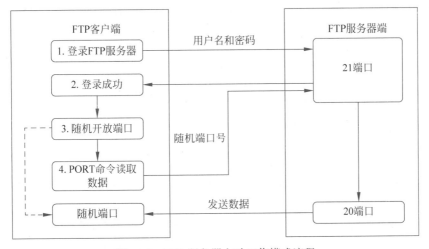

图 10-2　FTP 服务器主动工作模式流程

FTP 服务器主动工作流程如下。

（1）客户端连接到 FTP 服务器的 21 端口（控制连接），客户端发送用户名和密码进行登录。

（2）登录成功后，客户端要求列出目录或者读取数据。

（3）客户端随机开放一个高于 1024 的端口，并发送 PORT 命令到 FTP 服务器，告知服务器使用主动模式并指定数据端口。

（4）服务器通过 20 端口（数据端口）连接到客户端开放的端口，传送数据。

2）被动模式

FTP 服务器被动工作模式流程如图 10-3 所示。

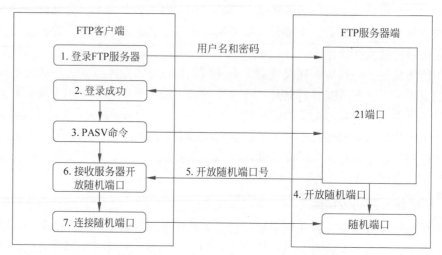

图 10-3　FTP 服务器被动工作模式流程

FTP 服务器被动工作流程如下。

（1）客户端连接到 FTP 服务器的 21 端口（控制连接），客户端发送用户名和密码进行登录。

（2）登录成功后，客户端发送 PASV 命令到 FTP 服务器。

（3）服务器在本地随机开放一个高于 1024 的端口，并将该端口号告知客户端。

（4）客户端连接到服务器开放的端口，进行数据传输。

4. FTP 服务所需的软件包及相关文档

（1）vsftpd 软件包是 FTP 服务器主程序软件。Libdb-utils 软件包是数据库软件。

（2）FTP 服务常用命令的说明如下：

- 启动 FTP 服务：systemctl start vsftpd；
- 停止 FTP 服务：systemctl stop vsftpd；
- 重新启动 FTP 服务：systemctl restart vsftpd；
- 检查 FTP 服务状态：systemctl status vsftpd。

（3）vsftpd 服务安装完成后，系统产生一些相关文档。

① /etc/vsftpd/vsftpd.conf：FTP 服务器的核心配置文件。它包含了服务器的各种配置选项，如监听端口、允许匿名访问、限制用户访问等。通过编辑这个文件，管理员可以定

制 FTP 服务器的行为，以满足特定的需求和安全要求。

② /etc/vsftpd/ftpusers：这个文件包含了不允许登录 FTP 服务器的系统用户的列表，也就是 FTP 服务器的用户黑名单。如果一个系统用户的用户名出现在这个文件中，那么该用户将无法通过 FTP 登录到服务器。通常，系统管理员会将一些特权用户添加到这个文件中，以防止它们使用 FTP 服务。

③ /etc/vsftpd/user_list：这个文件包含了允许登录 FTP 服务器的系统用户的列表，也就是 FTP 服务器的用户白名单。只有在这个文件中列出的用户才能通过 FTP 登录到服务器。系统管理员可以在这个文件中添加需要允许 FTP 访问的用户，以提供访问权限控制。

④ /etc/pam.d/vsftpd：用于配置 PAM（pluggable authentication modules）认证文件，它与 vsftpd 服务器一起工作，用于对用户进行身份验证。PAM 提供了一种灵活的身份验证机制，可以集成多种不同的身份验证方式，如基于密码、基于密钥、基于令牌等。

⑤ /var/ftp：FTP 服务器的默认根目录，用于存储 FTP 用户的文件和数据。通常情况下，用户在通过 FTP 访问服务器时将被限制在这个目录下。系统管理员可以在这个目录下创建子目录，为不同的用户或组提供文件存储空间，并设置相应的权限以保护数据安全。

5. 主配置文件 vsftpd.conf 常用的参数配置

主配置文件 vsftpd.conf 常用的参数配置说明如下。

（1）anonymous_enable：控制是否允许匿名用户登录。如果允许，那么 ftp 和 anonymous 都将被视为 anonymous 而允许登录。默认值：YES。

（2）local_enable：用来控制是否允许本地用户登录。如果启用，/etc/passwd 里面的正常用户的账号将被用来登录。默认值：NO。

（3）write_enable：全局性设置，设置是否允许登录用户开启写权限。默认值：NO。

（4）local_umask：设置本地用户创建的文件的权限。默认值：022，对应权限 755（777-22=755）。

（5）anon_umask：为匿名用户创建的文件的 umask 掩码。默认值：022。

（6）anon_upload_enable：如果设为 YES，匿名用户就允许在指定的环境下上传文件。如果此项要生效，那么配置 write_enable 必须激活。并且匿名用户必须在相关目录有写权限。默认值：NO。

（7）anon_mkdir_write_enable：如果设为 YES，匿名用户将允许在指定的环境下创建新目录。如果此项要生效，那么配置 write_enable 必须被激活，并且匿名用户必须在其父目录有写权限。默认值：NO。

（8）anon_other_write_enable：如果设置为 YES，匿名用户将被授予较大的写权限，如删除和改名。一般不建议这么做，除非想完全授权。默认值：NO。

（9）local_root：指定本地用户的根目录。当用户登录时，将被限制在这个目录下，不能向上层目录切换。

（10）anon_root：指定匿名用户的根目录。当匿名用户登录时，将被限制在这个目录下，不能向上层目录切换。默认 /var/ftp 目录。

（11）userlist_enable：启用用户列表功能，允许在用户列表文件中列出用户。如果用户尝试使用 /etc/vsftpd/user_list 文件列表中的用户名登录，则在请求密码之前被系统拒绝。默认值：NO。

（12）userlist_deny：控制是否拒绝未列出在用户列表文件中的用户登录。如果设置为 NO，则只有在文件 /etc/vsftpd/user_list 用户列表文件中明确列出的用户才能登录。默认值：YES。

6. FTP 服务客户端命令

（1）ftp [用户名：密码 @ftp 地址：传送端口（默认 21）]：启动 FTP 客户端程序，准备连接到 FTP 服务器。

（2）open [hostname]：连接到指定的 FTP 服务器，需要提供服务器的主机名或 IP 地址作为参数。

（3）user [username] [password]：使用指定的用户名和密码登录到 FTP 服务器，用户名和密码通常是用户与服务器提供者协商好的。

（4）cd [directory]：改变当前远程服务器上的工作目录，例如，cd mydirectory 将把用户当前工作目录的名更改为 mydirectory。

（5）ls：列出当前远程服务器工作目录下的文件和子目录，这个命令通常用于查看远程服务器上的文件列表。

（6）dir：同样用于列出当前远程服务器工作目录下的文件和子目录，但是它提供了更多的详细信息，如文件大小、权限等。

（7）get [filename]：从远程服务器下载指定文件到本地计算机，例如，get myfile.txt 将会从服务器上下载名为 myfile.txt 的文件到当前本地工作目录。

（8）put [filename]：将指定文件从本地计算机上传到远程服务器，例如，put myfile.txt 将会把名为 myfile.txt 的文件上传到当前远程工作目录。

（9）bye：关闭 FTP 会话并退出 FTP 客户端程序，这个命令通常在完成 FTP 操作后使用，用于断开与服务器的连接并退出客户端。

10.1.3 任务实施

虚拟机 FTP 服务器 IP 地址设置为 10.0.0.200；虚拟机 FTP 客户端 IP 地址设置为 10.0.0.201。

微课：匿名用户访问 FTP 服务器

（1）安装 vsftpd 软件。

```
[root@server ~]#yum install -y vsftpd
```

（2）创建共享文档，设置权限。

```
[root@server ~]#mkdir /share                # 创建共享文档
[root@server ~]#chmod a+r -R /share         # 设置所有人可读权限
```

（3）修改配置文档。

```
[root@server ~]#vim /etc/vsftpd/vsftpd.conf
```

```
anonymous_enable=YES
local_enable=YES
anon_root=/share
anon_upload_enable=NO
anon_mkdir_write_enable=NO
```

⚠ 注意：设置值时，值的后面不能有空格。

（4）重启 FTP 服务。

```
[root@server ~]#systemctl restart vsftpd
```

（5）验证 FTP 服务配置情况。
需要验证的内容是匿名用户登录 FTP 服务器，用户只允许下载不能上传。
① 配置 FTP 客户端的 IP 地址：10.0.0.201。

```
[root@client~]#vi /etc/sysconfig/network-scripts/ifcfg-ens33
BOOTPROTO=static
ONBOOT=yes
IPADDR=10.0.0.201
NETMASK=255.255.255.0
```

② 安装 FTP 服务的客户端工具为 ftp。

```
[root@client~]#yum install -y  ftp
```

③ 登录 FTP 服务器。

```
[root@client~]#ftp 10.0.0.200
```

④ ftp 客户端登录 FTP 服务器，表示登录成功。

```
[root@client~]#ftp 10.0.0.200
Connected to 10.0.0.200 (10.0.0.200).
220 (vsFTPd 3.0.3)
Name (10.0.0.200:root): ftp
331 Please specify the password.
Password:
230 Login successful.
Remote system type is UNIX.
Using binary mode to transfer files.

ftp> put file
local: file remote: file
227 Entering Passive Mode (10,0,0,200,93,4).
550 Permission denied

ftp> ls
227 Entering Passive Mode (10,0,0,200,129,219).
```

```
150 Here comes the directory listing.
-rw-r--r--    1 0        0               0 Feb 17 03:44 server.txt
226 Directory send OK.

ftp> get server.txt
local: server.txt remote: server.txt
227 Entering Passive Mode (10,0,0,200,228,172).
150 Opening BINARY mode data connection for server.txt (0 bytes).
226 Transfer complete.
```

登录成功后查看当前文件,使用 get 命令下载文件,能够看到下载下来的文件内容。应用 put 命令上传一个本地文件,上传失败,ftp 服务器共享是只读的不能上传。

在配置服务器操作时,一定要运用科学思维方式解决服务器问题,遵守职业操作规范,以严谨求实的态度面对服务器。

10.1.4 任务评价

匿名用户访问 FTP 服务器评价任务单

任务 10.2 系统用户访问 FTP 服务器

10.2.1 实施任务单

任务编号	10-2	任务名称	系统用户访问 FTP 服务器
任务简介	公司在互联网上共享资源文档,仅允许公司内部员工访问,公司员工人数约 20 人,要求员工通过用户名和密码登录到系统中,并能够读取共享资源,可以上传资源			
设备环境	Windows 10、VMware Workstation 16 Pro、openEuler release 22.03(LTS-SP2)			
任务难度	中级	实施日期	年 月 日
任务要求	1. 掌握 FTP 服务器白名单配置方法 2. 掌握 FTP 服务用户权限控制配置方法			

10.2.2 知识加油站

主配置文件 vsftpd.conf 常用的参数配置说明如表 10-1 所示。

表 10-1 常用的参数配置说明

是否锁定	chroot_local_user=YES	chroot_local_user=NO
chroot_list_enable=YES	所有用户都被限制在其 home 目录下；使用 chroot_list_file 指定的用户不受限制，可以切换 home 目录	所有用户都可以自由切换 home 目录；使用 chroot_list_file 指定的用户受到限制，不能切换 home 目录
chroot_list_enable=NO	所有用户都被限制在其 home 目录下；chroot_list_file 指定名单无效	所有用户自由切换 home 目录；chroot_list_file 指定的用户无效

10.2.3 任务实施

（1）创建用户组。

```
[root@server ~]#groupadd    ftpgroup
```

微课：系统用户访问
FTP 服务器（上）

只允许本部门员工访问，所以创建用户组，定义改组的权限。

（2）创建系统用户。

```
[root@server ~]#useradd -g ftpgroup  user01
[root@server ~]#useradd -g ftpgroup  user02
[root@server ~]#useradd test
[root@server ~]#passwd user01
[root@server ~]#passwd user02
[root@server ~]#passwd test
```

（3）创建系统共享目录，设置权限。

```
[root@server ~]#mkdir /share
[root@server ~]#chown :ftpgroup  /share
[root@server ~]#chown -R 770 /share
```

（4）配置 vsftp.conf 文件。

```
[root@server ~]#vi /etc/vsftpd/vsftpd.conf

anonymous_enable=NO
local_enable=YES
write_enable=YES
local_root=/share
chroot_local_user=YES
chroot_list_enable=YES
chroot_list_file=/etc/vsftpd/chroot_list
allow_writeable_chroot=YES
userlist_enable=YES
userlist_deny=NO
```

（5）创建白名单和切换用户列表文件。

```
[root@server ~]#vi /etc/vsftpd/user_list
```

```
user01
user02

[root@server ~]#vi /etc/vsftpd/chroot_list
user01
```

(6)启动服务。

```
[root@server ~]#systemctl restart vsftp
```

(7)验证配置服务的正确性。

使用 user01 用户登录系统,能够下载内容,并能够切换服务器目录。

```
[root@client ~]#ftp 10.0.0.200
Connected to 10.0.0.200 (10.0.0.200).
220 (vsFTPd 3.0.3)
Name (10.0.0.200:root): user01
331 Please specify the password.
Password:
230 Login successful.
Remote system type is UNIX.
Using binary mode to transfer files.
ftp> ls
227 Entering Passive Mode (10,0,0,200,55,253).
150 Here comes the directory listing.
-rw-r--r--    1 770      0               0 Feb 17 03:44 server.txt
226 Directory send OK.

ftp> cd /
250 Directory successfully changed.
ftp> ls
227 Entering Passive Mode (10,0,0,200,211,217).
150 Here comes the directory listing.
dr-xr-xr-x    2 0        0            4096 Dec 16 15:43 afs
drwxr-xr-x    2 0        0            4096 Feb 05 23:28 bash_completion.d
lrwxrwxrwx    1 0        0               7 Dec 16 15:43 bin -> usr/bin
dr-xr-xr-x    7 0        0            4096 Feb 05 23:31 boot
drwxr-xr-x   20 0        0            3300 Feb 17 03:13 dev
drwxr-xr-x  103 0        0           12288 Feb 17 04:56 etc
drwxr-xr-x    7 0        0            4096 Feb 17 04:56 home
lrwxrwxrwx    1 0        0               7 Dec 16 15:43 lib -> usr/lib
lrwxrwxrwx    1 0        0               9 Dec 16 15:43 lib64 -> usr/lib64
drwx------    2 0        0           16384 Feb 05 23:27 lost+found
drwxr-xr-x    2 0        0            4096 Dec 16 15:43 media
drwxr-xr-x    3 0        0            4096 Feb 09 04:35 mnt
```

使用 user02 用户登录系统,该用户可以访问共享资源,但是不能切换目录。

```
[root@client ~]#ftp 10.0.0.200
Connected to 10.0.0.200 (10.0.0.200).
220 (vsFTPd 3.0.3)
Name (10.0.0.200:root): user02
331 Please specify the password.
Password:
230 Login successful.
Remote system type is UNIX.
Using binary mode to transfer files.
ftp> ls
227 Entering Passive Mode (10,0,0,200,159,150).
150 Here comes the directory listing.
-rw-r--r--    1 770       0              0 Feb 17 03:44 server.txt
226 Directory send OK.
ftp> cd /
250 Directory successfully changed.
ftp> ls
227 Entering Passive Mode (10,0,0,200,29,159).
150 Here comes the directory listing.
-rw-r--r--    1 770       0              0 Feb 17 03:44 server.txt
226 Directory send OK.
ftp> pwd
257 "/" is the current directory
ftp>
```

使用 test 用户登录系统，因为该用户不在白名单中，所以不能登录系统。

```
[root@client ~]#ftp 10.0.0.200
Connected to 10.0.0.200 (10.0.0.200).
220 (vsFTPd 3.0.3)
Name (10.0.0.200:root): test
530 Permission denied.
Login failed.
ftp>
```

系统用户名和登录 FTP 服务器的用户名一致，这样会对系统安全造成威胁，存在安全隐患。良好的网络环境离不开应用网络的每个人，做到文明上网，营造网络法治意识，增强对网上有害信息的甄别、抵制、批判能力。共同遵守科学、文明、健康、守法的上网习惯，营造良好的网络环境。

10.2.4 任务评价

配置系统用户访问 FTP 服务器评价任务单

任务 10.3 虚拟用户访问 FTP 服务器

10.3.1 实施任务单

任务编号	10-3	任务名称	虚拟用户访问 FTP 服务器
任务简介	公司共享资源文档，公司员工人数约 15 人，要求员工通过用户名和密码登录到系统中，并能够读取共享资源，可以上传和下载资源，为了保障系统的安全，所有人员应用虚拟账号和密码			
设备环境	Windows 10、VMware Workstation 16 Pro、openEuler release 22.03（LTS-SP2）			
任务难度	中级	实施日期		年　月　日
任务要求	1. 掌握 GDBM 数据库生成方法 2. 掌握虚拟用户配置方法			

10.3.2 知识加油站

1. PAM 认证文件

PAM 认证文件用于配置系统中各种服务的认证方式。在 Linux 操作系统中，每个服务通常都有一个对应的 PAM 配置文件，位于 /etc/pam.d/ 目录下。这些配置文件定义了服务如何进行用户认证、授权和账户管理。

2. GDBM 数据库

GNU dbm（简称 GDBM）是一个数据库函数库，它使用可扩展哈希并且与标准 UNIX dbm 类似。这些函数提供给需要创建和操作散列数据库的程序员使用。基本用途是在数据文件中存储键值对。每个键必须是唯一的，并且每个键仅与一个数据项配对。该库提供了存储键值对、通过键搜索和检索数据，以及删除键及其数据的基本操作。它还支持在数据库中对所有键值对进行顺序迭代。

为了与使用旧 UNIX dbm 函数的程序兼容，该软件包还提供了传统的 dbm 和 ndbm 接口。

3. gdbmtool 工具

gdbmtool 是一个用于管理 GDBM 数据库的命令行工具，它允许用户执行各种数据库操作，包括检查、修改和维护。

```
gdbmtool [OPTION]... DBFILE [COMMAND [ARG...]]
```

参数说明如下：
- DBFILE：指定要操作的 GDBM 数据库文件的路径；
- COMMAND [ARG...]：可选的命令和参数。根据需要，可以执行各种操作，如查找、插入、删除等。

选项说明如下：
- -N，--norc：不读取 .gdbmtoolrc 文件。当用户希望禁用配置文件时使用；
- -T，--timing：在执行每个命令后打印时间信息，用于性能分析；
- -b，--block-size=SIZE：设置数据库的块大小，可以通过指定 SIZE 来调整块大小，以优化数据库性能；
- -c，--cache-size=SIZE：设置数据库的缓存大小，通过指定 SIZE 来调整缓存大小，以提高数据检索速度；
- -d，--db-descriptor=FD：指定文件描述符，以便从给定的文件描述符中打开数据库；
- -f，--file=FILE：从指定的文件中读取命令，可以使用此选项来批量执行命令；
- -l，--no-lock：禁用文件锁定，在某些情况下可能需要禁用文件锁定；
- -m，--no-mmap：不使用内存映射，在某些环境下，禁用内存映射可能是必要的；
- -n，--newdb：创建新的数据库，用于指示 gdbmtool 创建一个新的数据库文件；
- -q，--quiet：不打印初始横幅，用于在静默模式下运行 gdbmtool，不显示欢迎信息；
- -r，--read-only：以只读模式打开数据库，指示 gdbmtool 以只读模式打开数据库文件；
- -s，--synchronize：在每次写操作后同步到磁盘，确保每次写操作都被立即同步到磁盘；
- -t，--trace：启用跟踪模式。用于启用跟踪模式以详细跟踪执行过程；
- -x，--extended，--numsync：扩展格式（numsync），使用扩展格式显示同步次数；
- -h，--help：显示帮助信息，列出可用的选项和参数说明。

命令示例如下：
- gdbmtool -n /etc/vsftpd/virtual.pag open：这个命令使用了 -n 选项创建一个新的数据库文件，而不是打开一个已经存在的数据库文件。/etc/vsftpd/virtual.pag 是新创建的数据库文件的路径；
- gdbmtool /etc/vsftpd/virtual.pag store ${FtpUserName} ${FtpUserPass}：这个命令向新创建的数据库文件 virtual.pag 存储一个键值对。${FtpUserName} 是用户名变量，${FtpUserPass} 是密码变量。

10.3.3 任务实施

公司共享资源文档，公司员工人数约 15 人，要求员工通过用户名和密码登录到系统中，并能够读取共享资源，可以上传和下载资源，为了保障系统的安全，所有人员应使用虚拟账号和密码。

微课：虚拟用户访问 FTP 服务器

（1）安装认证软件。

```
[root@server ~]#rpm -qa |egrep 'pam'
[root@server ~]#rpm -qa|grep 'gdbm'
```

如果没有安装，执行安装命令。

```
[root@server ~]#yum install -y pam gdbm
```

（2）创建系统账号，虚拟账号映射的系统账号。

```
[root@server ~]#useradd -s  /sbin/nologin    ftpuser
```

（3）创建共享目录设置权限。

```
[root@server ~]#mkdir /share
[root@server ~]#chown ftpuser:ftpuser -R /share
[root@server ~]#chmod 770 -R /share
[root@server ~]#ls -ld  /share
```

其中，/share 是共享目录。

（4）创建一个新的 GDBM 数据库文件。

```
[root@server ~]#gdbmtool -n /etc/vsftpd/vuser_login.pag open
```

（5）添加虚拟用户。

```
[root@server ~]#gdbmtool /etc/vsftpd/vuser_login.pag store vuser01 1234
[root@server ~]#gdbmtool /etc/vsftpd/vuser_login.pag store vuser02 2345
```

第一个虚拟用户名是 vuser01，密码是 1234；第二个虚拟用户是 vuser02，密码是 2345。

（6）修改 PAM 验证文件。

```
[root@server ~]#find / -name pam_userdb.so
/usr/lib64/security/pam_userdb.so
```

查找一些库函数 pam_userdb.so。

```
[root@server ~]#vi /etc/pam.d/vsftpd
auth   sufficient   /usr/lib64/security/pam_userdb.so
db=/etc/vsftpd/vuser_login
account sufficient /usr/lib64/security/pam_userdb.so
db=/etc/vsftpd/vuser_login
```

参数说明如下：

account：对用户的账户权限进行验证；

pam_userdb.so：该条审核将调用这个库函数进行；

db=/etc/vsftpd/vuser_login：指定了验证库函数将到这个指定的数据库中调用数据进行验证，但不用写数据库文件的后缀。

（7）修改配置文件。

```
[root@server ~]#vi  /etc/vsftpd/vsftpd.conf
anonymous_enable=NO
local_enable=YES
write_enable=YES
guest_enable=YES
```

```
guest_username=ftpuser
pam_service_name=vsftpd
virtual_use_local_privs=YES
local_root=/share
```

(8) 重启 FTP 服务。

```
[root@server ~]#systemctl restart vsftpd
```

(9) 验证 FTP 配置的正确性。

```
[root@client ~]#ftp 10.0.0.200
Connected to 10.0.0.200 (10.0.0.200).
220 (vsFTPd 3.0.3)
Name (10.0.0.200:root): vuser01
331 Please specify the password.
Password:
230 Login successful.
Remote system type is UNIX.
Using binary mode to transfer files.
ftp>
ftp> ls
227 Entering Passive Mode (10,0,0,200,47,222).
150 Here comes the directory listing.
-rw-r--r--    1 0        0               0 Feb 09 04:57 server.txt
226 Directory send OK.
ftp>
ftp> get server.txt
local: server.txt remote: server.txt
227 Entering Passive Mode (10,0,0,200,192,183).
150 Opening BINARY mode data connection for server.txt (0 bytes).
226 Transfer complete.
ftp>
```

实现虚拟用户 vuser01 登录 FTP 服务器并下载资源。

```
[root@client ~]#ftp 10.0.0.200
Connected to 10.0.0.200 (10.0.0.200).
220 (vsFTPd 3.0.3)
Name (10.0.0.200:root): ftp
331 Please specify the password.
Password:
530 Login incorrect.
Login failed.
ftp>
```

ftp 用户虽然是默认的匿名用户，但是不能登录到系统获取资源，因为只有虚拟用户才能登录 FTP 服务器。虚拟用户访问 FTP 服务器，提高服务器的安全性。

配置服务器过程中，应具备执着专注、精益求精、一丝不苟、追求卓越的工匠精神，在中国航天科技集团公司一院首都航天机械公司有一位名字叫高凤林的班组组长、全国劳动模范、航天特种熔融焊接工，为包括"长征五号"等我国多枚火箭焊接过"心脏"，占火箭总数近四成。他曾攻克火箭发动机"疑难杂症"200多项，在型号生产的新材料、新工艺、新结构、新方法等大型攻关项目，特别是在新型大推力发动机的研制生产、科技攻关中，高凤林多次想人所未想，做人所未做，以非凡的胆识、严谨的推理、娴熟的技艺攻克难关，并结合自己对焊接过程的特殊感悟，灵活而又具创造性地将所学知识运用于自动化生产、智能控制等柔式加工中，为国防和航天科技现代化，为型号的更新换代做出了杰出贡献。

10.3.4 任务评价

配置虚拟用户访问 FTP 服务器评价任务单

◆ 项目小结 ◆

本项目通过 FTP 服务器的配置实现了资源共享。可以实现匿名用户访问 FTP 服务器、系统用户访问 FTP 服务器、虚拟用户访问 FTP 服务器。

◆ 练 习 题 ◆

一、选择题

1. FTP 服务器通常用于（　　）。
   A. 发送和接收电子邮件　　　　　B. 在计算机之间传输文件
   C. 执行数据库查询　　　　　　　D. 浏览网页
2. 下列（　　）协议被用于 FTP 服务器。
   A. HTTP　　　　　　　　　　　B. SMTP
   C. FTP　　　　　　　　　　　　D. DHCP
3. 为了加强安全性，可以在 FTP 服务器上启用的协议是（　　）。
   A. SSH　　　　　　　　　　　　B. FTPS
   C. HTTP　　　　　　　　　　　D. SMTP
4. 在 Linux 操作系统上，常见的 FTP 服务器软件是（　　）。
   A. Apache　　　　　　　　　　 B. Nginx
   C. ProFTPD　　　　　　　　　 D. MySQL
5. FTP 服务器通常使用（　　）号端口。
   A. 21　　　　　　　　　　　　　B. 25
   C. 80　　　　　　　　　　　　　D. 443

二、填空题

1. 为了对 FTP 服务器进行身份验证，可以使用_____模块。
2. FTP 服务器的数据传输通常使用两种模式，分别是_____模式和_____模式。

三、简答题

如何在 FTP 服务器上配置匿名访问？

四、实践题

为公司建立一个共享资源系统，以便员工可以通过用户名和密码安全地访问、上传和下载共享资源。系统将采用虚拟账号和密码的方式进行认证，以确保系统安全。FTP 服务器 IP 地址设置为 10.0.0.200。

项目 11

Samba 共享服务器配置

学习目标

- 了解 Samba 服务的功能和作用;
- 掌握 Samba 软件包安装;
- 掌握 Samba 服务器配置文件组成;
- 掌握 Samba 服务器访问配置方法;
- 掌握 Samba 客户端配置与使用。

素质目标

- 养成良好的自主探究的习惯,提高实践动手能力;
- 培养良好的操作规范、细致缜密的工作态度、团结协作的良好品质;
- 养成良好的职业习惯,培养一丝不苟、精益求精的工匠精神;
- 提升网络安全意识,构建维护网络环境安全的社会责任体系。

项目重难点

项目内容	工作任务	建议学时	技 能 点	重 难 点	重要程度
Samba 服务器配置	配置匿名用户访问 Samba 服务器	2	Samba 服务器工作原理	Samba 服务器工作流程	★★★☆☆
			配置 Samba 服务器	Samba 服务器配置文件参数设置	★★★★★
	配置 user 级 Samba 服务器	1	设置 Samba 服务器权限	文件系统权限设置	★★★★☆
			配置 user 级 Samba 服务器方法	Samba 服务器配置文件参数设置	★★★★☆
	配置用户映射 Samba 服务器	1	配置用户映射 Samba 服务器方法	Samba 服务器配置文件参数设置	★★★★☆

任务 11.1　配置匿名用户访问 Samba 服务器

11.1.1　实施任务单

任务编号	11-1	任务名称	配置匿名用户访问 Samba 服务器
任务简介	某公司内部为实现 Windows 操作系统与 Linux 操作系统资源共享，并能够实现匿名用户访问共享资源，通过搭建 Samba 服务器来解决这个问题			
设备环境	Windows 10、VMware Workstation 16 Pro、openEuler 22.03 LTS			
任务难度	初级	实施日期	年　月　日	
任务要求	1. 了解 Samba 服务器 2. 掌握 Samba 服务器的配置方法 3. 掌握 Samba 服务器的配置文件组成			

11.1.2　知识加油站

1. Samba 服务器简介

Samba 是一个开源的实现 SMB/CIFS（server message block/common internet file system）协议的软件套件，它允许非 Windows 操作系统（如 Linux、UNIX、macOS 等操作系统）与 Windows 操作系统进行文件和打印机共享，实现跨平台的文件共享和网络通信。

微课：Samba 服务器简介

（1）文件和打印机共享。Samba 服务允许在 Linux/UNIX 操作系统上创建文件共享，使其可通过 SMB/CIFS 协议与 Windows 客户端进行访问。这意味着用户可以在 Windows 操作系统中访问 Linux/UNIX 操作系统上的文件，并进行读取、写入、修改等操作。

此外，Samba 服务还支持将打印机资源共享给 Windows 客户端，使用户能够通过网络连接到 Linux/UNIX 操作系统上的打印机打印文档。

微课：Samba 服务器安装

（2）跨平台兼容性。Samba 被设计为跨平台的文件共享解决方案，因此它可以在多种操作系统上运行，包括 Linux、UNIX、macOS 等。这使得在不同平台间进行文件共享变得更加容易，有助于促进跨平台的协作和通信。

微课：匿名用户访问 samba 服务器配置

（3）完全兼容性。由于 Samba 服务实现了 SMB/CIFS 协议的主要功能，因此它与 Windows 操作系统的兼容性非常高。这意味着可以使用 Samba 服务器作为 Windows 网络的一部分，实现与 Windows 客户端的无缝集成。

（4）开源和自由软件。Samba 是开源软件，遵循 GNU 通用公共许可协议，因此可以自由获取、使用和修改。这使得 Samba 成为许多组织和个人选择的共享解决方案，无需担心高昂的许可费用。

（5）Samba 是一个功能强大且灵活的文件和打印机共享解决方案，通过实现 SMB/CIFS 协议，它为非 Windows 平台提供了与 Windows 平台兼容的共享服务，促进了跨平台的文件共享和网络通信。

2. Samba 服务器工作原理

Samba 服务器的工作原理涉及多个组件和技术，包括 SMB/CIFS 协议、文件共享、身份验证、会话管理等。以下是 Samba 服务器的工作过程。

1）协议版本协商

客户端发起连接时，发送一个 SMB negprot（negotiate protocol）请求数据报给服务器。服务器根据自身配置和支持情况，确定所使用的 SMB 协议版本。如果服务器支持客户端请求的协议版本，则响应包含该版本的信息，否则返回特定的错误码（如 0xFFFFH），表示没有可用的协议版本。

2）会话建立

客户端发送一个 SesssetupX（session setup and X）请求数据报给服务器，其中包含认证信息（如用户名和密码）以及其他相关参数。服务器验证客户端提供的认证信息，包括身份验证和授权，以确定客户端是否有权限访问所请求的资源。如果认证成功，服务器会向客户端发送一个 SesssetupX 响应数据报，表示会话建立成功，客户端可以开始访问共享资源。

3）访问共享资源

客户端通过发送各种 SMB 请求来访问共享资源，如打开文件、读取文件内容、写入文件内容等。这些请求会包含相关的操作码（如 open、read、write 等），以及与操作相关的参数（如文件路径、读取偏移量、写入数据等）。服务器根据客户端请求执行相应的操作，访问文件系统并处理请求。

4）断开连接

当客户端不再需要访问共享资源或会话结束时，可以发送一个 SMB 请求来关闭文件或断开与服务器的连接。服务器会处理这些请求，释放相关的资源，并向客户端发送响应以确认断开连接。

3. Samba 服务核心软件包说明

（1）samba 是 Samba 服务器的核心软件包，实现了 SMB/CIFS 协议，允许 Linux 服务器与 Windows 客户端进行文件和打印机共享。它提供了文件共享和打印服务的功能。

（2）samba-common 软件包包含 Samba 服务器的设置文件，以及用于检查设置文件语法的测试工具。它提供了管理 Samba 服务器配置的必要工具。

（3）samba-client 是 Samba 的客户端软件包，用于 Linux 主机作为客户端时访问和管理远程 Samba 共享资源所需的工具和指令集。它允许 Linux 主机访问其他 Samba 服务器上的共享资源。

（4）samba-winbind 软件包允许 Samba 服务器作为 Windows 域控制器或成员服务器，并提供了与 Windows 域用户、组和安全策略的集成功能。Winbind 服务使 Samba 服务器能够与 Windows 域通信，并将 Windows 用户和组映射到本地系统的用户和组。它使 Samba 服务器能成为 Windows 域的成员服务器，并允许 Linux 主机使用 Windows 域账户完成非 Samba 身份验证任务。

（5）samba-winbind-clients 软件包使 Linux 主机能够加入 Windows 域，并使 Windows

域用户在 Linux 主机上以 Linux 用户身份方式进行操作。它提供了必要的工具和指令集，以便 Linux 主机能够与 Windows 域进行通信并管理域用户的身份验证。

4. Samba 相关文件

Samba 运行中有两个核心守护进程：smbd 和 nmbd。守护进程负责管理共享资源、处理到 Samba 服务器的请求以及进行 NetBIOS 名解析。

（1）smbd 的主要功能是管理 Samba 服务器上的共享目录、打印机等资源，处理来自客户端的 SMB 请求，包括文件访问、打印任务等。配置信息保存在 smb.conf 配置文件中，该文件包含了对共享资源、身份验证、安全设置等的配置。smbd 负责接收来自客户端的 SMB 请求，并根据配置文件中的设置进行处理和响应。

（2）nmbd 的主要功能是进行 NetBIOS 名解析，允许其他主机能够浏览 Linux 主机上的 Samba 共享资源。当客户端使用计算机名访问 Samba 共享资源时，nmbd 负责将计算机名解析为 IP 地址，以便客户端能够正确地定位 Samba 服务器。nmbd 维护 Samba 服务器的本地 NetBIOS 名称列表，并响应其他主机的 NetBIOS 查询请求。

这两个守护进程共同工作，确保 Samba 服务器能够正常运行并提供所需的共享资源访问服务。smbd 处理 SMB 请求，管理共享资源，而 nmbd 负责 NetBIOS 名称解析，使得其他主机能够访问和浏览 Linux 主机上的 Samba 共享资源。

5. Samba 配置文件

Samba 配置文件通常存放于 /etc/samba 目录，smb.conf 是 Samba 服务的主要配置文件，负责定义 Samba 服务器的行为和属性，其中包含了全局配置和共享资源的定义，以及其他相关配置，通过编辑该文件，可以定义 Samba 服务器的工作组、服务器描述、安全模式、共享资源路径、访问权限等。

smb.conf 配置文件主要的设定分为 [global] 和 [share] 两部分。

1）[global]

这是一个特殊的部分，用于定义全局配置选项，配置整个 Samba 服务器的行为。

（1）workgroup：定义了 Samba 服务器所属的工作组或域。

（2）server string：设置了服务器的描述字符串，通常用于标识服务器的用途。

（3）security：指定了 Samba 服务器的安全模式，如 user（用户级别认证）、share（共享级别认证）或 domain（域级别认证）。

（4）map to guest：当客户端访问共享资源时，对于没有有效身份验证的用户，Samba 服务器如何处理他们的访问请求。

（5）guest account：指定了作为访客身份登录时所使用的账户。

（6）log file：指定了 Samba 日志文件的路径和名称。

（7）max log size：设置了日志文件大小的最大值。

（8）encrypt passwords：指定是否启用密码加密功能。

2）[share]

这是定义共享资源的部分，可以在其中指定不同共享的属性和访问权限。

（1）path：指定共享资源的实际物理路径。在 Samba 中，可以通过共享网络上的目录来提供对文件和文件夹的访问。这个目录的访问权限分为系统访问权限和 Samba 服务访问权限。

（2）valid users：指定允许访问共享资源的用户列表。多个用户或者组中间用逗号隔开，如果要加入一个组就用"@+组名"表示。

（3）read only：指定共享资源是否为只读。

（4）writable：指定共享资源是否可写。

（5）guest ok：指定是否允许访客访问共享资源。

（6）path：指定共享资源在文件系统中的路径。如 path=/srv/samba/share。

（7）comment：提供对共享资源的描述或注释。如 comment=Public Share。

（8）valid users：指定可以访问共享资源的有效用户列表。如 valid users=user1，user2。

（9）read only：指定共享资源是否为只读。如果设置为 yes，则只允许读取共享资源；如果设置为 no，则允许读取和写入。如 read only=no。

（10）writable：指定共享资源是否可写。与 read only 相反，设置为 yes 表示可写，设置为 no 表示只读。如 writable=yes。

（11）write list：这个选项确定了哪些用户有权限向共享目录写入文件。只有在这个列表中的用户才能在共享目录中创建、编辑或删除文件。这对于控制谁能够修改共享中的内容非常有用。

（12）guest ok：指定是否允许访客以匿名身份访问共享资源。设置为 yes 表示允许，设置为 no 表示不允许。如 guest ok=yes。

（13）guest only：指定是否只允许访客访问共享资源。设置为 yes 表示只有访客身份可以访问，设置为 no 表示所有用户都可以访问。如 guest only=no。

（14）create mask：指定创建新文件时的默认权限掩码。用于控制新文件的权限设置。如 create mask=0644。

（15）browseable：这个选项确定了是否在网络浏览器中显示共享。如果设置为 yes，则其他用户可以在网络上看到这个共享，如果设置为 no，则该共享将不会出现在网络浏览器中，但仍然可以通过直接访问来使用。

这些选项是常用的共享资源配置选项，可以根据需要选择并配置以定义共享资源的行为和属性。

6. 相关命令

常用的 Samba 服务器相关命令如下：
- 启动 Samba 服务：systemctl start smbd；
- 停止 Samba 服务：systemctl stop smbd；
- 重启 Samba 服务：systemctl restart smbd；
- 检查 Samba 服务状态：systemctl status smbd；
- 重新加载 Samba 配置：systemctl reload smbd，当修改了 smb.conf 文件后，需要重新加载 Samba 的配置才能使更改生效。

11.1.3 任务实施

公司内部为实现 Windows 操作系统与 Linux 操作系统资源共享，通过搭建 Samba 服务器来解决这个问题。在 openEuler 操作系统上安装 Samba 软件。

（1）关闭或取消防火墙，关闭 SELinux，待服务器配置成功后根据生产环境设置防火墙和 SELinux。

使用 root 用户进行以下操作：
- 临时关闭防火墙，输入 systemctl stop firewalld.service 命令；
- 取消开机自动启动，输入 systemctl disable firewalld 命令。

永久关闭 SELinux，输入命令如下。

```
sed -i 's/SELINUX=enforcing/SELINUX=disabled/g' /etc/sysconfig/seLinux
```

重启后生效。

临时关闭 SELinux，但重启后自动开启 SELinux，输入 setenforce 0 命令。

（2）按照步骤安装软件包。

```
[root@server ~]#mount /dev/sr0 /mnt/cdrom/
mount: /mnt/cdrom: WARNING: source write-protected, mounted read-only.
[root@server yum.repos.d]#vi /etc/yum.repos.d/cdrom.repo
[cdrom]
name=cdrom
baseurl=file:///mnt/cdrom
enabled=1
gpgcheck=0
[root@server ~]#yum install samba
```

（3）创建共享文件。

```
[root@server ~]mkdir /share-data
[root@server ~]chmod 777 /share-data
```

（4）编辑配置文件 smb.conf。

在全局配置中添加如下内容。

```
[root@server ~]vi /etc/samba/smb.conf
[global]
map to guest = Bad User
...
[data]（共享名称）
path = /share-data（要共享的目录）
browseable = yes（可浏览）
public = yes（允许匿名用户访问）
guest ok = yes（所有人可访问）
writable = yes（共享目录可写）
```

（5）重启 smb nmb 服务。

```
[root@server ~]#systemctl restart smb nmb
```

（6）打开 Windows 客户端测试。

打开"运行"对话框，输入服务器端地址 \\10.0.0.200，如图 11-1 所示。

实现匿名用户访问共享资源，访问服务器资源窗口如图 11-2 所示。

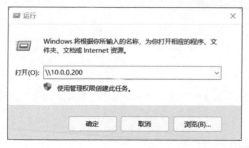
图 11-1 "运行"对话框

图 11-2 访问服务器资源窗口

在所有服务器配置过程中，每种服务器配置文件都比较多，不管配置过程中还是排错过程中都需要从主配置文件开始。

11.1.4 任务评价

配置匿名用户访问 Samba 服务器任务评价单

任务 11.2 配置 user 级 Samba 服务器

11.2.1 实施任务单

任务编号	11-2	任务名称	配置 user 级 Samba 服务器
任务简介	某公司为了实现资源共享，在 openEuler 操作系统下搭建一台 Samba 服务器。实现部门文件资料存放到 Samba 服务器的 /hr/data 目录下集中管理，以便该部门人员浏览，并且该目录只允许该部门员工访问			
设备环境	Windows 10、VMware Workstation 16 Pro、openEuler 22.03 LTS			
任务难度	中级	实施日期	年 月 日
任务要求	1. 掌握 Samba 服务器权限设置 2. 掌握 user 级 Samba 服务器配置方法			

11.2.2 知识加油站

管理 Samba 服务器用户的 Smbpasswd 命令格式如下：

```
smbpasswd        [选项]         [参数]
```

smbpasswd 命令及说明如表 11-1 所示。

表 11-1 smbpasswd 命令及说明

命 令	说 明
-a	添加用户到 Samba 服务器
-c	指定配置文件 smb.conf 的位置
-x	删除用户
-d	停止使用指定的用户
-e	激活暂停的用户
-D	设置调试级别 0~10
-n	指定用户名为空密码
-r	指定 Samba 服务器上用户的密码
-U	指定用户名,只和 -r 配合使用
-h	显示帮助信息

11.2.3 任务实施

默认系统已经安装好 Samba 软件,并关闭防火墙和 SELinux。
(1)创建用户组。
只允许本部门员工访问,所以创建用户组,定义改组的权限。

微课:配置 user 级 Samba 服务器

```
[root@server ~]#groupadd hr
```

(2)创建系统用户。

```
[root@server ~]#useradd -g hr hr01
[root@server ~]#useradd -g hr hr02
[root@server ~]#passwd hr01
[root@server ~]#passwd hr02
```

(3)创建系统共享目录,设置权限。

```
[root@server ~]#mkdir /hr/data
[root@server ~]#chown :hr /hr/data
[root@server ~]#chown -R 775 /hr/data
```

(4)增加 Samba 用户。

```
[root@server ~]#smbpasswd -a hr01
[root@server ~]#smbpasswd -a hr02
```

(5)编辑配置文件 smb.conf。

```
[root@server ~]#vim /etc/samba/smb.conf
```

```
[global]
security=user
...
[hrdata]
comment=hr share data
path=/hr/data
browseable=yes
valid users=@hr
write list = @hr
```

(6)启动服务。

```
[root@server ~]#systemctl restart smb nmb
```

(7)验证配置服务的正确性。

使用 Windows 客户端测试。打开"运行"对话框,输入地址 \\10.0.0.200。分别使用 hr01 用户、hr02 用户、test0 用户,输入对应的密码。在切换另一个用户登录时,需要清除缓存,在"运行"对话框中输入 cmd,在打开的窗口中输入以下命令:

```
C:\Users\Administrator>net use  /delete  /y  *
```

11.2.4 任务评价

配置 user 级 Samba 服务器任务评价单

任务 11.3 配置用户映射 Samba 服务器

11.3.1 实施任务单

任务编号	11-3	任务名称	配置用户映射 Samba 服务器
任务简介	某公司销售部门,要求将文件资料存放到 Samba 服务器的 /sale/data 目录下集中管理,以便该部门人员浏览,并且该目录只允许该部门员工访问,为了提高系统安全性及灵活性,建议用虚拟账号登录系统			
设备环境	Windows 10、VMware Workstation 16 Pro、openEuler 22.03 LTS			
任务难度	初级	实施日期	年 月 日
任务要求	1.掌握虚拟用户创建方法 2.掌握 Samba 服务器权限配置			

11.3.2 知识加油站

1. smbclient 命令

功能：用于客户端通过命令行界面访问 Samba 服务器的共享目录。
语法：smbclient //Samba 服务器名称或服务器 IP/ 共享目录 -U 用户名。
示例：

```
smbclient //192.168.1.100/share -U user1
```

说明：这个命令会提示输入密码，然后进入一个交互式的 Samba 客户端，允许在 Samba 服务器上执行各种文件和目录操作。

2. mount 实现远程挂载

功能：使用 mount 命令，将 Samba 服务器的共享目录挂载到本地文件系统上。
语法：mount -t cifs //samba 服务器名称或服务器 IP/ 共享目录挂载本地路径 -o username= 用户名，password= 密码。
示例：

```
mount -t cifs //192.168.1.100/share /mnt/smb -o username=user1, password=pass123
```

说明：这个命令会将 Samba 服务器的共享目录挂载到本地文件系统的指定路径上，可以像访问本地文件一样访问共享的文件。

11.3.3 任务实施

默认系统已经安装好 Samba 软件，并关闭防火墙和 SELinux。

微课：配置用户映射 Samba 服务器

（1）创建系统用户 vsuser 和测试用户 test，设置密码。

```
[root@server ~]#useradd suser
[root@server ~]#useradd test
```

（2）建立系统共享目录，并设置系统访问权限。

```
[root@server ~]#mkdir /data
[root@server ~]#chown suser:  /data
[root@server ~]#chown -R 775 /data
```

（3）创建 Samba 账号。

```
[root@server ~]#smbpasswd -a suser
[root@server ~]#smbpasswd -a test
```

（4）创建虚拟用户与 Samba 用户映射表。

```
[root@server ~]#vim /etc/samba/smbusers
suser=vuser01 vuser02
test=test01
```

（5）编辑 Samba 主配置文件。

```
[root@server ~]#vi   /etc/samba/smb.conf
[global]
security=user
username map=/etc/samba/smbusers

[data]
comment=sale data share
path=/data
browseable=yes
valid users=suser
write list=suser
```

（6）启动 Samba 服务。

```
[root@server ~]#systemctl restart smb nmb
```

（7）客户端测试。

① Windows 客户端测试

打开"文件资源管理器"，在菜单栏中单击查看…按钮，选择"映射网络驱动器"选项，如图 11-3 所示。

图 11-3 "映射网络驱动器"选项

在"映射网络驱动器"对话框中输入 Samba 服务器的地址 \10.0.0.200\data，单击"浏览"按钮，如图 11-4 所示。

图 11-4 "映射网络驱动器"对话框

分别使用 vuser01 用户、vuser02 用户、test01 用户，输入对应的密码。vuser01 和 vuser02 用户可以正常访问 data 目录文件，test01 用户不能访问。

② Linux 客户端测试

客户端需要安装 Samba 客户端软件包 samba-client。

```
[root@server ~]#yum install -y samba-client
```

访问 Samba 服务器的共享资源命令如下：

```
[root@server ~]#smbclient //10.0.0.200/data -U vuser01
```

按提示输入共享密码，出现提示信息。

```
Try "help" to get a list of possible commands.
smb: \>
```

Linux 操作系统环境下访问 Samba 服务器，更多的应用在远程 Samba 服务器挂载到本地目录，本地需要安装软件包 cifs-utils。

```
[root@client~]#yum install -y cifs-utils
[root@client~]#mount -t cifs //10.0.0.200/data /mnt/data -o username=vuser01,password=vuser
```

username 是虚拟用户的用户名，password 是 Samba 映射用户账号 vuser 的密码。

服务器配置操作比较复杂，为了提高操作能力，这就要求大家平时多进行操作实践，应做到《易经》中的"天行健，君子以自强不息。地势坤，君子以厚德载物"。用科学思维武装自己，注重理论联系实际。

11.3.4 任务评价

配置用户映射 Samba 服务器任务评价单

◆ 项目小结 ◆

通过配置 Samba 服务器，可以实现设备之间的文件共享，通过编辑 smb.conf 配置文件定义共享目录、访问权限，并通过启动 Samba 服务、添加 Samba 用户等步骤完成配置，使客户端可以通过 smbclient 命令连接并访问共享文件。

◆ 练 习 题 ◆

一、选择题

1. Samba 服务器的主要功能是（　　）。
   A. 文件和打印机共享　　　　　　　　B. 电子邮件服务器
   C. Web 服务器　　　　　　　　　　　D. 数据库服务器
2. （　　）配置文件通常用于定义 Samba 服务器的共享和设置。
   A. smb.conf　　　　B. sshd_config　　　　C. httpd.conf　　　　D. fstab
3. 在 openEuler 22.03 LTS 操作系统上启动 Samba 服务的命令是（　　）。
   A. start smb　　　　　　　　　　　　B. systemctl start smb
   C. service samba start　　　　　　　D. init.d smb start
4. Samba 服务在网络上进行文件和打印机共享时使用的协议是（　　）。
   A. HTTP　　　　　B. FTP　　　　　C. SMB/CIFS　　　　D. SNMP
5. Samba 服务器用于文件共享的默认端口是（　　）。
   A. 21　　　　　　B. 22　　　　　　C. 139　　　　　　D. 445

二、填空题

1. 要挂载 Samba 服务器的共享目录到本地文件系统，可以使用＿＿＿＿命令。
2. 要检查 Samba 服务的状态，可以使用＿＿＿＿命令。

三、简答题

简述 Samba 服务器配置过程。

四、实践题

配置 Samba 服务器进行磁盘共享，将地址为 10.0.0.200 的服务器的 /data 目录共享，使用 Windows 客户端或 Linux 客户端访问共享。

项目 12

Nginx 服务器配置

 学习目标

- 认识 Nginx 服务器;
- 掌握 Nginx 服务器的配置与启动方法;
- 掌握 Nginx 虚拟主机的配置方法;
- 掌握基于 IP 地址的访问控制的配置方法;
- 掌握基于用户信任的访问控制的设置方法;
- 掌握 Nginx 反向代理服务器的配置方法。

 素质目标

- 养成良好的自主探究习惯和创新精神;
- 养成良好的职业习惯,培养一丝不苟、精益求精的工匠精神;
- 提升网络安全意识,构建维护网络环境安全的社会责任体系;
- 树立网络主权意识、规则意识、科技强国意识。

项目重难点

项目内容	工作任务	建议学时	技能点	重难点	重要程度
Nginx 服务器配置	Nginx 服务器的搭建	2	Nginx 服务器的配置、Nginx 服务的启动和测试、Nginx 服务配置文件的设置	Nginx 服务器配置步骤、配置文件参数设置	★★★★★
	Nginx 虚拟主机的配置	2	基于 IP 地址虚拟主机的配置、基于端口的虚拟主机的配置、基于域名的虚拟主机的配置	配置文件的设置	★★★★★
	Nginx 访问控制	2	基于 IP 地址访问控制的设置、基于用户信任登录的设置	基于 IP 地址访问控制配置的语法、配置文件的设置,密钥文件的创建	★★★★☆
	Nginx 反向代理服务器的配置	2	反向代理服务器的配置	反向代理的原理	★★★★★

任务 12.1　Nginx 服务器搭建

12.1.1　实施任务单

任务编号	12-1	任务名称		Nginx 服务器配置
任务简介	某公司为了助力乡村振兴，使用 PHP 技术开发了农业知识网站，网站包含很多种植、养殖的知识，可以供农户学习借鉴。公司拟采用搭建 Nginx 服务器的方案将网站发布，尽快让农户用起来			
设备环境	Windows 10、VMware Workstation 16 Pro、openEuler 22.03 LTS			
任务难度	初级	实施日期		年　月　日
任务要求	1. 了解 Nginx 服务器 2. 掌握 Nginx 服务器的配置方法 3. 掌握 Nginx 服务器的启动和测试方法 4. 了解 Nginx 服务器配置文件的结构 5. 掌握 Nginx 服务器配置文件的设置方法			

12.1.2　知识加油站

1. Nginx 服务器

Nginx 服务器是一款由俄罗斯的程序设计师开发的高性能 Web 服务器，能够发布网站代码等资源，为用户提供信息资讯。Nginx 服务器既可以作为 Web 服务器，也可以用来做代理服务器和负载均衡服务器等，整体性能非常强大。

微课：Nginx 服务器简介

作为 Web 服务器，Nginx 服务器使用的资源很少，支持更多的并发连接，能够支持高达 50 000 个并发连接数的响应，这使得 Nginx 尤其受到虚拟主机提供商的欢迎。

作为反向代理服务器，Nginx 服务器可以隐藏后端服务器的数量，并且保证后端服务器免受攻击。

作为负载均衡服务器，Nginx 的负载均衡其实是反向代理的延伸，当单台后端服务器无法处理前端庞大的请求时，可以为后端多准备几台服务器，共同分摊流量，Nginx 既可以在内部直接支持 Rails 和 PHP 技术，也可以支持作为 HTTP 代理服务器对外进行服务。

Nginx 还有很多强大的功能，如做缓存服务器，邮件代理服务器，做域名重定向、动静分离、做微服务网关等。

2. Nginx 服务器的优点

Nginx 服务器安装简单，配置文件简洁，Bug 非常少，启动特别容易，并且几乎可以做到 7×24h 不间断运行，即使运行数个月也不需要重新启动，还能够在不间断服务的情况下进行软件版本的升级。

由于 Nginx 性能高，具有很多非常优越的特性，所以被广大运维人员喜欢。如百度、京东、新浪、网易、腾讯、淘宝等公司都在使用 Nginx 服务器。

3. Nginx 服务器配置

1）下载 Nginx 软件包

访问 https://nginx.org/download/ 页面，下载 Nginx 软件包，如图 12-1 所示。

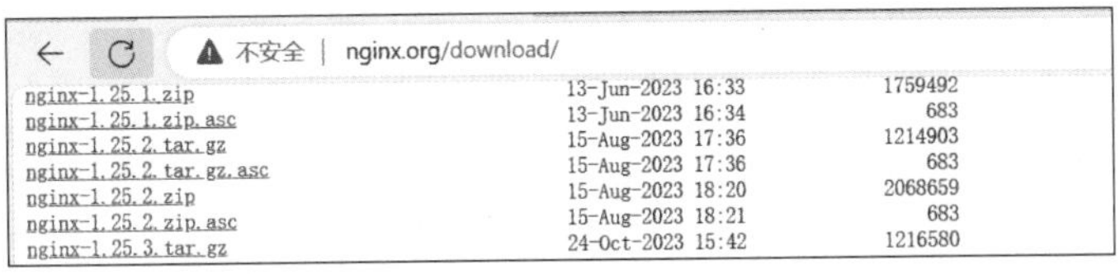

图 12-1　Nginx 软件包下载页面

2）安装依赖包

Nginx 软件包的安装需要其他软件的支持，Nginx 底层采用 C++ 编写，因此需要 gcc 环境进行编译；Nginx 的 http 模块使用 pcre 库来解析正则表达式，所以需要安装 pcre 库，pcre-devel 是使用 pcre 库开发的一个二次开发库，也需要安装；zlib 库提供了多种压缩和解压缩方式，Nginx 使用 zlib 对 http 包的内容进行解压缩，所以需要安装 zlib 库。

执行 yum -y install gcc pcre pcre-devel zlib zlib-devel 命令安装依赖包。

3）配置 Nginx 安装选项

配置的目的是检查环境，看是否满足安装条件，测试所需依赖是否安装。另外可以指定安装方式，确定配置文件、命令文件等文件存放位置，同时，配置可开启模块功能。配置服务的安装目录使用 ./configure --prefix=/usr/local/nginx 命令，配置其他选项可执行 ./configuration -help 命令查看。

在 Nginx 服务器的搭建过程中，涉及多个软件包的安装，在日常学习与生活中一定要运用正版软件或是开源软件，一定不能使用盗版软件，盗版软件的安全性无法保障，要有效维护相关著作人的知识产权。

4）Nginx 的文件目录

（1）/usr/local/nginx 是 Nginx 的安装路径。

（2）/usr/local/nginx/sbin/nginx 是 Nginx 的二进制文件目录。

（3）/usr/local/nginx/conf 是 Nginx 配置文件的路径。

（4）/usr/local/nginx/conf/nginx.conf 是 Nginx 配置文件。

微课：Nginx 服务器的默认网站

4. Nginx 服务的配置文件

Nginx 服务的配置文件 nginx.conf 位于其安装目录的 conf 目录下。它由多个模块组成，最外面的模块是 main，main 模块包含 events 和 http，http 模块包含 upstream 和多个 server，server 模块又包含多个 location。具体说明如下：

- main 模块进行全局设置，设置的指令将影响其他所有设置；
- server 模块的指令主要用于指定主机和端口；
- upstream 模块的指令主要用于负载均衡，设置一系列的后端服务器；
- location 模块用于匹配网页位置。

这四者之间的关系是 server 继承 main，location 继承 server，upstream 既不会继承其

他设置也不会被继承。在这四个部分中,每个部分都包含若干指令,这些指令主要包含 Nginx 的主模块指令、事件模块指令、http 核心模块指令,同时每个部分还可以使用其他 http 模块指令等。

main 模块进行全局配置,设置 Nginx 在运行时与具体业务功能无关的一些参数。

```
[root@localhost ~]#vim /usr/local/nginx/conf/nginx.conf
#user nobody;
# 设置启动子进程程序默认用户为nobody。可以使用lsof命令查看80端口看到子进程的所有者
#Nginx 是以多进程的方式来工作的,Nginx 有一个主进程和多个工作进程,主进程的作用是读
# 和验证配置文件,启动工作进程
worker_processes  1;    # 用来定义工作进程数量

# 全局错误日志的位置及日志格式
#error_log  logs/error.log;
#error_log  logs/error.log  notice;
#error_log  logs/error.log  info;
#error_log 参数用于设置全局错误日志的位置及日志格式,三条都设置了同样的存放路径,后
# 两条和第一条的区别是第一条没有设置错误日志级别,常见的错误日志级别有
#[debug|info|notice|warn|error|crit|alert|emerg],级别越高,记录的信息越少

#pid   logs/nginx.pid;  #pid 的作用是指定一个保存Nginx主进程ID的文件

events {
                  # 指每一个worker进程能并发处理的最大连接数
      worker_connections  1024;
}
```

http 模块提供 http 服务相关的一些配置参数如下。

```
http {
     include  mime.types;          # 表示纳入 mime.types 文件的配置
     default_type  application/octet-stream;
     #default_type 设置 Nginx 默认文件类型。Nginx 会根据 mime.types 定义的对应关系
     # 来告诉浏览器如何处理服务器传给浏览器的这个文件,是打开还是下载,如果 Web 程序没
     # 有设置,Nginx 也没对应文件的扩展名,就用 Nginx 里默认的 default_type 定义的处
     # 理方式

     # 日志格式
     #log_format  main '$remote_addr - $remote_user [$time_local]
                 "$request"'  '$status $body_bytes_sent "$http_referer"'
                 '"$http_user_agent" "$http_x_forwarded_for"';
     #$remote_addr 与 $http_x_forwarded_for 用以记录客户端的 IP 地址
     #$remote_user:用来记录客户端用户名称
     #$time_local:用来记录访问时间与时区
     #$request:用来记录请求的 URL 与 HTTP
     #$status:用来记录请求状态,成功是 200
     #$body_bytes_sent:记录发送给客户端文件主体内容大小
```

```
#$http_referer：用来记录从哪个页面链接访问过来的
#$http_user_agent：记录客户浏览器的相关信息

#access_log  logs/access.log  main;        # 设置虚拟主机的访问日志路径

sendfile     on;      # 设置开启高效文件传输模式，sendfile 指令指定 Nginx 是否调用
                      # sendfile() 函数来输出文件，减少用户空间到内核空间的上下文
                      # 切换。对于普通应用设为 on，如果用来进行下载等应用磁盘 I/O 重
                      # 负载应用，可设置为 off，以平衡磁盘与网络 I/O 处理速度，降低
                      # 系统的负载

#tcp_nopush    on;    # tcp_nopush 指令必须在 sendfile 打开的状态下才会生效，主
                      # 要是用来提升网络包的传输效率

keepalive_timeout 65; # 设置长连接超时时间为 65，单位是秒。长连接请求大量小
                      # 文件的时候，可以减少重建连接的开销，但假如有大文件上
                      # 传，65s 内没上传完会导致失败。如果设置时间过长，用
                      # 户又多，长时间保持连接会占用大量资源

#gzip  on;            # 开启 gzip 压缩输出，减少网络传输

# http 服务上支持若干虚拟主机。每个虚拟主机对应一个 server 配置项，配置项里面包含
# 该虚拟主机相关的配置。在提供 mail 服务的代理时，也可以建立若干 server。每个 server
# 通过监听地址或端口来区分
server {
    listen    80;       # 监听端口，默认 80，小于 1024 的要以 root 启动。也可以
                        # 同时设置监听的 IP 和端口
    server_name  localhost;             # 设置服务器名称
    #http 服务中，location 定义某些特定的 URL 对应的一系列配置项
    location / {
        # 其中 location 后面的 "/" 代表的是 Nginx 的安装目录，切换到 Nginx 的
        # 安装目录 /usr/local/nginx
        root    html;                 # 定义服务器的默认网站根目录位置
        index   index.html index.htm; # 定义默认访问的文件名
    }
    #error_page  404              /404.html;
    #redirect server error pages to the static page /50x.html
    # 根据返回码，返回对应的页面
    error_page   500 502 503 504  /50x.html;
    # 定义页面路径
    location = /50x.html {
        root    html;
    }
}
}
```

upstream 模块的指令主要用于负载均衡，设置一系列的后端服务器。

```
upstream webserver        #upstream 后跟组名
 {
    ip_hash;              # 算法名称，不写的话默认使用轮询算法
    #server 定义后端真实服务器的 IP 和 PORT，每个服务还可以根据需要定义权重，不写
    #的话默认是 1，max_fails 默认为 1。表示健康状态检查时，最大的失败次数。fail_
    #timeout 设置失败次数的间隔时间，单位为秒
    server 192.168.0.160:80 weight=1 max_fails=2 fail_timeout=2;
    server 192.168.0.163:80;
 }
```

5. Nginx 服务器的默认网站

当 Nginx 配置文件中有且只有一个 server 的时候，该 server 是默认网站，所有给 80 端口的数据就会给该 server，切换到 Nginx 的安装目录 /usr/local/nginx/ 下可以看到 html 目录，进入以后可以看到 index.html 文件，这个就是 Nginx 的默认网站页面文件。

12.1.3 任务实施

某公司需要搭建 Nginx 服务器发布农业知识网站，要求服务器端的 IP 地址为 10.0.0.200，公司工程师对此进行了如下配置。

微课：Nginx 服务器搭建

（1）关闭防火墙、SELinux。

（2）配置服务器端 IP 地址为 10.0.0.200。输入 ping www.baidu.com 命令，测试与百度的连通性。

（3）Nginx 服务器配置。配置 Nginx 服务器的流程是下载 Nginx 安装包、安装依赖项、配置 Nginx 安装选项、编译并安装、启动 Nginx 服务、测试。

① 下载 Nginx 安装包。

```
[root@server ~]#wget http://nginx.org/download/nginx-1.25.3.tar.gz
[root@server ~]#ls
anaconda-ks.cfg   nginx-1.25.3.tar.gz
```

② 安装所需依赖项。

```
[root@server ~]#yum -y install gcc pcre pcre-devel zlib zlib-devel
```

安装完毕后提示 complete，表示成功安装。

③ 配置 Nginx 安装选项。

将下载的软件包复制到 /usr/src 目录下，并将当前目录切换为 /usr/src 目录。

```
[root@server ~]#cp nginx-1.25.3.tar.gz /usr/src
[root@server ~]#cd /usr/src
[root@server src]#ls
debug    kernels    nginx-1.25.3.tar.gz
```

使用 tar xf nginx-1.25.3.tar.gz 命令将压缩包解压，其中 x 选项表示解开压缩文件，f 选项指定要处理的文件名。使用 ls 命令查看，可以看到解压后的目录为 nginx-1.25.3。

```
[root@server src]#tar xf nginx-1.25.3.tar.gz
[root@server src]#ls
debug   kernels   nginx-1.25.3   nginx-1.25.3.tar.gz
```

通过 cd nginx-1.25.3 命令进入解压后的目录进行相应配置，这里只配置服务的安装目录为 /usr/local/nginx，执行 ./configure --prefix=/usr/local/nginx 命令。

```
[root@server src]#cd nginx-1.25.3
[root@server nginx-1.25.3]#./configure --prefix=/usr/local/nginx
```

④ 编译并安装。

执行 make 命令进行编译，最后执行 make install 命令进行安装。

```
[root@server nginx-1.25.3]#make
[root@server nginx-1.25.3]#make install
```

⑤ Nginx 服务的启动、停止、重启。

Nginx 服务启动管理，可以先使用 /usr/local/nginx/sbin/nginx -t 命令对配置文件进行测试，测试无误，通过执行 /usr/local/nginx/sbin/nginx 命令启动 Nginx 服务。关闭 Nginx 服务，必须使用 killall nginx 命令来终止进程。重新启动只需要再次执行 /usr/local/nginx/sbin/nginx 命令即可。

```
[root@server nginx-1.25.3]#/usr/local/nginx/sbin/nginx -t
nginx: the configuration file /usr/local/nginx/conf/nginx.conf syntax is ok
nginx: configuration file /usr/local/nginx/conf/nginx.conf test is successful
[root@server nginx-1.25.3]#/usr/local/nginx/sbin/nginx
[root@server nginx-1.25.3]#killall nginx
[root@server nginx-1.25.3]#/usr/local/nginx/sbin/nginx
```

⑥ 进行 Nginx 测试。

第一种方法是可以使用 lsof 命令查看端口的方法测试，Web 服务使用的端口号是 80，通过 i 选项，可以查看到结果。

```
[root@server nginx-1.25.3]#lsof -i:80
COMMAND   PID    USER     FD   TYPE  DEVICE  SIZE/OFF  NODE  NAME
wget      1719   root     3u   IPv4  24763             0t0   TCP
server:47170->ec2-3-125-197-172.eu-central-1.compute.amazonaws.com:http
(CLOSE_WAIT)
nginx     4743   root     6u   IPv4  37450             0t0   TCP *:http (LISTEN)
nginx     4744   nobody   6u   IPv4  37450             0t0   TCP *:http (LISTEN)
```

第二种方法是可以使用 elinks 命令，elinks 命令能实现一个纯文本界面的浏览器，首先通过 yum 命令安装 elinks，然后执行 elinks 命令，后面写上要访问的 URL 地址，即可以看到测试页面的内容。

```
[root@server nginx-1.25.3]#elinks http://10.0.0.200 --dump Welcome to nginx!
    If you see this page, the nginx web server is successfully installed and
```

```
working. Further configuration is required.

For online documentation and support please refer to [1]nginx.org.
Commercial support is available at [2]nginx.com.

Thank you for using nginx.
```

第三种方法是可以在浏览器地址栏输入要访问的 URL 地址进行访问，如果访问成功，则可以看到 Nginx 的默认网站页面，如图 12-2 所示。

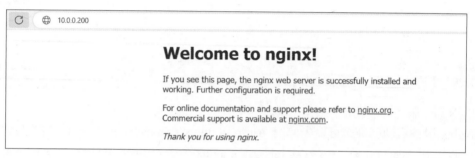

图 12-2　Nginx 的默认网站页面

⑦ 访问错误，设置 404 错误页面。

当网站有问题或是页面不存在时，显示 404 错误页面。设置 404 错误页面，页面的内容为 404 Not Found。

修改配置文件，在 server 模块中添加代码如下。

```
#定义 Nginx 的错误页面，如果出现相应的错误页面码，转发到 404.html
error_page    404    /404.html;
#定义页面路径
  location = /404.html {
    root    html;                    #错误页面的目录路径
}
```

在通过配置文件进行参数设置时，一定要注意设置规范，要严谨，书写要认真、细致，即便出现缺少字母的错误，也会导致设置失败，所以，一定要养成良好的职业习惯，一丝不苟，养成精益求精的工匠精神。

⑧ 创建错误页面。

```
[root@server ~]#cd /usr/local/nginx/html
[root@server html]#ls
50x.html  index.html
#创建错误页面 404.html
[root@server html]#echo "404 error" >> 404.html
[root@server html]#cat 404.html
404.error
```

⑨ 进行错误测试。

输入 elinks http://10.0.0.200 命令可看到 Nginx 的默认网站，访问其他功能，可以看到

404.html 页面的内容。

```
[root@server html]#/usr/local/nginx/sbin/nginx
[root@server html]#lsof -i:80
COMMAND   PID USER    FD   TYPE DEVICE SIZE/OFF NODE NAME
nginx    1978 root    6u   IPv4  27285      0t0  TCP *:http (LISTEN)
nginx    1979 www     6u   IPv4  27285      0t0  TCP *:http (LISTEN)
[root@server html]#elinks http://10.0.0.200 --dump
                    Welcome to nginx!

   If you see this page, the nginx web server is successfully installed and
   working. Further configuration is required.

   For online documentation and support please refer to [1]nginx.org.
   Commercial support is available at [2]nginx.com.

   Thank you for using nginx.
[root@server html]#elinks http://10.0.0.200/a --dump
   404.error
```

12.1.4 任务评价

Nginx 服务器配置任务评价单

任务 12.2　Nginx 虚拟主机的配置

12.2.1 实施任务单

任务编号	12-2	任务名称	Nginx 虚拟主机的配置
任务简介	为了帮助需求方发布农业知识网站，助力乡村振兴，某公司搭建了一个 Nginx 服务器，一个 Web 服务器软件只能发布一个网站，如果需求方有多个类别的助农网站想要同时发布，是否要搭建多个 Nginx 服务器			
设备环境	Windows 10、VMware Workstation 16 Pro、openEuler 22.03 LTS			
任务难度	初级	实施日期	年　月　日
任务要求	1. 了解虚拟主机的概念 2. 掌握基于 IP 地址的虚拟主机的配置方法 3. 掌握基于端口的虚拟主机的配置方法 4. 掌握基于域名的虚拟主机的配置方法			

12.2.2 知识加油站

1. 虚拟主机的概念

虚拟主机是一种在单一主机或主机群上，实现多网域服务的方法，是可以运行多个网站或服务的技术。虚拟主机利用虚拟技术在一台物理主机服务器上划分出多个磁盘空间，每个磁盘空间都是一台虚拟主机，每台虚拟主机都可以独立对外提供 Web 服务，且互不干扰。

在外界看来，虚拟主机就是一台独立的服务器主机，这就意味着用户能够利用虚拟主机把多个不同域名的网站部署在同一台服务器上，而不必再为其建立一个网站单独购买一台服务器，既解决了维护服务器技术的难题，又极大地节省了服务器硬件成本和相关的维护费用。

实现虚拟主机的方式主要有三种：基于 IP 地址的虚拟主机、基于端口的虚拟主机、基于域名的虚拟主机。

对于任意一个问题，思考角度不同，解答的方案就会不同，面对任意一个问题，都要敢于质疑，积极思考，积极探索，与同学们共同讨论，捕捉创造的火花，多路径解决问题，不断培养创新意识。

2. 基于 IP 地址的虚拟主机

微课：基于 IP 的虚拟主机

基于 IP 地址的虚拟主机应用于 IP 地址充足的环境。这种方式下，不同的 IP 地址对应不同的网站，提供虚拟主机服务的机器上同时设置有这些 IP 地址。服务器根据用户请求的目的 IP 地址来判定用户请求的是哪个虚拟主机的服务，从而进一步处理。

3. 基于端口的虚拟主机

微课：基于 PORT 的虚拟主机

基于端口的虚拟主机只需要一个 IP 地址，通过区分端口号来区分不同的主机，但是因为端口号无法告诉公网用户，所以这种设置方法适合内部用户使用。

4. 基于域名的虚拟主机

基于域名的虚拟主机是企业应用最广的虚拟主机类型，几乎所有对外提供服务的网站使用的都是基于域名的虚拟主机。基于域名的虚拟主机是通过区分域名来区分不同的主机的，适合公网环境。

微课：基于域名的虚拟主机

谈到域名，在过去的 IPv4 体系内，全球共 13 台根服务器，唯一主根服务器部署在美国，其余 12 台辅根服务器有 9 台在美国，2 台在欧洲，1 台在日本。曾经我国在 DNS 根服务器领域被西方"卡脖子"。但这并不意味着，在未来中国根服务器没有发展空间，毕竟我国已经在 IPv6 根服务器中占据了一席之地。

要认识到我国拥有并运行根域名服务器的紧迫性和重要性，树立网络主权意识，加强网络安全意识、科技强国意识，努力学习，善于钻研，为将我国建设成为网络强国而努力奋斗。

12.2.3 任务实施

公司要同时发布两个农业知识网站,一个站点是 /usr/local/nginx/html/web1,另一个站点是 /usr/local/nginx/html/web2,通过基于 IP 地址的虚拟主机、基于端口的虚拟主机、基于域名的虚拟主机三种方式进行发布。

1. 基于 IP 地址的虚拟主机的配置

(1) 准备环境。

之前已经搭建好了 Nginx 服务器,服务器端的 IP 地址为 10.0.0.200,基于 IP 地址的虚拟主机的配置,需要 IP 地址充足的环境。添加网卡 ens33,并为网卡设置 IP 地址为 10.0.0.220。这样,可以通过两个不同的 IP 地址发布两个不同的网站。

```
[root@server ~]#ip addr add 10.0.0.220/24 dev ens33
[root@server ~]#ip a
...
2: ens33: <BROADCAST,MULTICAST,UP,LOWER_UP> mtu 1500 qdisc fq_codel
state UP group default qlen 1000
    link/ether 00:0c:29:3f:92:d6 brd ff:ff:ff:ff:ff:ff
    inet 10.0.0.220/24 brd 192.168.0.255 scope global noprefixroute ens33
       valid_lft forever preferred_lft forever
    inet6 fe80::20c:29ff:fe3f:92d6/64 scope link noprefixroute
       valid_lft forever preferred_lft forever
3: ens36: <BROADCAST,MULTICAST,UP,LOWER_UP> mtu 1500 qdisc fq_codel
state UP group default qlen 1000
    link/ether 00:0c:29:3f:92:e0 brd ff:ff:ff:ff:ff:ff
    inet 10.0.0.200/24 brd 10.0.0.255 scope global noprefixroute ens36
       valid_lft forever preferred_lft forever
    inet6 fe80::20c:29ff:fe3f:92e0/64 scope link noprefixroute
       valid_lft forever preferred_lft forever
```

(2) 创建站点目录及页面。

站点目录为 /usr/local/nginx/html,在 html 目录下创建两个子目录,分别为 web1、web2,在两个子目录中分别创建网站初始页,均为 index.html。子目录 web1 中的 index.html 中写入 web1,子目录 web2 中的 index.html 中写入 web2。

```
[root@server ~]#mkdir /usr/local/nginx/html/web{1..2}
[root@server ~]#ls /usr/local/nginx/html/
404.html  50x.html  index.html  web1  web2
[root@server ~]#echo web1> /usr/local/nginx/html/web1/index.html
[root@server ~]#echo web2> /usr/local/nginx/html/web2/index.html
[root@server ~]#cat /usr/local/nginx/html/web1/index.html
web1
[root@server ~]#cat /usr/local/nginx/html/web2/index.html
web2
```

（3）设置虚拟主机配置文件，并被主配文件加载。

执行 cd /usr/local/nginx/conf 命令切换到配置文件目录，创建子目录为 conf.d，切换到 conf.d 子目录。创建子配置文件 vhost.conf，在文件中添加两个 server 模块。

```
[root@server ~]#cd /usr/local/nginx/conf
[root@server conf]#mkdir conf.d
[root@server conf]#cd conf.d
[root@server conf.d]#vim vhost.conf
server {
    listen 10.0.0.200:80;
    location / {
      root html/web1;
      index index.html index.htm index.php;
    }
}
server {
    listen 10.0.0.220:80;
    location / {
      root html/web2;
      index index.html index.htm;
    }
}
```

第一个 server 模块监听 10.0.0.200 的 80 端口，location 用来设定不同 URL 的文件系统的路径映射，一个 server 中可以设置多个 location，Nginx 会根据用户请求的 URL 地址来逐个判断 location，找出最佳匹配规则，然后应用该 location 中定义的配置。其 / 表示是通用匹配，任何请求都会匹配到。root 定义服务器的默认网站根目录位置。这里设置为 html 目录下的 web1，index 指定网站初始页。

第二个 server 模块设置监听 10.0.0.220 的 80 端口，root 定义服务器的默认网站根目录位置，设置为 html 目录下的 web2，index 同样指定网站初始页。

设置好，保存文件。

做好子配置文件后，需要将子配置文件加载到主配置文件中。返回上一级目录，打开主配置文件 nginx.conf，在最后一个大括号里，通过 include 指令加载子配置文件。

```
[root@server conf.d]#vim /usr/local/nginx/conf/nginx.conf
    ...
include conf.d/vhost.conf;
}    #配置文件 nginx.conf 的最后一个大括号
```

设置完，保存退出。

（4）测试服务。

使用 /usr/local/nginx/sbin/nginx -t 命令进行测试，测试成功。终止之前启动的 Nginx 进程，通过 /usr/local/nginx/sbin/nginx 命令再次启动服务。

```
[root@server conf.d]#/usr/local/nginx/sbin/nginx -t
nginx: the configuration file /usr/local/nginx/conf/nginx.conf syntax is ok
nginx: configuration file /usr/local/nginx/conf/nginx.conf test is successful
[root@server conf.d]#killall nginx
[root@server conf.d]#/usr/local/nginx/sbin/nginx
```

通过访问不同的 IP 地址可以看到不同的站点。访问 IP 地址 10.0.0.200，可以看到 web1，访问 10.0.0.220，可以看到 web2。

```
[root@server conf.d]#elinks http://10.0.0.200 --dump
web1
[root@server conf.d]#elinks http://10.0.0.220 --dump
web2
```

2. 基于端口的虚拟主机的配置

（1）准备环境。

基于端口的虚拟主机的配置，只需要一个 IP 地址，执行 ip addr del 10.0.0.220/24 dev ens33 命令，删除 ens33 网卡 IP 地址。

```
[root@server conf.d]#ip addr del 10.0.0.220/24 dev ens33
```

（2）创建站点目录及页面。

使用之前创建的站点目录及网站初始页。

```
[root@server conf.d]#cat /usr/local/nginx/html/web1/index.html
web1
[root@server conf.d]#cat /usr/local/nginx/html/web2/index.html
web2
```

（3）设置虚拟主机配置文件。

打开子配置文件 vhost.conf，修改文件中的两个 server 模块。

```
[root@server conf.d]#vim vhost.conf
server {
    listen 10.0.0.200:80;
    location / {
      root html/web1;
        index index.html index.htm index.php;
    }
}

server {
    listen 10.0.0.200:8080;
    location / {
      root html/web2;
        index index.html index.htm;
```

```
        }
}
```

第一个 server 模块监听 IP 地址为 10.0.0.200 的 80 端口，第二个 server 模块监听 IP 地址为 10.0.0.200 的 8080 端口。设置好，保存文件。

（4）测试服务。

测试、启动服务。

```
[root@server conf.d]#vim vhost.conf
[root@server conf.d]#killall nginx
[root@server conf.d]#/usr/local/nginx/sbin/nginx
```

通过访问不同的端口可以看到不同的站点。访问 IP 地址均为 10.0.0.200，访问端口为 80，可以看到 web1，访问 8080 端口，可以看到 web2。

```
[root@server conf.d]#elinks http://10.0.0.200:80 --dump
web1
[root@server conf.d]#elinks http://10.0.0.200:8080 --dump
web2
```

3. 基于域名的虚拟主机的配置

（1）创建站点目录及页面。

使用之前创建的站点目录及网站初始页。

```
[root@server conf.d]#cat /usr/local/nginx/html/web1/index.html
web1
[root@server conf.d]#cat /usr/local/nginx/html/web2/index.html
web2
```

（2）设置虚拟主机配置文件。

打开子配置文件 vhost.conf，修改文件中的两个 server 模块。

```
[root@server conf.d]#vim vhost.conf
server {
    listen 10.0.0.200;
    server_name web1.server.com;
    location / {
       root html/web1;
       index index.html index.htm index.php;
    }
}

server {
    listen 10.0.0.200;
    server_name web2.server.com;
    location / {
```

```
        root html/web2;
        index index.html index.htm;
    }
}
```

第一个 server 模块监听的 IP 地址为 10.0.0.200，server_name 指定网站的域名，设置第一个网站的域名为 web1.server.com。第二个 server 模块监听的 IP 地址仍旧为 10.0.0.200，设置第二个网站的域名为 web2.server.com。设置好，保存文件。

（3）在 hosts 文件中设置网站域名与 IP 地址的对应关系。

修改客户端 hosts 文件，如果本机既做服务端又做客户端，可直接修改本机的 hosts 文件。

在文件内容的最后追加两行信息，第一行信息为本机的 IP 地址和第一个网站的域名，第二行信息为本机的 IP 地址和第二个网站的域名。

```
[root@server conf.d]#vim /etc/hosts
127.0.0.1     localhost localhost.localdomain localhost4 localhost4.localdomain4
::1           localhost localhost.localdomain localhost6 localhost6.localdomain6
10.0.0.200    web1.server.com
10.0.0.200    web2.server.com
```

通过添加信息，建立起域名与其对应的 IP 地址的对应关系。保存修改，使用 ping 命令，测试一下连通性。

```
[root@server conf.d]#ping web1.server.com
PING web1.server.com (10.0.0.200) 56(84) 字节的数据
64 字节，来自 web1.server.com (10.0.0.200)：icmp_seq=1 ttl=64 时间=0.012 毫秒
64 字节，来自 web1.server.com (10.0.0.200)：icmp_seq=2 ttl=64 时间=0.053 毫秒
[root@server conf.d]#ping web2.server.com
PING web2.server.com (10.0.0.200) 56(84) 字节的数据
64 字节，来自 web1.server.com (10.0.0.200)：icmp_seq=1 ttl=64 时间=0.012 毫秒
64 字节，来自 web1.server.com (10.0.0.200)：icmp_seq=2 ttl=64 时间=0.048 毫秒
```

（4）测试服务。

```
[root@server conf.d]#/usr/local/nginx/sbin/nginx -t
nginx: the configuration file /usr/local/nginx/conf/nginx.conf syntax is ok
nginx: configuration file /usr/local/nginx/conf/nginx.conf test is successful
[root@server conf.d]#killall nginx
[root@server conf.d]#/usr/local/nginx/sbin/nginx
```

通过访问不同的域名可以看到不同的站点。访问 web1.server.com，可以看到 web1，访问 web2.server.com，可以看到 web2。

```
[root@server conf.d]#elinks http://web1.server.com --dump
web1
[root@server conf.d]#elinks http://web2.server.com --dump
web2
```

12.2.4 任务评价

Nginx 虚拟主机配置任务评价单

任务 12.3 Nginx 访问控制

12.3.1 实施任务单

任务编号	12-3	任务名称	Nginx 访问控制
任务简介	为了将开发的助农项目上云,某公司提供了购买的多种阿里云资源,怎样才能保证资源只给需要的开发人员,而不被其他用户非法访问?公司拟通过 Nginx 访问控制来设定访问者的权限			
设备环境	Windows 10、VMware Workstation 16 Pro、openEuler 22.03 LTS			
任务难度	初级	实施日期	年　月　日	
任务要求	1. 掌握基于 IP 地址的访问控制的配置语法 2. 掌握基于 IP 地址的访问控制的测试方法 3. 掌握基于用户的信任登录的配置方法 4. 掌握 htpasswd 命令创建密钥文件的方法			

12.3.2 知识加油站

Nginx 的访问控制分为基于 IP 地址的访问控制和基于用户信任登录的两种方法。

微课:基于 IP 地址的访问控制

1. 基于 IP 地址的访问控制

基于 IP 地址的访问控制的配置语法比较简单,说明如下:

```
Syntax: allow address | CIDR | unix: | all;
default: 默认无
Context: http, server, location, limit_except

Syntax: deny address | CIDR | unix: | all;
default: 默认无
Context: http, server, location, limit_except
```

指令 allow 后面跟 IP 地址 /IP 地址段,指定允许某个 IP 地址或 IP 地址段访问;指令 deny 后面跟 IP 地址 /IP 地址段,指定拒绝某个 IP 地址或 IP 地址段访问。两条指令均可放在 http、server、location 模块中，执行的时候从上往下匹配，如果相符合则停止，不相符合再往下匹配。

2. 基于用户信任登录

微课：基于用户信任登录

基于用户信任登录的语法如下：

```
Syntax: auth_basic string | off;
default: auth_basic off;
Context: http, server, location, limit_except

Syntax: auth_basic_user_file file;
default: 默认无
Context: http, server, location, limit_except
file: 存储用户名密码信息的文件
```

auth_basic 启用 HTTP 基本身份验证协议验证用户名和密码，默认值是 off，如果想开启登录验证功能，参数值设置为一个字符串即可。auth_basic_user_file file 用于指定保存用户名和密码的文件为 file，参数没有默认值。两条指令均可放在 http、server、location、limit_except 模块中。

12.3.3 任务实施

为将资源的使用权限只分配给需要的工程师，公司拟通过 Nginx 的访问控制来设定访问者的权限，本任务通过基于 IP 地址的访问控制和基于用户的信任登录完成任务。

1. 基于 IP 地址的访问控制

（1）通过虚拟机的克隆功能克隆一台客户机。

服务器端的 IP 地址为 10.0.0.200，客户端的 IP 地址为 10.0.0.201。

（2）已成功搭建 Nginx 服务器，编辑服务器主配置文件 nginx.conf。

```
[root@server ~]#vim   /usr/local/nginx/conf/nginx.conf
 server {
    listen    80;
    server_name   localhost;
    location / {
        root   html;
        index   index.html index.htm;
    }
    location /a {
        autcindex on;
        allow 10.0.0.0/24;
        deny all;
    }
 }
```

在 server 模块中添加 location 模块，设置与 a 目录匹配，autoindex on 命令表示允许以列表的方式列出；allow 10.0.0.0/24 命令表示服务器允许 10.0.0.0 网段访问；deny all 命令表示拒绝所有用户访问，只有 allow 设置的 10.0.0.0 网段的用户可以访问。设置好，保存退出。

（3）重新加载配置，进行测试。

将之前启动的 Nginx 服务全部终止，重新启动 Nginx 服务。

```
[root@server conf]#killall nginx
[root@server conf]#/usr/local/nginx/sbin/nginx
```

在 /usr/local/nginx/html 目录下创建目录 a，切换到 /usr/local/nginx/html/a 目录中，创建文件 file1、fiel2。

```
[root@server ~]#mkdir /usr/local/nginx/html/a
[root@server ~]#cd /usr/local/nginx/html/a
[root@server a]#touch file{1..2}
[root@server a]#ls
file1  file2
```

通过 IP 地址为 10.0.0.201 的机器进行访问测试，可以看到 a 目录下的 file1、file2 两个文件。

```
[root@client a]#elinks http://10.0.0.200/a --dump
                            Index of /a/
-------------------------------------------------------------------------
[1]../
[2]file1                             19-Feb-2024 14:26           0
[3]file2                             19-Feb-2024 14:26           0
-------------------------------------------------------------------------
References
   Visible links
   1. http://10.0.0.200/
   2. file://./file1
   3. file://./file2
```

（4）继续修改配置文件，进行测试。

再次编辑主配置文件 nginx.conf，将允许访问的网段修改为 10.0.1.0，设置好，保存退出。

```
[root@server ~]#vim  /usr/local/nginx/conf/nginx.conf
 server {
     listen    80;
     server_name  localhost;
     location / {
         root   html;
         index  index.html index.htm;
     }
     location /a {
         autoindex on;
```

```
            allow 10.0.1.0/24;
            deny all;
        }
}
```

（5）重新加载配置，进行测试。

再次启动 Nginx 服务。通过 lsof -i:80 命令进行查看，可以看到 Nginx 服务已经启动。再次通过 IP 地址为 10.0.0.201 的机器进行访问测试，可以看到，访问是被拒绝的，返回的是 403 页面，表示有资源，但是不允许访问。因为在配置文件中只设置允许 10.0.1.0 网段的用户进行访问。

```
[root@server ~]#lsof -i:80
COMMAND  PID   USER    FD   TYPE DEVICE SIZE/OFF NODE NAME
nginx    1844  root    6u   IPv4 26208       0t0  TCP *:http (LISTEN)
nginx    1845  nobody  6u   IPv4 26208       0t0  TCP *:http (LISTEN)
[root@client ~]#elinks http://10.0.0.200/a --dump
                                          403 Forbidden
--------------------------------------------------------------------------
                                          nginx/1.25.3
```

如果不能访问，想显示一个特定的页面，可以通过在 location 模块中添加 return 语句来完成。再次切换到 Nginx 主配置文件所在目录，编辑主配置文件，将允许访问的网段设置为 10.0.0.0，添加 return 404 语句，返回 404 对应的页面。

```
[root@server ~]#vim  /usr/local/nginx/conf/nginx.conf
 server {
     listen   80;
     server_name   localhost;
     location / {
         root   html;
         index  index.html index.htm;
     }
     location /a {
         autoindex on;
         allow 10.0.0.0/24;
         deny all;
         return 404;
     }
 }
```

终止之前启动的 Nginx 服务，重新启动 Nginx 服务。再次通过 IP 地址为 10.0.0.201 的机器对 Nginx 服务器进行访问，可以看到通过 allow 设置的网段也不能正常访问了。

```
[root@server ~]#killall nginx
[root@server ~]# /usr/local/nginx/sbin/nginx
[root@client ~]#elinks http://10.0.0.200/a --dump
```

```
                                    404 Not Found
-------------------------------------------------------------------
                                                        nginx/1.25.3
```

配置文件中命令执行时都能顺次执行到 return 语句，所以会出现 404 错误，解决的办法是配置文件中添加条件语句。

```
location /a {
    autoindex on;
    allow 10.0.0.0/24;
    deny all;
    if ( $remote_addr !~ "10.0.0" ) {
        return 404;
    }
}
```

$remote_addr 表示客户端的 IP 地址，如果客户端的 IP 地址与 10.0.0 不匹配，返回 404 页面，设置好，保存退出。

再次重启 Nginx 服务，通过 IP 地址为 10.0.0.201 的机器对服务器进行访问，可以看到访问是成功的，看到 file1、file2 两个文件。

```
[root@client a]#elinks http://10.0.0.200/a --dump
                                Index of /a/
-------------------------------------------------------------------
[1]../
[2]file1                                        19-Feb-2024 14:26       0
[3]file2                                        19-Feb-2024 14:26       0
-------------------------------------------------------------------
References

   Visible links
   1. http://10.0.0.200/
   2. file://./file1
   3. file://./file2
```

在进行文件配置或是使用 Linux 命令时需要遵循语法结构，无规矩不成方圆，要树立规则意识，规则意识能保证社会生活、工作、行为的有序、规范进行，要做遵纪守法的好公民。

2. 基于用户的信任登录

基于用户的信任登录实现流程为：在 Nginx 的主配置文件中开启用户验证并指定保存用户名和密码的文件、创建口令文件、访问测试。

（1）设置服务器端的 IP 地址为 10.0.0.200。

（2）已成功搭建 Nginx 服务器，编辑服务器主配置文件 nginx.conf。在 server 模块中添加 location 模块，设置与 c 目录匹配，auth_basic 后的字符串设置为登录验证，表示开启用户验证，保存用户名和密码的文件设置为 /usr/local/nginx/htpasswd 文件。设置好，保存退出。

```
[root@server ~]#vim  /usr/local/nginx/conf/nginx.conf
server {
    listen    80;
    server_name  localhost;
    location / {
        root    html;
        index  index.html index.htm;
    }
    location /c {
    auth_basic " 登录验证 ";                              # 认证提示符信息
    auth_basic_user_file /usr/local/nginx/htpasswd;      # 密码文件
    }
}
```

（3）在 /usr/local/nginx/html 下创建 c 目录，在 c 目录中创建 index.html 文件，为文件添加内容 hello。

```
[root@server ~]#mkdir /usr/local/nginx/html/c
[root@server ~]#echo "hello" >> /usr/local/nginx/html/c/index.html
[root@server ~]#cat  /usr/local/nginx/html/c/index.html
hello
```

（4）使用 htpasswd 命令创建密钥文件，htpasswd 是开源 HTTP 服务器 Apache 的一个命令工具，用于生成 HTTP 基本认证的密码文件，安装 httpd-devel 软件包，当看到 complete 时，表示安装成功。

```
[root@server ~]#yum install -y httpd-devel
```

通过 htpasswd 命令创建用户，第一个用户为 user1，选项 c 表示创建一个加密文件，选项 m 表示采用 MD5 算法对密码进行加密，/usr/local/nginx/htpasswd 文件是用来保存用户名和密码的文件，与之前在主配文件设置的必须一致，设置密码为 1234，再次输入，成功添加 user1。

添加第二个用户为 user2，命令中不需要使用 c 选项，不创建新文件，设置密码为 1234，再次输入，成功添加 user2。查看文件，可以看到创建用户的操作是成功的，并且密码都已经加密。

```
[root@server ~]# htpasswd -cm /usr/local/nginx/htpasswd user1
New password:
Re-type new password:
Adding password for user user1
[root@server ~]# htpasswd -m /usr/local/nginx/htpasswd user2
New password:
Re-type new password:
Adding password for user user2
[root@server ~]# cat /usr/local/nginx/htpasswd
```

```
user1:$apr1$Wu/4wrOa$rWnaiLn4LeB/ZHsP/2g2X/
user2:$apr1$WJ34RweJ$0bQu7dGRAWNiBmzB6rDNG0
```

（5）启动服务，进行测试。

再次启动 Nginx 服务。

```
[root@server ~]#killall nginx
[root@server ~]#/usr/local/nginx/sbin/nginx
[root@server ~]#lsof -i:80
COMMAND  PID   USER   FD   TYPE DEVICE SIZE/OFF NODE NAME
nginx    2232  root   6u   IPv4 28471       0t0  TCP *:http (LISTEN)
nginx    2233  nobody 6u   IPv4 28471       0t0  TCP *:http (LISTEN)
nginx    2234  nobody 6u   IPv4 28471       0t0  TCP *:http (LISTEN)
```

在浏览器的地址栏中输入服务器端的 IP 地址，加 /c，看到要求输入用户名和密码的对话框，如图 12-3 所示，说明操作已经生效了，输入之前创建的用户名和密码进行测试，用户名为 uesr1，密码是 1234，单击"登录"按钮，可以看到页面显示 hello，表示操作是成功的，如图 12-4 所示。

图 12-3　登录测试页面

图 12-4　用户 user1 登录测试页面

大数据环境下，数据安全问题日益凸显，用户的隐私安全以及信息安全也受到了威胁。要深入理解数据安全的重要性，学习互联网环境中保护数据安全的方式方法，提升自身的网络安全意识，构建维护网络环境安全的社会责任体系。

12.3.4　任务评价

Nginx 的访问控制任务评价单

任务 12.4 Nginx 反向代理服务器的配置

12.4.1 实施任务单

任务编号	12-4	任务名称	Nginx 反向代理服务器的配置
任务简介	农业知识网站发布的域名是 nongyezhishi.com，为保障服务器 7×24h 不间断提供服务，同时防止外网对内网服务器的恶性攻击、减少 Web 服务器压力，可以使用 Nginx 反向代理服务器解决这个问题。			
设备环境	Windows 10、VMware Workstation 16 Pro、openEuler 22.03 LTS			
任务难度	初级	实施日期	年 月 日	
任务要求	1. 掌握代理服务器的原理 2. 掌握反向代理服务器的配置方法 3. 掌握被代理服务器的设置方法			

12.4.2 知识加油站

1. 代理服务器

代理服务器是网络信息的中转站。它是介于浏览器和 Web 服务器之间的一台服务器，有了它之后，浏览器不是直接到 Web 服务器取回网页，而是向代理服务器发出请求，由代理服务器来取回浏览器所需要的信息并传送给浏览器。

代理服务器能突破访问限制，通过不受限的站点访问目标服务器，起到防火墙作用，可以过滤一些不安全的信息，可以缓存目标资源，用户访问时可以提高访问速度和效率，可以实现网络的安全过滤、流量控制、用户管理等功能，解决许多企业连接互联网引起的 IP 地址不足的问题。

代理服务器扮演的就是一个中间人的角色。代理分为正向代理和反向代理两种类型。

正向代理的对象是客户端，从服务器角度是不能直接看到自己的响应是被谁接受的，隐藏了客户端。反向代理的对象是服务端，从客户端来看并不知道实际请求的服务器具体是哪一个，隐藏了服务器。

反向代理有两个作用，第一个作用是保护服务器，例如，为了保证服务器的安全，只允许代理服务器来访问服务器，而用户只能通过访问代理服务器来访问真正的服务器，从而保证了服务器的安全；第二个作用是负载均衡，比如，同时有两个用户发送请求，代理服务器可以根据负载均衡算法将两个请求分发到不同的服务器上进行处理，从而提高请求的整体处理效率。

微课：Nginx 反向代理服务器

2. 反向代理服务器的配置

关键指令：

```
proxy_pass URL
```

配置反向代理服务器，需要关键指令 proxy_pass，后接 URL，用来请求专向定义的服务器列表。实现时可以将语句加到配置文件的 location 模块中。

12.4.3 任务实施

公司发布了农业知识网站，为保障服务器 7×24h 不间断提供服务，同时防止外网对内网服务器的恶性攻击、减少 Web 服务器压力，拟采用配置 Nginx 反向代理服务器的策略解决问题。

配置反向代理服务器的流程是：准备环境、建立被代理网站、设置反向代理配置文件、在主配文件中加载反向代理配置文件、测试服务。

（1）关闭防火墙、SELinux。

（2）建立被代理网站。

客户机的 IP 地址为 10.0.0.201。在客户机上建立被代理网站，安装 Apahce、PHP、数据库服务，当看到 complete 时，表示安装完成。

```
[root@client ~]#yum -y install httpd php mariadb-server
```

新建被代理网站的测试页面。编辑 /var/www/html/index.php 文件，通过 phpinfo() 函数显示 PHP 服务器的配置信息。

```
[root@client ~]#vim /var/www/html/index.php
<?php
phpinfo();
?>
```

保存退出，启动服务。

```
[root@client ~]#systemctl restart httpd mariadb
```

（3）设置反向代理配置文件。

回到服务器端，切换到 Nginx 主配置文件所在目录 /usr/local/nginx/conf 目录，创建 conf.d 子目录，切换到 conf.d 子目录下，编辑 proxy_pass.conf 文件，在文件中添加 server 模块，在 server 模块中监听 8080 端口，与主配置文件监听的 80 端口区分开，以免发生冲突。通过 proxy_pass 请求转向客户端，客户端 IP 地址是 10.0.0.201，保存退出。

```
[root@server ~]#cd /usr/local/nginx/conf
[root@server conf]#mkdir conf.d
[root@server conf]#cd conf.d
[root@server conf.d]#vim proxy_pass.conf
server {
    listen 8080;
    location / {
        index index.html index.htm index.php;
```

```
        proxy_pass http://10.0.0.201;
    }
}
```

（4）在主配文件中加载反向代理配置文件。

```
[root@server conf.d]#cd -
/usr/local/nginx/conf
[root@server conf]#vim nginx.conf
```

在最后一个大括号里，通过 include 指令加载子配置文件。include 指令后接子配置文件名 conf.d/proxy_pass.conf。

```
...
    include conf.d/proxy_pass.conf;
}
```

设置好，保存退出。

通过以上步骤，服务器端就被配置成了反向代理服务器，它直接代理了客户机。

（5）测试服务。

重新启动 Nginx 服务，在服务器的浏览器中输入服务器的 IP 地址，可以看到客户端的 PHP 页面，如图 12-5 所示，表示操作是成功的。

```
[root@server conf]#killall nginx
[root@server conf]#/usr/local/nginx/sbin/nginx
```

图 12-5　客户端的 PHP 页面

《诗经》云:"如切如磋,如琢如磨。"朱熹注解说:"言治骨角者,既切之而复磋之;治玉石者,既琢之而复磨之;治之已精,而益求其精也。"服务器搭建过程中的每一个错误都可能会导致返工,操作过程中一定要细致,只有沉下身、静下心、术业专攻、精益求精,才能抵达新境界,成就大事业。

12.4.4 任务评价

Nginx 反向代理服务器配置任务评价单

◆ 项目小结 ◆

本项目通过 Nginx 服务器的配置实现了网站的发布及反向代理功能。一个 Nginx 服务器默认只能发布一个网站,为提高服务器性能,可通过搭建虚拟主机同时发布多个网站。在 Nginx 中基于 IP 地址的访问控制、基于用户的信任登录设定访问者的权限,提高了资源的安全性。反向代理服务器的配置保证了服务器的安全。

◆ 练 习 题 ◆

一、选择题

1. 以下关于 Nginx 的说法中正确的是（   ）。
   A. Nginx 是一款数据库管理系统　　B. Nginx 是一款 Web 服务器软件
   C. Nginx 是一款操作系统　　　　　D. Nginx 是一款编程语言
2. 通过 Nginx 实现不同的虚拟主机时,需要配置多个（   ）模块来实现。
   A. HTTP　　　　B. server　　　　C. location　　　　D. upstream
3. 关于 Nginx 的主配置文件,以下说法中错误的是（   ）。
   A. main 模块中的设置是 Nginx 服务器全局设置
   B. events 模块的配置影响 Nginx 服务器与用户的网络连接
   C. upstream 模块主要用在负载均衡中配置后端服务器群
   D. http 模块的指令主要用于配置虚拟主机
4. 以下关于 Nginx 配置文件的说法中正确的是（   ）。
   A. Nginx 配置文件是可执行文件　　B. Nginx 配置文件是 Java 编写的
   C. Nginx 配置文件是 XML 格式　　 D. Nginx 配置文件是文本文件
5. Nginx 支持（   ）功能。
   A. 静态 HTTP 服务器　　　　　　　B. 反向代理服务器
   C. 负载均衡　　　　　　　　　　　D. 虚拟主机

二、填空题

1. Nginx 的配置文件默认存放在_____。
2. Nginx 通过_____模块实现反向代理功能。
3. Nginx 的默认端口是_____。

三、简答题

Nginx 配置中的 location 指令有哪些常用的参数？

四、实践题

搭建一台 Nginx 服务器，并划分多个虚拟主机，每一个虚拟主机都可以发布一个网站。

请同时发布两个网站：DocumentRoot /usr/local/nginx/html/web1 和 DocumentRoot /usr/local/nginx/html/web2。

请用基于 IP 地址、基于端口、基于域名三种方式发布以上两个测试网站。

项目 13

IPSAN 服务器配置

 学习目标

- 认识 IPSAN 服务器;
- 掌握 IPSAN 服务器的配置方法;
- 掌握 IPSAN 服务器的测试方法;
- 掌握 IPSAN 多链路共享、多路径挂载的配置方法;
- 掌握 IPSAN 多链路共享服务器的测试方法。

 素质目标

- 养成良好的自主探究的习惯,提高实践动手能力;
- 培养良好的操作规范、细致缜密的工作态度、团结协作的良好品质;
- 树立正确的学习观,养成勇于探索的精神;
- 提升共建、共享、敬业意识,建立工作流程化、标准化思维。

 项目重难点

项目内容	工作任务	建议学时	技 能 点	重 难 点	重要程度
IPSAN 服务器配置	IPSAN 服务器搭建	4	IPSAN 服务器的配置、IPSAN 服务器的启动和测试	IPSAN 服务器端的配置方法	★★★★☆
	IPSAN 多链路共享、多路径挂载	6	IPSAN 多链路共享服务器的配置、IPSAN 多链路共享服务器的启动和测试	安装多路径软件的使用	★★★★★

任务 13.1　IPSAN 服务器搭建

13.1.1　实施任务单

任务编号	13-1		任务名称	IPSAN 服务器配置
任务简介	目前，人们对周围居住环境的安全越来越重视，安防系统作为保护人民生命和财产安全的重要工具也越来越被大家重视。某公司拟为社区开发安防系统，通过在通用服务器的基础上配置 IPSAN 服务器来实现硬盘扩容			
设备环境	Windows 10、VMware Workstation 16 Pro、openEuler 22.03 LTS			
任务难度	中级		实施日期	年　月　日
任务要求	1. 了解 IPSAN 服务器 2. 掌握 IPSAN 服务器的配置方法 3. 掌握 IPSAN 服务器客户端的启动和测试方法			

13.1.2　知识加油站

1. ISCSI 介绍

ISCSI（Internet SCSI）技术由 IBM 公司研究开发，是一个供硬件设备使用的、可以在 IP 协议的上层运行的 SCSI 指令集。

ISCSI 技术可以通过 TCP/IP 的方式将远程存储服务器共享到客户端，仿真为本地设备，让本地计算机像管理直连存储一样可以对共享的设备存储进行分区、格式化、挂载使用。

2. IPSAN 服务器介绍

IPSAN（Internet protocol storage area network）是一种基于 IP 网络的存储区域网络解决方案，它利用 TCP/IP 协议在局域网（local area network，LAN）或广域网（wide area network，WAN）上传输存储数据。IPSAN 通过将存储设备连接到 IP 网络，提供了一种灵活、可扩展且成本效益高的存储解决方案。

IPSAN 服务器应用于需要进行设备共享服务的场合。

IPSAN 服务器实现设备的共享，共享后可以免费使用，这与共建、共享的理念相吻合，在技术上遇到难题时，我们也要集思广益，团结合作一起解决。

3. targetcli 命令

targetcli 是用于管理 ISCSI 服务端存储资源的专用配置命令，它能够提供类似于 fdisk 命令的交互式配置功能，将 ISCSI 共享资源的配置内容抽象成"目录"的形式，只需将各类配置信息填入相应的"目录"中即可。这里的难点主要在于认识每个"参数目录"的作用。当把配置参数正确地填写到"目录"中后，ISCSI 服务端也可以提供共享资源服务了。

通过 targetcli 命令设置设备共享需要通过以下三个步骤完成。

（1）将设备加入 backstores 存储库。

(2)设置设备全球唯一标识名称 IQN。
(3)设置 TPG 组定义谁可以从哪个 IP 地址及端口访问 IQN 标识对应的哪些设备。

```
[root@server ~]#targetcli
Warning: Could not load preferences file /root/.targetcli/prefs.bin.
targetcli shell version 2.1.54
Copyright 2011-2013 by Datera, Inc and others.
For help on commands, type 'help'.

/> ls
o-/ ......................................................................[...]
  o- backstores ..........................................................[...]
  | o- block ...........................................[Storage Objects: 0]
  | o- fileio ..........................................[Storage Objects: 0]
  | o- pscsi ...........................................[Storage Objects: 0]
  | o- ramdisk .........................................[Storage Objects: 0]
  o- iscsi ......................................................[Targets: 0]
  o- loopback ...................................................[Targets: 0]
  o- vhost ......................................................[Targets: 0]
  o- xen-pvscsi .................................................[Targets: 0]
/>
```

1)backstores 分类别存放后端的存储对象
具体类型说明如下:
- block:该类型存储对象适用于本地块设备和逻辑设备;
- fileio:该类型存储对象适用于存储在本地磁盘上的常规文件;
- pscsi:该类型存储对象适用于直接通过 SCSI 命令访问的资源;
- ramdisk:该类型存储对象适用于临时缓存设备,支持多 session。

创建共享 block 存储对象。

```
/backstores/block create block1   /dev/sdb1
# block1 是自定义的名字
# /dev/sdb1 是之前创建的磁盘分区
```

此时把块设备添加到了 backstores 存储库中,如果不想要哪个块可以进行删除。

```
/backstores/block/ delete block1    //把块设备 block1 从存储库中删除
```

2)创建 ISCSI 服务
快速创建 ISCSI 服务的步骤如下。
(1)创建一个 IQN 标识。
IQN 是设备全球唯一标识名称,是一串用于描述共享资源的唯一字符串。
命名格式如下:

```
iqnYYYY-MM.< 反写主机名(域名)>:自定义名称
```

参数说明如下:
iqn 表示此名称使用域为标识符;

YYYY-MM 表示拥有域名的年月时间；

自定义名称内不能有下画线，其中的字母均应为小写。

创建 IQN 标识，需要用 create 命令。

```
/> cd iscsi                                              //进入该目录中
/iscsi> create iqn.2024-02.com.openeuler:storage         //创建全球唯一标识设备名
Created target iqn.2024-02.com.openeuler:storage.
Created TPG 1.
Global pref auto_add_default_portal=true
Created default portal listening on all IPs (0.0.0.0), port 3260.
/iscsi> ls
o- iscsi ......................................................[Targets: 1]
  o- iqn.2024-02.com.openeuler:storage ........................[TPGs: 1]
    o- tpg1 ...............................[no-gen-acls, no-auth]
      o- acls ..............................................[ACLs: 0]
      o- luns ..............................................[LUNs: 0]
      o- portals .........................................[Portals: 1]
        o- 0.0.0.0:3260 ..........................................[OK]
/iscsi>
```

（2）设置 TPG 组中对应的三个问题：谁、从哪里、访问什么设备。

TPG：共享存储组，某个特定 ISCSI 目标要侦听的接口 IP 地址和 TCP 端口的集合。可以将目标配置添加到 TPG 以协调多个 LUN 的设置。

ACL：设置访问控制列表，即设置谁可以访问共享 IQN 标识对应的设备共享。ISCSI 协议是通过客户端名称进行验证的，也就是说，用户在访问存储共享资源时不需要输入密码，只要 ISCSI 客户端的名称与服务端中设置的访问控制列表中某一名称条目一致即可，因此需要在 ISCSI 服务端的配置文件中写入一串能够验证用户信息的名称。

acls 参数目录用于存放能够访问 ISCSI 服务端共享存储资源的客户端名称。ISCSI target 后面可以追加上类似于 ':client' 的参数，这样既能保证客户端的名称具有唯一性，又非常便于管理和阅读，需要用 create 命令创建。

```
/iscsi> cd iqn.2024-02.com.openeuler:storage/tpg1/
/iscsi/iqn.20...:storage/tpg1> acls/ create iqn.2024-02.com.openeuler:client1
Created Node ACL for iqn.2024-02.com.openeuler:client1
/iscsi/iqn.20...:storage/tpg1> ls
o- tpg1 ...............................[no-gen-acls, no-auth]
  o- acls ..............................................[ACLs: 1]
  | o- iqn.2024-02.com.openeuler:client1 ...........[Mapped LUNs: 0]
  o- luns ..............................................[LUNs: 0]
  o- portals .........................................[Portals: 1]
    o- 0.0.0.0:3260 ..........................................[OK]
```

LUN：设置 ISCSI 服务器上的块设备，添加到 luns 目录中，可以设置多个设备，需要用 create 命令创建。

```
/iscsi/iqn.20...:storage/tpg1> luns/ create /backstores/block/block1
```

```
Created LUN 0.
Created LUN 0->0 mapping in node ACL iqn.2024-02.com.openeuler:client1
/iscsi/iqn.20...:storage/tpg1> luns/ create /backstores/block/block2
Created LUN 1.
Created LUN 1->1 mapping in node ACL iqn.2024-02.com.openeuler:client1
/iscsi/iqn.20...:storage/tpg1> ls
o- tpg1 .................................................[no-gen-acls, no-auth]
  o- acls ...............................................................[ACLs: 1]
  | o- iqn.2024-02.com.openeuler:client1 ................[Mapped LUNs: 3]
  |   o- mapped_lun0 .............................[lun0 block/block1 (rw)]
  |   o- mapped_lun1 .............................[lun1 block/block2 (rw)]
  o- luns ...............................................................[LUNs: 3]
  | o- lun0 ..............[block/block1 (/dev/sdb1)(default_tg_pt_gp)]
  | o- lun1 ..............[block/block2 (/dev/sdb2)(default_tg_pt_gp)]
  o- portals ..........................................................[Portals: 1]
    o- 0.0.0.0:3260 .....................................................[OK]
```

portals：设置目标或启动器上用于建立的 IP 地址和端口，即设置从哪里访问设备，默认是 3260 端口，可以通过 delete 命令删除默认端口，通过 create 命令创建端口。

```
# 删掉默认端口
/iscsi/iqn.20...:storage/tpg1> portals/ delete 0.0.0.0 3260
Deleted network portal 0.0.0.0:3260

# 创建端口
/iscsi/iqn.20...:storage/tpg1> portals/ create 10.0.0.200 3260
Using default IP port 3260
Created network portal 10.0.0.200:3260.
/iscsi/iqn.20...:storage/tpg1> ls
o- tpg1 .................................................[no-gen-acls, no-auth]
  o- acls ...............................................................[ACLs: 1]
  | o- iqn.2024-02.com.openeuler:client1 ................[Mapped LUNs: 3]
  |   o- mapped_lun0 .............................[lun0 block/block1 (rw)]
  |   o- mapped_lun1 .............................[lun1 block/block2 (rw)]
  o- luns ...............................................................[LUNs: 3]
  | o- lun0 ..............[block/block1 (/dev/sdb1)(default_tg_pt_gp)]
  | o- lun1 ..............[block/block2 (/dev/sdb2)(default_tg_pt_gp)]
  o- portals ..........................................................[Portals: 1]
    o- 10.0.0.200:3260 ..................................................[OK]
```

设置完，输入 exit 保存退出。

(3) 启动 target 服务。

```
[root@server ~]#systemctl start target
```

4. iscsiadm 命令

1) 安装

```
yum install -y iscsi-initiator-utils
```

2）启动服务

```
systemctl    restart    iscsid
systemctl    restart    iscsi
```

3）发现 ISCSI 存储

```
iscsiadm --mode discovery --type sendtargets --portal  IP:port   --discover
```

其中，

--mode：指定模式为 discovery；

--portal IP：port 指定目标 IP 和端口。

```
[root@client ~]#iscsiadm --mode discovery --type sendtargets --portal
10.0.0.200 --discover
10.0.0.200:3260,1 iqn.2024-02.com.openeuler:storage
```

远程服务器的 IP 地址为 10.0.0.200，未指定端口，使用的是默认端口 3260，通过执行命令发现了远程服务器的共享设备，设备名称为 iqn.2024-02.com.openeuler:storage。

4）登录 ISCSI 存储

```
iscsiadm --mode node --targetname 共享设备名称 --portal IP:port --login
```

其中，--portal IP：port 指定目标 IP 地址和端口，未指定端口，使用默认端口 3260。

```
[root@client ~]# iscsiadm --mode node --targetname iqn.2024-02.com.
openeuler:storage --portal 10.0.0.200:3260 --login
Logging in to [iface: default, target: iqn.2024-02.com.openeuler:storage,
portal: 10.0.0.200,3260]
Login to [iface: default, target: iqn.2024-02.com.openeuler:storage,
portal: 10.0.0.200,3260] successful.
```

远程服务器的 IP 地址为 10.0.0.200，共享设备的名称为 iqn.2024-02.com.openeuler:storage。

IPSAN 服务器搭建中有严格的顺序，要认识到工作流程化、标准化的具体意义，流程化是管理变革的趋势，标准化是团队执行的保障。

13.1.3 任务实施

将存储服务器的 sdb 磁盘通过网络共享给客户端，其单链路 IPSAN 服务器拓扑图，如图 13-1 所示，允许客户端访问共享并实现分区、格式化、挂载存储数据。

图 13-1　单链路 IPSAN 服务器拓扑图

1. 服务器部署

(1) 将服务器端 IP 地址设置为 10.0.0.200。

(2) 添加 sdb 磁盘。

关闭虚拟机，在菜单栏中选择"虚拟机"→"设置"选项，选择"硬盘"选项卡，单击"添加"按钮，容量设置为 23GB，其他均采取默认设置，启动虚拟机。使用 fdisk -l 命令可以看到 sdb 磁盘。

```
[root@server ~]#fdisk -l
Disk /dev/sda: 50 GiB, 53687091200 字节, 104857600 个扇区
磁盘型号：VMware Virtual S
单元：扇区 / 1 * 512 = 512 字节
扇区大小（逻辑/物理）：512 字节 / 512 字节
I/O 大小（最小/最佳）：512 字节 / 512 字节
磁盘标签类型：dos
磁盘标识符：0x9e186044
设备        启动    起点      末尾       扇区      大小  Id  类型
/dev/sda1    *      2048    2099199    2097152    1G   83  Linux
/dev/sda2        2099200  104857599  102758400   49G   8e  Linux LVM
Disk /dev/sdb: 23 GiB, 24696061952 字节, 48234496 个扇区
磁盘型号：VMware Virtual S
单元：扇区 / 1 * 512 = 512 字节
扇区大小（逻辑/物理）：512 字节 / 512 字节
I/O 大小（最小/最佳）：512 字节 / 512 字节
```

(3) 将磁盘分区。

```
[root@server ~]#fdisk /dev/sdb      # 进行分区
```

依次输入 n、p、1，按 Enter 键后，再输入 +10G，开始第一个分区操作，其他操作类似，完成后按 w 键保存。参考分区如下，分完用 fdisk -l 命令查看，容量可自己掌握。

```
设备        启动      起点        末尾       扇区      大小  Id  类型
/dev/sdb1             2048    20973567    20971520   10G   83  Linux
/dev/sdb2         20973568    41945087    20971520   10G   83  Linux
/dev/sdb3         41945088    48234495     6289408    3G   83  Linux
```

(4) 制作设备文件。

执行 dd if=/dev/zero of=/opt/sdb4 bs=1M count=3000 命令，制作大小为 3GB 的设备文件。

```
[root@server ~]#dd if=/dev/zero of=/opt/sdb3 bs=1M count=3000
记录了 3000+0 的读入
记录了 3000+0 的写出
3145728000 字节（3.1GB, 2.9GiB）已复制，28.0101s, 112MB/s
```

(5) 安装 ISCSI 服务。

```
[root@server ~]#yum -y install targetcli
```

（6）启动服务。

```
[root@server ~]#systemctl enable target;systemctl start target
```

（7）查看服务活动状态。

```
[root@server ~]#systemctl is-active target
active
```

（8）通过 targetcli 命令设置设备共享。
本服务只添加块设备和文件设备。
① 添加设备到 /backstores。

```
[root@server ~]#targetcli
targetcli shell version 2.1.54
Copyright 2011-2013 by Datera, Inc and others.
For help on commands, type 'help'.

/> cd backstores/
/backstores> block/ create block1 /dev/sdb1
Created block storage object block1 using /dev/sdb1.
/backstores> block/ create block2 /dev/sdb2
Created block storage object block2 using /dev/sdb2.
/backstores> fileio/ create block3 /opt/sdb3
Created fileio block3 with size 3145728000
/backstores> ls
o- backstores .................................................[...]
  o- block ......................................[Storage Objects: 2]
  | o- block1 ............[/dev/sdb1 (10.0GiB) write-thru deactivated]
  | | o- alua ...................................[ALUA Groups: 1]
  | |   o- default_tg_pt_gp .............[ALUA state: Active/optimized]
  | o- block2 ............[/dev/sdb2 (10.0GiB) write-thru deactivated]
  |   o- alua ...................................[ALUA Groups: 1]
  |     o- default_tg_pt_gp .............[ALUA state: Active/optimized]
  o- fileio .....................................[Storage Objects: 1]
  | o- block3 ............[/opt/sdb3 (2.9GiB) write-back deactivated]
  |   o- alua ...................................[ALUA Groups: 1]
  |     o- default_tg_pt_gp .............[ALUA state: Active/optimized]
  o- pscsi ......................................[Storage Objects: 0]
  o- ramdisk ....................................[Storage Objects: 0]
/backstores>
```

② 设置 IQN 标识。

```
/backstores> cd ..                                       //回到上一层目录
/> cd iscsi                                              //进入该目录中
/iscsi> create iqn.2024-02.com.openeuler:storage         //创建全球唯一标识设备名
```

```
Created target iqn.2024-02.com.openeuler:storage.
Created TPG 1.
Global pref auto_add_default_portal=true
Created default portal listening on all IPs (0.0.0.0), port 3260.
/iscsi> ls
o- iscsi ............................................................ [Targets: 1]
  o- iqn.2024-02.com.openeuler:storage ...................... [TPGs: 1]
    o- tpg1 ................................................. [no-gen-acls, no-auth]
      o- acls ............................................... [ACLs: 0]
      o- luns ............................................... [LUNs: 0]
      o- portals ............................................ [Portals: 1]
        o- 0.0.0.0:3260 ..................................... [OK]
/iscsi>
```

③ 设置 TPG 组中对应的三个问题：谁、从哪里、访问什么设备。

```
# 设置谁可以访问共享 IQN 标识对应的设备共享
/iscsi> cd iqn.2024-02.com.openeuler:storage/tpg1/
/iscsi/iqn.20...:storage/tpg1> acls/ create iqn.2024-02.com.openeuler:client1
Created Node ACL for iqn.2024-02.com.openeuler:client1
/iscsi/iqn.20...:storage/tpg1> ls
o- tpg1 ................................................. [no-gen-acls, no-auth]
  o- acls ............................................... [ACLs: 1]
  | o- iqn.2024-02.com.openeuler:client1 ................ [Mapped LUNs: 0]
  o- luns ............................................... [LUNs: 0]
  o- portals ............................................ [Portals: 1]
    o- 0.0.0.0:3260 ..................................... [OK]

# 指定 TPG 组中的 LUN 设备，可以添加多个设备
/iscsi/iqn.20...:storage/tpg1> luns/ create /backstores/block/block1
Created LUN 0.
Created LUN 0->0 mapping in node ACL iqn.2024-02.com.openeuler:client1
/iscsi/iqn.20...:storage/tpg1> luns/ create /backstores/block/block2
Created LUN 1.
Created LUN 1->1 mapping in node ACL iqn.2024-02.com.openeuler:client1
/iscsi/iqn.20...:storage/tpg1> luns/ create /backstores/fileio/block3
Created LUN 2.
Created LUN 2->2 mapping in node ACL iqn.2024-02.com.openeuler:client1
/iscsi/iqn.20...:storage/tpg1> ls
o- tpg1 ................................................. [no-gen-acls, no-auth]
  o- acls ............................................... [ACLs: 1]
  | o- iqn.2024-02.com.openeuler:client1 ................ [Mapped LUNs: 3]
  |   o- mapped_lun0 .................................... [lun0 block/block1 (rw)]
  |   o- mapped_lun1 .................................... [lun1 block/block2 (rw)]
  |   o- mapped_lun2 .................................... [lun2 fileio/block3 (rw)]
  o- luns ............................................... [LUNs: 3]
```

```
   | o- lun0 ..............[block/block1 (/dev/sdb1) (default_tg_pt_gp)]
   | o- lun1 ..............[block/block2 (/dev/sdb2) (default_tg_pt_gp)]
   | o- lun2 ..............[fileio/block3 (/opt/sdb4) (default_tg_pt_gp)]
   o- portals ...................................................[Portals: 1]
      o- 0.0.0.0:3260 ..................................................[OK]
```

删掉默认端口
```
/iscsi/iqn.20...:storage/tpg1> portals/ delete 0.0.0.0 3260
Deleted network portal 0.0.0.0:3260
```

创建端口
```
/iscsi/iqn.20...:storage/tpg1> portals/ create 10.0.0.200 3260
Using default IP port 3260
Created network portal 10.0.0.200:3260.
/iscsi/iqn.20...:storage/tpg1> ls
o- tpg1 ..................................................[no-gen-acls, no-auth]
   o- acls ...................................................[ACLs: 1]
   | o- iqn.2024-02.com.openeuler:client1 ............[Mapped LUNs: 3]
   |   o- mapped_lun0 ........................[lun0 block/block1 (rw)]
   |   o- mapped_lun1 ........................[lun1 block/block2 (rw)]
   |   o- mapped_lun2 ........................[lun2 fileio/block3 (rw)]
   o- luns ...................................................[LUNs: 3]
   | o- lun0 ..............[block/block1 (/dev/sdb1) (default_tg_pt_gp)]
   | o- lun1 ..............[block/block2 (/dev/sdb2) (default_tg_pt_gp)]
   | o- lun2 ..............[fileio/block3 (/opt/sdb4) (default_tg_pt_gp)]
   o- portals ...............................................[Portals: 1]
      o- 10.0.0.200:3260 ...............................................[OK]
```

④ 服务器端设置完毕，输入 exit 保存退出。

（9）重启 target 服务，查看状态。

```
[root@server ~]#systemctl restart target
[root@server ~]#systemctl is-active target
active
```

（10）关闭 SELinux 和防火墙。

2. 客户端部署

（1）客户端的 IP 地址设置为 10.0.0.201。
（2）安装客户端软件包。

```
[root@client ~]#yum -y install iscsi-initiator-utils
```

（3）设置客户端 ISCSI 名称。

```
[root@client ~]#vim /etc/iscsi/initiatorname.iscsi
InitiatorName=iqn.2024-02.com.openeuler:client1
```

（4）启动 ISCSI 客户端服务。

```
[root@client ~]#systemctl enable iscsi;systemctl start iscsi
[root@client ~]#systemctl status iscsi
```

（5）发现远程服务器的共享。

```
[root@client ~]#iscsiadm --mode discovery --type sendtargets --portal
10.0.0.200 --discover
10.0.0.200:3260,1 iqn.2024-02.com.openeuler:storage
```

（6）连接远程共享。

```
[root@client ~]# iscsiadm --mode node --targetname iqn.2024-02.com.
openeuler:storage --portal 10.0.0.200:3260 --login
Logging in to [iface: default, target: iqn.2024-02.com.
openeuler:storage, portal: 10.0.0.200,3260]
Login to [iface: default, target: iqn.2024-02.com.openeuler:storage,
portal: 10.0.0.200,3260] successful.
```

（7）查看连接的设备。

```
[root@client ~]#lsblk
NAME                  MAJ:MIN   RM   SIZE   RO   TYPE   MOUNTPOINTS
sda                     8:0      0    50G    0   disk
├─sda1                  8:1      0     1G    0   part   /boot
└─sda2                  8:2      0    49G    0   part
  ├─openeuler-root    253:0      0   5.1G    0   lvm    /
  └─openeuler-swap    253:1      0   3.9G    0   lvm    [SWAP]
sdb                     8:16     0    10G    0   disk
sdc                     8:32     0    10G    0   disk
sdd                     8:48     0   2.9G    0   disk
sr0                    11:0      1  1024M    0   rom
```

（8）分区格式化。

```
[root@client ~]#fdisk /dev/sdb
```

按照提示顺序输入 n、p、1，按两次 Enter 键，再输入 w 保存退出。按此方法为 sdc、sdd 进行分区。

```
[root@client ~]#lsblk
NAME                  MAJ:MIN   RM   SIZE   RO   TYPE   MOUNTPOINTS
sda                     8:0      0    50G    0   disk
├─sda1                  8:1      0     1G    0   part   /boot
└─sda2                  8:2      0    49G    0   part
  ├─openeuler-root    253:0      0  45.1G    0   lvm    /
  └─openeuler-swap    253:1      0   3.9G    0   lvm    [SWAP]
sdb                     8:16     0    10G    0   disk
```

└─sdb1	8:17	0	10G	0	part	
sdc	8:32	0	10G	0	disk	
└─sdc1	8:33	0	10G	0	part	
sdd	8:48	0	2.9G	0	disk	
└─sdd1	8:49	0	2.9G	0	part	
sr0	11:0	1	1024M	0	rom	

通过输出可知 sdb、sdc、sdd 三块磁盘都已分区,每块磁盘只分了一个区。下面对这几个分区进行格式化。

```
[root@client ~]#mkfs.ext4 /dev/sdb1
mke2fs 1.46.4 (18-Aug-2021)
创建含有 2620416 个块（每块 4k）和 655360 个 inode 的文件系统
文件系统 UUID: 6b0d8c73-f6aa-4bc2-b240-2444266faf06
超级块的备份存储于下列块:
        32768, 98304, 163840, 229376, 294912, 819200, 884736, 1605632
正在分配组表: 完成
正在写入 inode 表: 完成
创建日志（16384 个块）完成
写入超级块和文件系统账户统计信息: 已完成
```

按此方法分别为 sdc、sdd 进行格式化。

（9）自动挂载。

```
[root@client ~]#mkdir /opt/block{1..3}
[root@client ~]#vim /etc/fstab
//在最后添加三行信息
/dev/sdb1        /opt/block1     ext4    _netdev    0    0
/dev/sdc1        /opt/block2     ext4    _netdev    0    0
/dev/sdd1        /opt/block3     ext4    _netdev    0    0
```

⚠ 注意：权限一定要写 _netdev，表示当系统联网后再进行挂载操作，否则机器无法启动，编辑完保存退出。

（10）重启验证。

```
[root@client ~]#mount -a
[root@client ~]#df -Th
文件系统                    类型       容量    已用    可用   已用%  挂载点
devtmpfs                   devtmpfs   4.0M    0       4.0M   0%    /dev
tmpfs                      tmpfs      1.7G    0       1.7G   0%    /dev/shm
tmpfs                      tmpfs      676M    18M     659M   3%    /run
tmpfs                      tmpfs      4.0M    0       4.0M   0%    /sys/fs/cgroup
/dev/mapper/openeuler-root ext4       45G     1.8G    41G    5%    /
tmpfs                      tmpfs      1.7G    0       1.7G   0%    /tmp
/dev/sda1                  ext4       974M    151M    756M   17%   /boot
/dev/sdb1                  ext4       9.8G    24K     9.3G   1%    /opt/block1
/dev/sdc1                  ext4       9.8G    24K     9.3G   1%    /opt/block2
```

```
/dev/sdd1                    ext4      2.9G    24K  2.7G    1% /opt/block3
//备注：挂载发现有 sdb1,sdc1,sdd1 表示挂载成功
```

IPSAN 服务器部署步骤较多，一个错误，会导致返工，操作过程中，一定要有细致、精益求精、追求完美的精神理念，培养工匠精神。只有沉下身、静下心、术业专攻，才能抵达新境界，成就大事业。

微课：IPSAN 服务器配置

13.1.4 任务评价

IPSAN 服务器配置任务评价单

任务 13.2　IPSAN 多链路共享、多路径挂载

13.2.1 实施任务单

任务编号	13-2	任务名称	IPSAN 多链路共享、多路径挂载
任务简介	公司工程师在设计 IPSAN 架构的时候，必定要考虑单点故障的问题，因为一旦线路出现问题，那么业务就会被中断。可以通过 IPSAN 多链路共享避免这种问题。			
设备环境	Windows 10、VMware Workstation 16 Pro、openEuler 22.03 LTS			
任务难度	高级	实施日期	年　月　日	
任务要求	1. 掌握多路径软件的使用 2. 掌握 IPSAN 服务器的配置方法 3. 掌握客户端多路径共享的设置方法 4. 掌握多路径共享的测试方法			

13.2.2 知识加油站

1. 多路径软件

多路径软件 DM-Multipath（device mapper multipath）可以将服务器节点和存储阵列之间的多条 I/O 链路配置为一个单独的设备。这些 I/O 链路是由不同的线缆、交换机、控制器组成的 SAN 物理链路。DM-Multipath 将这些链路聚合在一起，生成一个单独的、新的设备。

DM-Multipath 的功能如下。

1）数据冗余

DM-Multipath 可以实现在 active/passive 模式下的灾难转移。在 active/passive 模式下，在任何时间内只有一半的 I/O 链路在工作，如果链路上的某一部分（线缆、交换机、控制器）出现故障，DM-Multipath 就会切换到另一半链路上。

2）提高性能

DM-Multipath 能够被配置为 active/active 模式，从而 I/O 任务以 round-robin 的方式分布到所有的链路上去。通过配置，DM-Multipath 还可以检测链路上的负载情况，动态地进行负载均衡。

2. DM-Multipath 软件的使用

（1）安装多路径软件并启动。

```
[root@client ~]#yum install device-mapper-multipath -y
[root@client ~]#systemctl enable multipathd;systemctl start multipathd
[root@client ~]#systemctl is-active  multipathd
active
```

（2）使用 multipath -ll 命令查看多路径设备的信息。

```
[root@client ~]#multipath -ll
7901.927775 | /etc/multipath.conf line 65, invalid keyword: path_checker
multipath_stu (3600140544fd041463f44b4a88a32d129) dm-2 LIO-ORG,block1
size=23G features='1 queue_if_no_path' hwhandler='1 alua' wp=rw
|-+- policy='service-time 0' prio=50 status=active         # 活动线路
| `- 3:0:0:0 sdb 8:16 active ready running
`-+- policy='service-time 0' prio=50 status=enabled        # 备份线路
  `- 4:0:0:0 sdc 8:32 active ready running
```

以上信息表明：

- 3600140544fd041463f44b4a88a32d129 是远程存储设备 block1 的 wwid 号；
- 默认提供的是 AB 备份线路，不是负载均衡线路；
- 可以通过修改配置文件来设置为负载均衡线路。

（3）设置配置文件。

multipath 配置文件的模板默认位于 /usr/share/doc/multipath-tools/ 目录，需要设置配置文件，可以将该文件复制于 /etc 目录下，进行编辑。

```
[root@client ~]# cp /usr/share/doc/multipath-tools/multipath.conf /etc
[root@client ~]# vim /etc/multipath.conf
multipaths {
    multipath
    {
            wwid                    3600140544fd041463f44b4a88a32d129
            alias                   multipath_study
            path_grouping_policy    multibus
            path_checker            readsector0
            path_selector           "round-robin 0"
            failback                manual
            rr_weight               priorities
            no_path_retry           5
    }
    multipath
```

```
        {
            wwid                              1DEC_____321816758474
            alias                             red
        }
}
```

配置文件中 wwid 表示需要进行 DM-Multipath 配置的设备的 wwid 号；alias 表示设备的别名；path_grouping_policy 表示路径组合策略；multibus 表示使用多总线策略；path_checker 表示路径检测策略；readsector0 表示读取设备的第一扇区；path_selector 表示路径选择；round-robin 0 是轮循；failback 表示故障恢复策略；manual 表示手动切换；rr_weight 表示路径优先级；no_path_retry 表示队列重复值，默认为 0。

13.2.3 任务实施

配置 IPSAN 服务器进行磁盘共享，将本机的 /dev/sdb 目录共享，客户端可以通过 10.0.1.200:3260、10.0.0.200:3260 两个地址访问共享，其多链路 IPSAN 服务器拓扑图，如图 13-2 所示。

共享设备 IQN 名称：iqn.2024-02.com.openeuler:storage。

客户端 ISCSI 名称：iqn.2024-02.com.openeuler:client1。

1. 实验拓扑图

多链路 IPSAN 服务器拓扑图如图 13-2 所示。

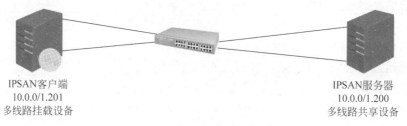

图 13-2　多链路 IPSAN 服务器拓扑图

2. 网络规划

配置双链路网络，网络规划如表 13-1 所示。

表 13-1　网络规划

服务器	网卡 1 的 IP 地址	网卡 2 的 IP 地址
IPSAN 服务器	10.0.0.200/24	10.0.1.200/24
IPSAN 客户端	10.0.0.201/24	10.0.1.201/24

客户端和服务端分别再添加一个网卡 ens37，服务器端的 IP 地址设置为 10.0.1.200，客户端的 IP 地址设置为 10.0.1.201，4 块网卡都设置为桥接模式。重启网络服务，测试网络连通性。

服务器端测试如下：

```
[root@server ~]#ping 10.0.0.201
PING 10.0.0.201 (10.0.0.201) 56(84) 字节的数据
64 字节,来自 10.0.0.201: icmp_seq=1 ttl=64 时间=2.32 毫秒
64 字节,来自 10.0.0.201: icmp_seq=2 ttl=64 时间=1.26 毫秒
[root@server ~]#ping 10.0.1.201
PING 10.0.1.201 (10.0.1.201) 56(84) 字节的数据
64 字节,来自 10.0.1.201: icmp_seq=1 ttl=64 时间=1.92 毫秒
64 字节,来自 10.0.1.201: icmp_seq=2 ttl=64 时间=0.786 毫秒
```

客户端测试如下:

```
[root@client ~]#ping 10.0.0.200
PING 10.0.0.200 (10.0.0.200) 56(84) 字节的数据
64 字节,来自 10.0.0.200: icmp_seq=1 ttl=64 时间=1.08 毫秒
64 字节,来自 10.0.0.200: icmp_seq=2 ttl=64 时间=1.09 毫秒
[root@client ~]#ping 10.0.1.200
PING 10.0.1.200 (10.0.1.200) 56(84) 字节的数据
64 字节,来自 10.0.1.200: icmp_seq=1 ttl=64 时间=0.891 毫秒
64 字节,来自 10.0.1.200: icmp_seq=2 ttl=64 时间=1.02 毫秒
```

3. 服务器端部署

(1) 添加 sdb 磁盘。

关闭虚拟机,在菜单栏中选择"虚拟机"→"设置"选项,选择"硬盘"选项卡,单击"添加"按钮,容量设置为 23GB,其他均采取默认设置,启动虚拟机。使用 fdisk -l 命令可以看到 sdb 磁盘。

```
[root@server ~]#fdisk -l
Disk /dev/sda: 50 GiB, 53687091200 字节, 104857600 个扇区
磁盘型号: VMware Virtual S
单元: 扇区 / 1 * 512 = 512 字节
扇区大小(逻辑/物理): 512 字节 / 512 字节
I/O 大小(最小/最佳): 512 字节 / 512 字节
磁盘标签类型: dos
磁盘标识符: 0x9e186044

设备          启动      起点         末尾        扇区       大小   Id  类型
/dev/sda1      *        2048      2099199     2097152      1G   83  Linux
/dev/sda2            2099200    104857599   102758400     49G   8e  Linux LVM

Disk /dev/sdb: 23 GiB, 24696061952 字节, 48234496 个扇区
磁盘型号: VMware Virtual S
单元: 扇区 / 1 * 512 = 512 字节
扇区大小(逻辑/物理): 512 字节 / 512 字节
I/O 大小(最小/最佳): 512 字节 / 512 字节
```

(2) 将磁盘分区。

```
[root@server ~]#fdisk /dev/sdb      //进行分区
```

依次输入 n、p、1，按两次 Enter 键，分区完成后，按 w 键保存，使用 fdisk -l 命令查看。

设备	启动	起点	末尾	扇区	大小	Id	类型
/dev/sdb1		2048	48234495	48232448	23G	83	Linux

（3）IPSAN 服务器设置设备共享。

① 安装 ISCSI 服务，启动服务。

```
[root@server ~]#yum -y install targetcli
[root@server ~]#systemctl enable target;systemctl start target
```

② 通过 targetcli 命令设置磁盘共享。

```
[root@server ~]#targetcli
Warning: Could not load preferences file /root/.targetcli/prefs.bin.
targetcli shell version 2.1.54
Copyright 2011-2013 by Datera, Inc and others.
For help on commands, type 'help'.

/> ls
o- / ......................................................................[...]
  o- backstores ...........................................................[...]
  | o- block ...............................................[Storage Objects: 0]
  | o- fileio ..............................................[Storage Objects: 0]
  | o- pscsi ...............................................[Storage Objects: 0]
  | o- ramdisk .............................................[Storage Objects: 0]
  o- iscsi .........................................................[Targets: 0]
  o- loopback ......................................................[Targets: 0]
  o- vhost .........................................................[Targets: 0]
  o- xen-pvscsi ....................................................[Targets: 0]

//将/dev/sdb1 添加到 iSCSI 后端存储
/> /backstores/block create block1 /dev/sdb1
Created block storage object block1 using /dev/sdb1.

//设置 IQN 共享名称
/> /iscsi create iqn.2024-02.com.openeuler:storage
Created target iqn.2024-02.com.openeuler:storage.
Created TPG 1.
Global pref auto_add_default_portal=true
Created default portal listening on all IPs (0.0.0.0), port 3260.

//设置访问 IQN 共享的设备名称
/>/iscsi/iqn.2024-02.com.openeuler:storage/tpg1/acls create iqn.2024-02.com.openeuler:client1
Created Node ACL for iqn.2024-02.com.openeuler:client1
```

```
//指定 TPG 组中的 LUN 设备
/> /iscsi/iqn.2024-02.com.openeuler:storage/tpg1/luns create /backstores/
block/block1
Created LUN 0.
Created LUN 0->0 mapping in node ACL iqn.2024-02.com.openeuler:client1

//删除默认的访问地址 0.0.0.0:3260
/> /iscsi/iqn.2024-02.com.openeuler:storage/tpg1/portals/ delete 0.0.0.0 3260
Deleted network portal 0.0.0.0:3260

//设置本机 IPSAN 客户端访问地址及端口
/> /iscsi/iqn.2024-02.com.openeuler:storage/tpg1/portals create 10.0.1.200 3260
Using default IP port 3260
Created network portal 10.0.1.200:3260.
/> /iscsi/iqn.2024-02.com.openeuler:storage/tpg1/portals create 10.0.0.200 3260
Using default IP port 3260
Created network portal 10.0.0.200:3260.

//查看设置
/> ls
o- ............................................................[...]
  o- backstores .................................................[...]
  | o- block ......................................[Storage Objects: 1]
  | | o- block1 ..............[/dev./sdb1 (23.0GiB) write-thru activated]
  | |   o- alua ...................................[ALUA Groups: 1]
  | |     o- default_tg_pt_gp ...........[ALUA state: Active/optimized]
  | o- fileio .....................................[Storage Objects: 0]
  | o- pscsi ......................................[Storage Objects: 0]
  | o- ramdisk ....................................[Storage Objects: 0]
  o- iscsi ..........................................[Targets: 1]
  | o- iqn.2024-02.com.openeuler:storage ..................[TPGs: 1]
  |   o- tpg1 ............................[no-gen-acls, no-auth]
  |     o- acls ...................................[ACLs: 1]
  |     | o- iqn.2024-02.com.openeuler:client1 ........[Mapped LUNs: 1]
  |     |   o- mapped_lun0 ................[lun0 block/block1 (rw)]
  |     o- luns ....................................[LUNs: 1]
  |     | o- lun0 ........[block/block1 (/dev/sdb1) (default_tg_pt_gp)]
  |     o- portals .................................[Portals: 2]
  |       o- 10.0.0.200:3260 ..............................[OK]
  |       o- 10.0.1.200:3260 ..............................[OK]
  o- loopback ......................................[Targets: 0]
  o- vhost .........................................[Targets: 0]
  o- xen-pvscsi ....................................[Targets: 0]
/> exit
Global pref auto_save_on_exit=true
Configuration saved to /etc/target/saveconfig.json
```

③ 重启 target 服务。

```
[root@server ~]#systemctl restart target
```

④ 关闭防火墙、SELinux。

4. 客户端部署

（1）安装客户端程序并启动。

```
[root@client ~]#yum -y install iscsi-initiator-utils
[root@client ~]#systemctl enable iscsid;systemctl start iscsid
```

（2）设置客户端 IQN 标识。

```
[root@client ~]#vim /etc/iscsi/initiatorname.iscsi
InitiatorName=iqn.2024-02.com.openeuler:client1
```

（3）发现服务器共享设备。

```
[root@client ~]#iscsiadm --mode discovery --type sendtargets --portal 10.0.0.200 --discover
10.0.1.200:3260,1 iqn.2024-02.com.openeuler:storage
10.0.0.200:3260,1 iqn.2024-02.com.openeuler:storage
```

（4）通过多路径连接共享。

```
[root@client ~]#iscsiadm --mode node --targetname iqn.2024-02.com.openeuler:storage --portal 10.0.1.200:3260 --login
Logging in to [iface: default, target: iqn.2024-02.com.openeuler:storage, portal: 10.0.1.200,3260]
Login to [iface: default, target: iqn.2024-02.com.openeuler:storage, portal: 10.0.1.200,3260] successful.
[root@client ~]#iscsiadm --mode node --targetname iqn.2024-02.com.openeuler:storage --portal 10.0.0.200:3260 --login
Logging in to [iface: default, target: iqn.2024-02.com.openeuler:storage, portal: 10.0.0.200,3260]
Login to [iface: default, target: iqn.2024-02.com.openeuler:storage, portal: 10.0.0.200,3260] successful.
```

（5）查看连接情况。

```
[root@client ~]#lsblk
NAME                  MAJ:MIN  RM   SIZE  RO  TYPE MOUNTPOINTS
sda                     8:0    0    50G   0   disk
├─sda1                  8:1    0     1G   0   part /boot
└─sda2                  8:2    0    49G   0   part
  ├─openeuler-root    253:0    0   45.1G  0   lvm  /
  └─openeuler-swap    253:1    0    3.9G  0   lvm  [SWAP]
sdb                     8:16   0    23G   0   disk
```

```
sdc                          8:32     0   23G     0   disk
sr0                          11:0     1   1024M   0   rom
```

通过输出可以发现多了两块磁盘 sdb、sdc，其实这两块磁盘是一块盘，表示成两块的原因是通过两条线路连接了两次，所以看到是两块。分区格式化的时候只需操作其中一块即可，另一块刷新分区表就能出现。

⚠ **注意**：格式化不要用 xfs 格式，xfs 格式不支持多路径，实践操作选用的是 ext4 格式。

```
[root@client ~]#fdisk /dev/sdb       #进行分区
```

依次输入 n、p、1，再按两次 Enter 键，分区完成后，按 w 键保存。继续将分区进行格式化。

```
[root@client ~]#mkfs.ext4 /dev/sdb1
mke2fs 1.46.4 (18-Aug-2021)
创建含有 6028032 个块（每块 4k）和 1507328 个 inode 的文件系统
文件系统 UUID: d4361b40-d8e3-4ab4-91c8-02fed52f4a7f
超级块的备份存储于下列块:
    32768, 98304, 163840, 229376, 294912, 819200, 884736, 1605632,
2654208, 4096000
正在分配组表: 完成
正在写入 inode 表: 完成
创建日志（32768 个块）完成
写入超级块和文件系统账户统计信息: 已完成
```

通过 lsblk 命令进行查看。

```
[root@client ~]#lsblk
NAME                       MAJ:MIN   RM   SIZE    RO  TYPE MOUNTPOINTS
sda                        8:0       0    50G     0   disk
├─sda1                     8:1       0    1G      0   part /boot
└─sda2                     8:2       0    49G     0   part
  ├─openeuler-root         253:0     0    45.1G   0   lvm  /
  └─openeuler-swap         253:1     0    3.9G    0   lvm  [SWAP]
sdb                        8:16      0    23G     0   disk
└─sdb1                     8:17      0    23G     0   part
sdc                        8:32      0    23G     0   disk
sr0                        11:0      1    1024M   0   rom
```

查看结果可以看到磁盘 sdc 并没有进行分区，需要执行 partprobe 命令刷新分区表。

```
[root@client ~]# partprobe /dev/sdc
[root@client ~]#lsblk
NAME                       MAJ:MIN   RM   SIZE    RO  TYPE MOUNTPOINTS
sda                        8:0       0    50G     0   disk
├─sda1                     8:1       0    1G      0   part /boot
```

```
  └─sda2                    8:2     0    49G    0   part
    ├─openeuler-root      253:0     0  45.1G    0   lvm   /
    └─openeuler-swap      253:1     0   3.9G    0   lvm   [SWAP]
sdb                         8:16    0    23G    0   disk
  └─sdb1                    8:17    0    23G    0   part
sdc                         8:32    0    23G    0   disk
  └─sdc1                    8:33    0    23G    0   part
sr0                        11:0     1  1024M    0   rom
```

刷新成功。创建挂载点,将共享磁盘进行挂载。

```
[root@client ~]#mkdir /opt/block1
[root@client ~]#mkdir /opt/block2
[root@client ~]#mount /dev/sdb1 /opt/block1/
[root@client ~]#mount /dev/sdc1 /opt/block2/
[root@client ~]# df -Th
文件系统                     类型       容量    已用    可用   已用%   挂载点
devtmpfs                    devtmpfs  4.0M     0    4.0M    0%    /dev
tmpfs                       tmpfs    1.7G     0    1.7G    0%    /dev/shm
tmpfs                       tmpfs    676M   9.1M   667M    2%    /run
tmpfs                       tmpfs    4.0M     0    4.0M    0%    /sys/fs/cgroup
/dev/mapper/openeuler-root  ext4      45G   1.4G    41G    4%    /
tmpfs                       tmpfs    1.7G     0    1.7G    0%    /tmp
/dev/sda1                   ext4     974M   151M   756M   17%    /boot
/dev/sdb1                   ext4      23G    24K    22G    1%    /opt/block1
/dev/sdc1                   ext4      23G    24K    22G    1%    /opt/block2

[root@client ~]#touch /opt/block1/test1
[root@client ~]#touch /opt/block2/test2
[root@client ~]#ls /opt/block1
test1
[root@client ~]#ls /opt/block2
test2
# 两块磁盘其实是一块盘,但是两个挂载点下的数据并不能同步
# 卸除文件系统
[root@client ~]#umount /opt/block1
[root@client ~]#umount /opt/block2
```

(6) 安装多路径软件并启动。

```
[root@client ~]#yum install device-mapper-multipath -y
[root@client ~]#systemctl enable multipathd;systemctl start multipathd
[root@client ~]#systemctl is-active  multipathd
active
```

(7) 执行 multipath -ll 命令,查阅 wwid 号。

```
[root@client ~]#multipath -ll
```

```
7901.927775 | /etc/multipath.conf line 65, invalid keyword: path_checker
multipath_stu (3600140544fd041463f44b4a88a32d129) dm-2 LIO-ORG,block1
size=23G features='1 queue_if_no_path' hwhandler='1 alua' wp=rw
|-+- policy='service-time 0' prio=50 status=active        //活动线路
| `- 3:0:0:0 sdb 8:16 active ready running
`-+- policy='service-time 0' prio=50 status=enabled       //备份线路
  `- 4:0:0:0 sdc 8:32 active ready running
```

wwid 号是 3600140544fd041463f44b4a88a32d129。

（8）复制配置文件。

multipath 配置文件的模板默认位于 /usr/share/doc/multipath-tools/ 目录，需要设置配置文件，可以将该文件复制于 /etc 目录下，进行编辑。

```
[root@client ~]# cp /usr/share/doc/multipath-tools/multipath.conf /etc
[root@client ~]# vim /etc/multipath.conf
multipaths {
    multipath
    {
            wwid                    3600140544fd041463f44b4a88a32d129
            alias                   multipath_study
            path_grouping_policy    multibus
            path_checker            readsector0
            path_selector           "round-robin 0"
            failback                manual
            rr_weight               priorities
            no_path_retry           5
    }
    multipath
    {
            wwid                    1DEC_____321816758474
            alias                   red
    }
}
```

（9）重启服务，进行查看。

```
[root@client ~]#systemctl restart multipathd
[root@client ~]# multipath -ll
488.082993 | /etc/multipath.conf line 65, invalid keyword: path_checker
multipath_stu (3600140544fd041463f44b4a88a32d129) dm-2 LIO-ORG,block1
size=23G features='1 queue_if_no_path' hwhandler='1 alua' wp=rw
`-+- policy='round-robin 0' prio=50 status=active
  |- 3:0:0:0 sdb 8:16 active ready running
  `- 4:0:0:0 sdc 8:32 active ready running
```

执行 multipath -ll 命令，可以看到已经变成负载均衡模式，执行 lsblk 命令，可以看到两块磁盘也变成了一个。

```
[root@client ~]#lsblk
NAME                    MAJ:MIN   RM   SIZE   RO   TYPE    MOUNTPOINTS
sda                       8:0      0    50G    0   disk
├─sda1                    8:1      0     1G    0   part    /boot
└─sda2                    8:2      0    49G    0   part
  ├─openeuler-root      253:0      0   45.1G   0   lvm     /
  └─openeuler-swap      253:1      0    3.9G   0   lvm     [SWAP]
sdb                      8:16      0    23G    0   disk
└─multipath_stu        253:2      0    23G    0   mpath
  └─multipath_stu1     253:3      0    23G    0   part
sdc                      8:32      0    23G    0   disk
└─multipath_stu        253:2      0    23G    0   mpath
  └─multipath_stu1     253:3      0    23G    0   part
sr0                      11:0      1   1024M   0   rom
```

重新启动服务，再次进行挂载。

```
[root@client ~]#systemctl restart iscsi
[root@client ~]#mkdir /opt/block1
[root@client ~]#mount /dev/mapper/multipath_stu1 /opt/block1/
[root@client ~]#mount |grep block1
/dev/mapper/multipath_stu1 on /opt/block1 type ext4 (rw,relatime,seclabel,
stripe=1024)
```

从输出可以看到，已挂载成功。

5. 故障切换测试

断掉一个线路，验证是否能继续工作。

在多路径环境下存入数据t1、t2。

```
[root@client ~]#touch /opt/block1/t1
[root@client ~]#touch /opt/block1/t2
[root@client ~]#ls /opt/block1/
lost+found  t1  t2
```

查看当前状态。

```
[root@client ~]#multipath -ll
775.151908 | /etc/multipath.conf line 65, invalid keyword: path_checker
multipath_stu (3600140544fd041463f44b4a88a32d129) dm-2 LIO-ORG,block1
size=23G features='1 queue_if_no_path' hwhandler='1 alua' wp=rw
`-+- policy='round-robin 0' prio=50 status=active
  |- 3:0:0:0 sdb 8:16 active ready running
  `- 4:0:0:0 sdc 8:32 active ready running
```

断开设备ens37。

```
[root@client ~]#ifdown ens37
成功停用连接 "ens37"（D-Bus 活动路径：/org/freedesktop/NetworkManager/
ActiveConnection/3）
```

再次查看状态，发现其中一路显示失败。

```
[root@client ~]#multipath -ll
903.055551 | /etc/multipath.conf line 65, invalid keyword: path_checker
multipath_stu (3600140544fd041463f44b4a88a32d129) dm-2 LIO-ORG,block1
size=23G features='1 queue_if_no_path' hwhandler='1 alua' wp=rw
`-+- policy='round-robin 0' prio=50 status=active
  |- 3:0:0:0 sdb 8:16 failed faulty running
  `- 4:0:0:0 sdc 8:32 active ready running
```

继续存入数据 t3、t4。

```
[root@client ~]#touch /opt/block1/t3
[root@client ~]#touch /opt/block1/t4
```

查看两次数据是否都存在。

```
[root@client ~]#ls /opt/block1/
lost+found  t1  t2  t3  t4
```

恢复线路。

```
[root@localhost ~]#ifup ens37
链接已成功激活（D-Bus 活动路径：/org/freedesktop/NetworkManager/ActiveConnection/4）
```

负载恢复。

```
[root@client ~]#multipath -ll
1216.213487 | /etc/multipath.conf line 65, invalid keyword: path_checker
multipath_stu (3600140544fd041463f44b4a88a32d129) dm-2 LIO-ORG,block1
size=23G features='1 queue_if_no_path' hwhandler='1 alua' wp=rw
`-+- policy='round-robin 0' prio=50 status=active
  |- 3:0:0:0 sdb 8:16 active ready running
  `- 4:0:0:0 sdc 8:32 active ready running
```

数据依然存在。

```
[root@client ~]#ls /opt/block1/
lost+found  t1  t2  t3  t4
```

测试完成。纸上得来终觉浅，绝知此事要躬行。服务器的搭建步骤较多，不进行实践很难真正掌握并发现学习过程中存在的问题，在实践过程中，有些问题能轻易解决，有些问题解决困难。面对问题，不能浅尝辄止便很快放弃，应该树立正确的学习观，在解决问题的过程中能学到更多的知识和技能，对相关知识和技能的理解也会更透彻，学习的过程就是不断分析问题，解决问题的过程，放弃问题就是放弃学习和成长的机会，要学有所获。

微课：IPSAN 多链路共享、多路径挂载

13.2.4 任务评价

IPSAN 多链路共享、多路径挂载任务评价单

◆ 项 目 小 结 ◆

本项目通过 IPSAN 服务器的配置实现了设备的共享。配置时服务器端通过 targetcli 命令将设备加入 backstores 存储库、设置设备全球唯一标识名称 IQN、设置 tpg 组定义谁可以从哪个 IP 地址及端口访问 IQN 标识对应的哪些设备即可实现。客户端通过 iscsiadm 命令发现设备，连接设备。为解决在设计 IPSAN 架构的单点故障问题，需要通过多链路软件 DM-Multipath 进行 IPSAN 多链路共享。

◆ 练 习 题 ◆

一、选择题

1. IPSAN 存储网络不包括（   ）。
   A. ISCSI 存储设备　　　　　　　B. 以太网双绞线
   C. 以太网卡　　　　　　　　　　D. 光纤交换机
2. IPSAN 存储的特点有（   ）。
   A. 读写速度快　　　　　　　　　B. 数据备份功能
   C. 成本更低　　　　　　　　　　D. 容易损坏
3. 以下选项中，（   ）是可以管理 ISCSI 设备的命令行交互工具。
   A. targetcli　　　　　　　　　　　B. mdadm
   C. target　　　　　　　　　　　　D. initiator
4. SAN 是一组英文简写，它的中文意思是（   ）。
   A. 直接附加存储　　　　　　　　B. 网络附加存储
   C. 存储附加网络　　　　　　　　D. 存储附加存储
5. multipath -ll 命令可能显示的内容有（   ）。
   A. mpath 别名　　　　　　　　　B. LUN 的 uuid 号
   C. 存储设备品牌　　　　　　　　D. 同一个 LUN 的多条路径

二、填空题

1. IQN 是设备全球唯一标识名称，名称格式为_____。
2. 客户端发现 IPSAN 服务器共享设备的命令是_____。

三、简答题

简述 IPSAN 服务器的配置过程。

四、实践题

配置 IPSAN 服务器进行磁盘共享，将本机的 /dev/sdb 目录共享，客户端可以通过 10.0.1.200:3260、10.0.0.200:3260 两个地址访问共享。

共享设备 IQN 名称：iqn.2024-02.com.openeuler:storage。

客户端 iSCSI 名称：iqn.2024-02.com.openeuler:client1。

参 考 文 献

[1] 明日科技. Linux 运维从入门到精通 [M]. 北京：清华大学出版社，2023.

[2] 林天峰，谭志彬. Linux 服务器架设实战 [M]. 北京：清华大学出版社，2023.

[3] 杨云，林哲. Linux 网络操作系统项目教程 RHEL 8/CentOS 8[M]. 北京：人民邮电出版社，2023.

[4] 杨云，魏尧王，雪蓉. 网络服务器搭建、配置与管理 Linux RHEL 8/CentOS 8l[M]. 北京：人民邮电出版社，2023.

[5] 何伟娜，郝军. Linux 命令行与 Shell 脚本编程 [M]. 北京：清华大学出版社，2021.